세상을 바꾼 KTX 숨은 이야기

세상을 바꾼 KTX 숨은 이야기

초판 1쇄 인쇄일	2025년 7월 1일
초판 1쇄 발행일	2025년 7월 7일
지은이	강기동 · 김수삼 · 김연국 · 박용걸 · 송달호 · 정용완 공저
펴낸이	최길주
펴낸곳	도서출판 BG북갤러리
등록일자	2003년 11월 5일(제318-2003-000130호)
주소	서울시 영등포구 국회대로72길 6, 405호(여의도동, 아크로폴리스)
전화	02)761-7005(代)
팩스	02)761-7995
홈페이지	http://www.bookgallery.co.kr
E-mail	cgjpower@hanmail.net

ⓒ 강기동 · 김수삼 · 김연국 · 박용걸 · 송달호 · 정용완 공저, 2025

ISBN 978-89-6495-330-3 03550

* 저자와 협의에 의해 인지는 생략합니다.
* 잘못된 책은 바꾸어 드립니다.
* 책값은 뒤표지에 있습니다.

두 시간의 기적 '고속철도'를 되돌아보며

세상을 바꾼 KTX 숨은 이야기

강기동 · 김수삼 · 김연국 · 박용걸 · 송달호 · 정용완 공저

BIG 북갤러리

머리말

1. 글쓰기의 시작

고속철도 사업은 1973년 12월부터 1974년 6월까지 세계은행의 의뢰로 수행된 철도차관도입 사업에서 경부축에 새로운 철도건설을 건의한 후 KIST 등 여러 기관의 분석에 의해 1981년 제5차 경제사회발전 5개년 계획(1982~1986)에 서울~대전 간 약 160km의 고속철도를 1986년부터 1989년까지 건설토록 계획에 반영한 것이 시발점이다.

그 후 1983년 3월부터 2년 반 동안 '서울~부산 간 경부축의 장기 교통 투자 및 고속전철 건설 타당성 조사'를 IBRD 차관으로 교통부에서 시행하게 되었고, 그 결과 기존철도와 고속도로가 용량 한계에 도달하므로 새로운 교통시설이 필요하고, 그 대안으로 '고속전철' 건설이 바람직하다는 결론과 18개 노선을 검토한 결과 [서울~대전~동대구~밀양~부산] 구간의 건설을 건의함으로써, 그 후 제6차 경제개발계획(1987~1991)에 기술조사를 반영하게 되었다.

1992년 6월에는 세부노선이 발표되었고, 시험 구간인 천안~대전 구간 약 57km 구간의 4개 공구가 착공됨으로써 시작되었다.[1] 당초 계획은 1998년 개통을 목표로 하였으나 여러 가지 사정으로 2004년 4월 서울~동대구 간을 1차 개통하고 동대구~부산 간은 일반선을 활용하면서 2010년에 고속철도를 개통토록 함으로써 서울~부산 간 최초의 고속철도 시대를 열게 된다.

이와 같은 과정에서 한국 정부와 사회 및 과학기술계는 수많은 혁신과 시행착오를 경험하게 되고, 이는 관련 기관과 경험한 당사자들에 따라 여러 가지 형태로 기록되고 전언되고 있는 것이 작금의 현실이다. 또한 당시 한국 사회가 당면했던 국가 시스템이나 관리 방법, 관리 주체들에 따라 다양한 관점과 토론이 있었으며, 언론과 정치권 또한 이에 무관치 않은 목소리를 쏟아내곤 하였다.

그러나 고속철도 개통 20주년을 앞둔 지금 시점에서 고속철도의 건설을 비난하거나 불안해서, 부실해서, 기술적으로 신뢰가 가지 않아 고속철도를 타지 않겠다는 국민은 아마도 없을 것이다. 오히려 전국 지자체마다 고속철도를 건설해 달라는 민원이 폭주하고 있는 것이 현실이다. 아울러 지난 50여 년간 국가교통의 핵심 기능을 수행해왔던 도로교통 위주의 시스템은 도시 등 근거리 교통은 지하철 등 도시철도로, 장거리 교통은 고속철도로 국가 기간교통망이 재편되고 있으며, 환경친화적인 교통수단으로 더욱 각광을 받고 있는 실정이다.

필자들은 이와 같이 자랑스러운 고속철도 건설에 직간접적으로 참여하는 행운을 같이 나눈 사람으로서 서로의 생각을 계속 교환하던 중에 각자

---

1) 삼성경제연구소, 《한국철도의 르네상스를 꿈꾸며》(2001) p.327 참조

가 경험했던 일들을 일부라도 정리해 보기로 마음먹게 되었고 결국 실천한 것이 이 책을 쓰게 된 배경이다.

사실 우리나라 역사에 최초로 시행된 고속철도 건설은 막대한 국가재정의 투입과 남·북한을 관통하는 규모 면에서 또 그 시점에 가장 첨단의 기술을 도입하여야 하는 등 다양한 이슈가 가득한 요술 상자를 조심히 열어야 하는 난제의 사업이었다.

따라서 각자가 경험했던 분야나 내용에 따라 새로운 사실이 표출될 수도 있고, 경우에 따라서는 중복된 사안에 대해 서로 다른 견해나 정보를 제공할 수도 있을 것이다. 사업추진 과정에서 드러난 각종 이슈는 감사원 감사나 언론을 통해서 국민에게 많이 알려졌지만, 상당 부분에서 감춰진 부분이 있었고 또 보완이 필요하다는 것이 이 책을 집필하게 한 동기 중의 하나이기도 하다.

또 집필 동기 중 가장 소중한 것은 이 조그만 기록을 통해 앞으로 추진될 고속철도 건설은 시행착오를 줄이고, 여하한 기술일지라도 개발하고 사용하는 데 전문가들의 견해를 존중하고 초빙, 활용하는 환경을 조성하길 바라는 마음이 녹아 있음을 밝히고자 한다.

고속철도는 토목, 기계, 전기, 신호, 통신, 제어 등 다양한 기술이 복합된 기술의 결과물이고, 여기에 대규모 자본, 의사결정, 환경, 고객 등등의 사회적 자산이 동시에 투입되는 거대 기술집약 산업으로서 자동차 대비 10배 이상의 부품이 복잡계를 이루어 작동돼야 하는 첨단과학의 결정체이고, 앞으로도 계속 그 기술이 고도화되는 과정에 있어 과거의 기록이 후진들에게 작은 도움이 되길 바라는 마음을 담았음을 밝혀둔다.

2. 글쓴이들

이 글은 여섯 사람의 공동참여로 이루어졌다. 그 구성은 공공부문 참여자 2인, 기업계 1인, 연구계 1인, 학계 2인으로 우연히 이루어져 다양한 기록을 남기는 행운을 갖게 되었다.

좀 더 구체적으로 살펴보면,

철도청 또는 철도시설공단/KORAIL 경력자

설계 및 시공에 참여했던 고급 기술자

국가 최고의 철도기술연구기관을 이끌어오신 분

철도학회와 철도대학원을 통해 전문인력을 배출하고

각종 심사와 평가를 통해 고속철도 전반에 걸쳐 자문해온 교수 등이 참여하고 있다.

따라서 서술은 각자가 속한 기관과 역할에 따라, 또 전문분야에 따라 다양한 내용이 수록되었으며 중복을 배제하지 않았다. 같은 내용이라 하더라도 남겨야 하는 이유가 각각 있을 것으로 판단했기 때문이다.

또 각자의 전문분야별로 서술의 범위나 깊이가 차이가 발생함을 상호 인정하기로 했다. 예를 들면, 철도 노선을 선정하고 노반과 궤도를 건설했던 경험과 전기 또는 통신 및 제어 분야에 적용하였던 기술, 또 가장 중요한 차량 선정과 운영에 관한 정보 등은 수많은 전문가의 참여로 이루어진 사정을 감안하여 집필자 본인들이 적정하게 자신들의 시각에서 기술한 것이다.

3. 내용의 구성

1) 고속철도 건설 관련 이슈들

고속철도 건설에 따른 각종 이슈를 정리해 보면 다음과 같다.

(1) 고속철도는 어떤 배경으로 도입하게 되었는가?
- 이때 한국교통 인프라 현황은 어떤 상태였는가?
- 이때 한국철도교통역사와 현황은 어떤 상태였는가?
- 고속철도 도입을 결정한 총체적 배경은 무엇인가?

(2) 고속철도기술 현황
- 세계철도 기술 동향
- 세계고속철도 기술 동향
- 고속철도기술 강국과 한국 실태

(3) 고속철도 요소기술과 특징
- 고속철도 인프라
- 고속철도 차량
- 고속철도 신호와 전장
- 고속철도 운영과 서비스

(4) 고속철도 선정과 평가
- 고속철도 도입 절차
- 고속철도 평가 절차
- 고속철도 평가항목의 개발과 방법
- 평가결과와 최종결정

(5) 고속철도 도입에 따른 국가철도정책의 변화
- 각종 법령의 정비
- 고속철도건설기관의 도입
- 고속철도운영기관
- 철도 R&D 기관과 정책의 재편

(6) 고속철도 건설
- 설계와 조사
- 시공과 사업관리
- 품질과 안전정책
- 건설비용과 공기

(7) 고속철도 건설에 대한 정치·사회적 논의
- 정치권의 토론
- 언론의 시각
- 부실공사 논쟁

(8) 고속철도에 대한 기술적 이슈
- 노선 선정
- 차량 선정에 따른 논쟁
- 교량구조, 터널 등 설계 적정성
- 시공품질 확보방안

(9) 감사원과 WJE의 문제 제기와 사후 성과
- 감사원의 100대 지적사항 내용과 결과
- WJE 도입 배경과 지적사항 및 성과

(10) 기존 역사의 고속서비스를 위한 리모델링
- 대전역
- 대구역
- 서울역
- 부산역

(11) 고속철도를 위한 신설 역 건설
- 광명역
- 천안역과 오송역
- 경주역과 포항역

(12) 대구~부산 간 건설 중 나타난 궤도균열 극복
- 궤도균열 발생과 규모

- 균열조사위원회 구성과 활동
- 현장조사와 원인 규명
- 수치해석과 모델시험
- 대책안 제시

(13) 경부고속철도 2단계 건설(대구~부산 간) 사업 특별종합점검
- 궤도균열을 제외한 모든 철도건설 분야에 대한 안전점검
- 특별종합점검단 구성과 활동
- 6개 점검팀(토공, 터널, 교량, 궤도, 전기, 사업관리)의 현장조사
- 현장 지적사항과 일반대책 사항의 제시
- 감리업무 철저화와 효율화를 위한 제도개선 제안
- 유지보수를 위한 제안과 고속철도 건설품질 제고를 위한 권장 사항

(14) KORAIL 안전 확보 100대 과제에 대한 평가와 조치(2011년 9월)
- 철도안전위원회의 발족
- 사고 · 고장 현황과 분석
- KORAIL 조치에 대한 분야별 세부점검
- 차량 / 전기 / 시설 / 안전분과별 대안 제시

위와 같은 내용들이 모두 정리되어야 하겠지만 저자들이 참여한 분야가 제한되어있어 모든 분야를 서술함은 불가능하다는 사실을 깨닫는 데 많은 시간을 필요로 하지 않았다. 그 결과 저자들은 자신들이 체험한 부분을 중심으로 서술하고, 나머지는 후세에 다른 고속철도 건설 참여자들

이 집필토록 하되 가능하면 내용의 중복을 피하려 했음을 밝혀둔다.

라) 상세 내용

이 책은 다음과 같은 부분으로 이루어졌다.

- **시계열로 살펴본 한국철도 변천**

한국철도의 태동과 변천을 파악하는 것이 이 책 집필의 기본이라는 관점에서 기존에 정리된 자료를 기반으로 한국철도 역사를 시계열 기법으로 정리하여 파악하는 데 도움을 주고자 했다.

- **고속철도 노선 계획, 경유지 선정 및 기반실시 설계, 시공**

경부고속철도 건설은 사업 초기 미약한 기술 역량임에도 불구하고 국내 철도 기술 자립을 목표로 하여 다소 무모하였지만, 매우 의욕적으로 추진했던 사업이었다. 따라서 고속철도 건설과정에서 많은 혼선과 시행착오를 겪을 수밖에 없었다.

여기에서는 고속철도 노선 계획과 경유지 선정 그리고 토목, 궤도, 건축 등 기반 시설의 설계와 시공 등 고속철도 건설과정에서 발생한 시행착오와 이를 극복하면서 얻은 경험, 기술축적 등을 통하여 향후 다른 사업 추진 시에 교훈과 시사점을 주고자 했다.

- **고속철도 탄생과 기종선정 협상에 관한 이야기들**

기획 단계에서 관계처를 설득하러 다닐 때 한 선배가 해준 말, '머리가 아닌 가슴으로 설득하자!' 지은 죄도 없는데 손이 발이 되도록 빌며 새웠던 밤들은 이제는 과거지사가 되었고, 협상한답시고 열을 내며 수없이 고래고래 소리 지르던 것도 이제는 어제의 일이 되었다. 그러나 쌩쌩 달리는 고속열차의 모습에서 위안을 삼고 그동안에 어렵게 터득했던 경험을 후배들에게 들려주고 싶었다.

철도 현장 엔지니어로서 고속철도의 운영을 꿈으로 알고 젊은 시절의 모든 정열을 고속철도에 쏟을 수 있었다는 것은 이 시대의 행운아라 생각한다. 장기간 프로젝트에 투입되어 기획에서부터 실행하여 종합시험 운전을 거쳐 운영에까지 참여했다는 것은 그리 흔한 일은 아닐 성싶다.

정권 교체기를 몇 번을 거치면서 그때마다 동료들과 함께 겪었던 허탈감 내지는 좌절감이 우리의 어깨를 축 늘어지게 만들었다는 것을 그 당사자들이 알고 있을까? 이 또한 지난 일이 되었고 우리도 당당하게 고속철도 보유·운영국으로 자부심을 품어도 좋다고 생각한다.

• 부실공사 논란과 WJE 안전점검

찬반논란을 무릅쓰고 착수한 고속철도 건설사업에 있어 초기에 불어닥친 부실 공사논란의 실체와 문제점, 극복과정을 냉정하게 짚어보았고 이를 교훈 삼아 향후 시행하는 대형국책사업에 도움이 되었으면 하는 바람이다.

• 차세대 고속철도 차량의 연구개발

연구개발을 통해 프랑스로부터 전수받은 기술을 체화시키고 철도변방으로 여겨졌던 우리의 기술로 시속 350km급의 차세대 차량을 개발하여 철도선진국으로 진입할 수 있는 절호의 기회를 잡을 수 있었다.

시제품으로 제작된 HSR-350X 열차의 원활한 시운전 시험을 통해 고속전철차량의 독자설계가 가능해졌고, 이를 바탕으로 분산형 고속철도 차량 HEMU-430X를 개발하게 되었다. 이러한 고속철도 차량의 국내 독자개발에 나름대로 역할을 할 수 있었던 것은 더없는 행운이었다.

연구개발 시 아쉬움이 남는 점은 연구성과의 일부가 상용화되지 못하고 소실되는 모습을 보면서 안타까움에 사로잡히기도 하였다. 그러나 이 또한 성장 과정에서 겪어야 할 아픔이라 생각하고 후배들께서 현명하게 우리의 철도산업 기술을 일취월장하여 주기를 바랄 뿐이다.

• 학계와 연구계의 지원

시속 150km 수준의 기존철도에서 시속 300km급의 기술도입은 가히 혁명적이라 할 수 있다. 과거에 철도 현장뿐만 아니라 학계·연구계도 고속철도 인력을 양성할 기회가 없었다. 따라서 고속철도 도입을 계기로 인력양성뿐만 아니라 철도산업 생태계를 개선할 필요가 있었다.

이러한 시장의 니즈를 충족시키기 위해 철도학회를 구심점으로 인력양성 계획을 실행하고 일부 대학에 철도 관련 학과를 설치 운영함으로써 장래 철도발전에 대비할 수 있게 하였다.

• 대구~부산 간 궤도균열에 대한 대책

경부고속철도는 서울~대구, 대구~부산 구간으로 건설 시기가 나누어짐에 따라 나중에 건설된 대구~부산 구간에서 궤도부설 중에 나타난 침목 균열을 조사하고 해법을 제시해온 과정을 정리하여 훗날 참고가 되도록 하였다.

• 대구~부산 간 철도건설 특별종합점검

경부고속철도 2단계 건설 시에 궤도균열이 발생하여 대책을 마련하는 도중에 당시 정종환 국토해양부 장관의 특별지시로 다른 건설 분야의 안전에는 문제가 없는지를 특별종합점검을 시행하였다. 현장 지적사항과 일반대책 사항으로 나누어 개선을 제안하였다.

• KORAIL 철도 안전(위) 등 활동

고속철도 운행 중에 발생한 각종 안전이슈에 대해 철도개통 7년을 넘기면서 실시한 안전관리 대책을 기록으로 남겨 철도 서비스에 대한 종합적인 판단을 돕고자 했다.

차례

머리말 4

제1장 고속철도를 되돌아보며 23

1. 시계열로 본 한국철도 변천 25
1) 철도 창설기 26
2) 일본의 침략과 철도 27
3) 대한민국 국유국영 철도 시대 30
4) 첨단 고속철도 시대 34

2. 고속철도의 출발 45
1) 미래의 준비 45
2) 준비의 시작 47
3) 미래의 실현 51
4) 건설계획의 실행과 어려움 55

3. 고속철도 기획 이야기 74
1) 사업 첫걸음 74
2) 타당성에 대한 논란 82

4. 고속철도 노선 및 역위치 선정 90

1) 서언 90
　　2) 노선 선정을 위한 기술 기준 91
　　3) 노선 계획 92
　　4) 역위치 선정 93
　　5) 회고와 평가 96
　　6) 문화재 보호, 환경 등 이해관계자 사전협의 소홀 100

　5. 시험선 건설과 영업 시운전 105
　　1) 고속차량과 시설물 성능확인 105
　　2) 영업 운행을 위한 전 구간 종합 시운전 112

　6. 고속철도와 벡텔(Bechtel)사의 인연 113

제2장 설계와 착공 후의 아쉬움 123

1. 고속철도 설계와 시공 125
　　1) 사업 초기 국내 철도 현황 125
　　2) 그간의 경과 126
　　3) 설계오류와 시공현장의 혼선 132
　　4) 초기 혼선의 주요 요인 139
　　5) 성과와 교훈 및 시사점 148
　　6) WJE 안전점검의 논란들 153
　　7) 부실공사 논란의 종식 161

2. 궤도 기술의 발전 168

1) 국제궤도자문단(SITAC) 168
2) 고속철도 궤도 설계 172
3) 궤도부설 공사 175

3. 경부고속철도 2단계 콘크리트궤도 침목 균열조사 181
1) 조사단구성과 조사내용 181
2) 침목 설계 및 제작 183
3) 균열조사 184
4) 균열과 침목 파괴 원인 진단과정 185
5) 침목 파손 원인 진단을 위한 수치해석 187
6) 보수·보강 방안 187
7) 침목 균열 발생에 따른 사회적 이슈들 189

4. 경부고속철도 2단계 건설사업 종합점검 190
1) 점검의 목적과 개요 190
2) 점검 내용 및 범위 192
3) 점검 기간 193
4) 종합점검단 193
5) 점검수행방법 194
6) 지적현황(국토부에 보고된 현황) 197
7) 제언 199

5. 철도안전 100대 과제 점검·평가결과 200
1) 철도안전위원회 구성과 운영 201
2) 철도안전위원회 진단과 개선요구 203
3) 100대 과제 추진 실적 207

제3장 차량 협상 이야기들 209

1. 고속철도 차량도입의 피도티기 211
1) 바퀴식, 아니면 자기 부상식? 211
2) 차량도입 과정 215
3) 고속차량 도입 전술 218
4) 제의서 평가 226

2. 협상의 끝자락 228

3. 고속철도 기술 자립은? 241
1) 기술축적을 위한 노력 241
2) 국산화 과정 245
3) 차세대 고속철도 개발사업(G7 연구프로젝트) 249

제4장 고속차량 개발 이야기 255

1. 고속전철 차량개발 사전준비 257
1) 소명으로 받은 고속철 연구 257
2) 경부 고속철에 바퀴식 또는 자기부상식 채택 논란 260
3) 고속전철 기술이전을 위한 사전준비 작업 불발 268

2. 고속전철 차량 선정 269
1) 고속열차 평가과정 269
2) 제의서 평가에 매진 281

3. 동력 집중식 G7 열차(HSR-350x) 개발　　284
1) G7 사업으로 고속전철기술개발 사업을 수행한 경위　　284
2) 사장된 연구개발 기술이전　　289
3) G7 열차(HSR-350x) 시운전 시험 착수　　296
4) G7 열차 개발과제 평가에서 아쉬운 2등　　298

4. 동력 분산식 HEMU-430X 개발　　300
1) HEMU-430X의 명명　　300
2) 열차의 시운전 시험은 동장군과의 싸움　　302

5. 한국철도기술연구원 설립　　305
1) (주)한국철도산업기술연구원의 출범　　305
2) 한국철도기술연구원 설립과 성장　　315

6. 고속전철 기술개발 연대기(年代記)
: 기술개발 시작(1988년)부터 HEMU-430X 개발(2011년)까지　　338

제5장 고속철도에 대한 학계의 지원　　343

1. 경부고속철도 개통과 철도 학계
((사)한국철도학회, 대학 / 대학원 및 연구기관)　　345

2. (사)한국철도학회　　347
1) 철도학회의 창립　　347
2) 철도학회 조직, 기구　　350

3) 철도학회 사무실 352
   4) 철도학술지, 도서 발간
      (철도학회지, 철도학회논문집, 국제철도저널(IJR), 단행본) 353
   5) 주요 국내 및 국제학술행사 355
   6) 주요 연혁 358

3. 한국교통대학교 364
   1) 개요 364
   2) 설치학과, 학부, 대학원(철도 관련) 365
   3) 연혁(요약) 366

4. 서울과학기술대학교 철도전문대학원 367
   1) 개요 367
   2) 설치학과, 학부, 대학원(철도 관련) 369
   3) 연혁(요약) 370

5. 우송대학교 371
   1) 개요 371
   2) 설치학과, 학부, 대학원(철도 관련) 372
   3) 연혁(요약) 372

6. 동양대학교 373
   1) 개요 373
   2) 설치학과, 학부, 대학원(철도 관련) 375
   3) 연혁(요약) 376

7. 송원대학교 377
1) 개요 377
2) 설치학과, 학부, 대학원(철도 관련) 378
3) 연혁(철도 관련) 378

8. 경일대학교 379
1) 개요 379
2) 설치학과, 학부, 대학원(철도 관련) 380
3) 연혁(요약) 380

9. 소고 381

10. 철도의 미래 혁신 방향 382

제6장 남기고 싶은 이야기 387

제1장
고속철도를 되돌아보며

제1장 고속철도를 되돌아보며

1. 시계열로 본 한국철도 변천

산업의 변천을 이해하고 기록을 과학적으로 남기기 위한 하나의 기법, 즉 시계열은 시간에 따른 역사적 사실을 나열하고 이들의 관계를 살펴보는 기법으로 많이 쓰인다. 이를 통해 현재 기술하고 있는 내용들이 갖는 역사적 중요성을 재인식하고, 더욱 정확한 기록을 남기는 데 도움을 주기 때문이다.

이 장에서는 《철도기술백서》(2002년, 철도청, 철도기술연구원 발행)를 기반으로 우리나라 철도의 탄생에서 고속철도 도입 이전까지를 정리함으로써 한국철도 역사에 고속철도 건설이 갖는 역사적 의미를 되새기고자 했다.

철도 역사는 다음과 같이 크게 4개 시대로 구분하여 정리했다.

1) 철도 창설기

2) 일본 침략과 철도

3) 대한민국 시대 국유국영 철도 시대

4) 첨단 고속철도 시대 진입

1) 철도 창설기

한국철도가 탄생함에 있어 우리나라 역사와 그 흐름을 같이한 소중한 기록을 함께 담고자 했다. 1877년 일본에서 처음 보게 된 화륜거에 관한 정보로 시작된 철도에 대한 관심은 10년 후 뉴욕 주재 한국 영사가 공문으로 서울~인천 철도 부설을 건의하게 되고, 이어 1989년 주미공사가 고종께 철도 중요성을 역설하는 순간을 역사에 남기게 된 것은 그 후 전개된 미국, 일본 주도의 철도건설 역사에 비추어 보면 매우 소중한 기록으로 사료된다.

이어 1896년 정부안에 '철도사'를 두어, 철도 규칙을 제정, 공포했음은 철도의 필요성을 자주적으로 판단했음을 알 수 있는 자료이기 때문이다.

- 1877년 일본수신사 김기수가 여행기 《일동기유》에 '화륜거'로 소개
- 1880년 김홍집, 국가 운영상 철도의 중요성 역설
- 1885년 8월 서울~인천 간 전기통신사업 개시
- 1887년 2월 9일 뉴욕주재 한국영사 공문으로 '서울~인천 철도부설 건의'
- 1889년 주미 조선공사 박정양이 철도모형을 수집, 고종께 철도 중요성 역설
- 1896년 7월 정부 기구 안에 '철도사'를 설치하고, 철도 부설·감독 관리를 담당토록 하고, 국제표준규격에 따라 철도를 건설할 것을 규정한 '국내 철도

규칙'을 제정·공포함.

2) 일본의 침략과 철도

철도는 우리 역사의 아픈 시간을 반추해야 하는 슬픈 기술이고 산업이다. 과학자들에게 있어 과학기술을 시현하는 무대는 자신의 조국이 우선하기 때문이다. 흔히 과학기술은 국경이 없지만, 과학자에게는 국경이 존재한다고 일컬어지는 이유이기도 하다.

불행하게도 19세기 말 조선에는 철도기술을 소개하고 이끌어 갈 과학자가 없었다. 그 결과 열강들이 조선 반도에 철도 부설권을 서로 차지하려고 싸우는 사태가 벌어졌다.

1892년에 일본, 1897년에 미국이 서로 쟁탈전을 시작하고, 끝내 미국이 부설권을 선취했지만, 자금 부족과 그 당시 조선을 삼키려는 야욕에 불타던 일본에 부설권이 넘어감으로써 일제 치하에서 한반도 철도 부설의 역사가 시작되었음을 알 수 있다.

다시 이 시대를 회고해 보면, 우리나라에는 당시에 다음과 같은 실정에 놓여 있어 스스로 철도 부설 공사를 추진할 능력을 보유하지 못했음을 한탄해야 하는 시대였다.

- 철도라는 새로운 운송 수단에 대한 매우 초보적인 상식만 있었고 세계적인 기술의 변화를 인식하지 못했다.
- 일제의 침략에 의해 국가 정체성이 혼란스러웠던 시기로서 근대적인 국토개발, 인프라건설 등 국가를 발전시키고자 하는 기본자세가 확립되어 있지 않

았다.
- 농본사회에서 산업사회로 변환하는 단계에서 필요한 자본과 전문기술이 준비되어있지 못하였으며, 이와 같은 후진성이 식민지화를 촉발시켰다.
- 일제는 대륙진출 등 그들의 야욕에 맞추어 한반도를 종단하여 만주에 이르는 철도를 건설함으로써 조선 반도를 지배하는 식민지 전략을 구현하였음에도 자주적으로 우리 기술력에 의한 철도를 건설하고 있는 현재 상황과 비교할 때 울분을 금할 수 없게 하는 것이다.
  - 1892년 8월 서울~부산 간 철도 노선 측량을 2개월간 실시(가와이 덴스이가 보조원 3명과 함께 실시)
  - 1894년 7월 내각의 공무아문에 '철도국' 설치(이때 일본은 경복궁을 습격하는 만행을 저지르고 친일내각을 만들었다)
  - 1897년 3월 22일 미국인 모스가 서울~인천 간 경인철도 부설권을 획득하고 착공식 거행(인천 우각리)
  - 1898년 모스는 자금 부족으로 일본 정부와 재벌이 결탁한 '경인철도 인수조합'에 부설권 매각, 일본이 공사 시행
  - 1899년 9월 8일 한반도 종단철도를 필요로 한 일본의 거듭된 압력에 의해 일본 자본이 중심이 된 '경부철도주식회사' 설립
  - 1899년 9월 18일 인천~노량진 구간에서 임시 영업 개시
  - 1900년 8월 경부철도주식회사가 주축이 되어 경부철도 부설공사 착공
  - 1905년 1월 영등포~초량 간 개통
- 1896년 7월 한국 정부는 프랑스와 '경의철도 계약'을 체결하고 피브릴르사에 부설권 부여. 그러나 자금을 확보하지 못해 3년 만에 부설권 반납. 이때 박기종 등이 1899년 7월 6일 '대한철도회사'를 설립하여 경의선 부설권을

획득하고 공사착수. 이때도 자금 부족으로 중단되어 9월에 궁내부 내장원에 '서북철도국'을 설치하고 직접 건설키로 함.
- 1902년 3월 서북철도국이 서울~개성 간 건설공사 착공. 그러나 한국 정부도 자금 부족으로 부진한 진척 속에서 차관이라는 굴레를 씌워 경의선 부설권을 강요한 일본에 넘김. 그 후 일본은 1904년 2월 6일 대러시아 선전포고, 2월 23일 '한일 의정서' 체결을 통해 한일합방을 강요하고 군용철도로서 기능을 부여하면서 일본군대가 직접 경의선을 부설함.
  – 1906년 4월 3일부터 용산~신의주 간 직통 운전 개시
  – 1906년 7월 1일 통감부 내에 '철도관리국'을 두어 우리나라 모든 철도를 국유화함.
  – 1910년 착공
  – 1914년 9월 16일 용산~원산 간 경원선 전 구간 개통
  – 1914년 1월 22일 경목철도(호남선) 개통
- 1896년 프랑스 호남선 철도 부설권 요구, 1904년 6월에 정부가 직접 건설을 추진하기 위해 호남철도주식회사를 설립하고 강경~군산, 공주~목포 간 건설추진. 그러나 일본의 압력으로 취소
  – 1914년 10월 1일 함경선 착공, 1928년 11월 25일 개통. 이로써 경부, 경의, 호남, 경원, 함경선 등 소위 5대 간선 완공
  – 1927년부터 '조선철도 12년 계획'에 의해 한반도에서 식량 자원의 수탈과 대륙교통로 확보를 위해 대대적인 건설사업 추진
- 도문선, 혜산선, 만포선, 경전선(전주~진주, 원촌~담양), 동해선(원산~포항, 울산~부산)의 일부 또는 전부가 완공. 또 사설 철도인 경남선(마산~진주), 전남선(송정리~담양), 경동선(대구~학산), 전북철도(익산~전주), 도문철도(회령~동광진) 등이 국유화됨.

- 1930년대에 들어서 만주침략을 위한 제2의 대륙 간선 철도망을 통해 만주와 연결하는 '북선 루트' 건설을 추진함.
- 1941년 1926년에 착공한 평원선(평양~원산) 개통
- 1942년 4월 1일 1936년 착공한 경경선(청량리~경주, 중앙선) 개통

참고로 당시 운행하는 주요 간선 열차의 개통 현황은 다음과 같다.
- 1908. 04. 01. 부산~신의주 간 급행열차 '융의호' 운행
- 1912. 06. 15. 부산~장춘 간 직행열차 운행. '조미호' 투입
- 1934. 11. 01. 부산~장춘 간 직통 급행열차 '히카리호' 운행
  부산~심양(봉천) 간 '노조미호' 투입
- 1938. 10. 01. 부산~북경 간(2,068km) 직통 급행열차 운행(38시간 45분 주파)
  - 1941년 말부터 태평양전쟁을 계기로 패전의 길로 접어들면서 '레일을 철거하여 군수품으로 전용함으로 인한 폐선'이 경북선, 안성선에서 발생
- 1944년에는 광주선(광주~담양), 경북선(점촌~안동), 경기선(안성~장호원), 충남선(홍성~장항), 금강산전철(창도~내금강) 등이 철거되어 군수물자로 투입됨으로써 철도가 황폐해지는 사태에 직면함.

3) 대한민국 국유국영 철도 시대

해방과 더불어 닥친 남북분단의 시대에 접어들어 철도는,

첫째, 정부 조직에서 교통부 도입

둘째, 분단으로 남겨진 남한철도의 정비

셋째, 전후 복구 사업

넷째, 산업선 중심으로 각종 노선 신설

다섯째, 도시철도 도입

여섯째, 중장기 교통계획에 의한 철도건설 종합계획의 도입 등 현대적인 철도건설 체계를 갖추게 되었으며 이를 실천하기 위한 철도기술 연구개발, 인력양성, 차량. 통신장비 제조

산업시설 등이 갖추어지면서 선진 철도를 세계적으로 공급하는 대열에 합류함으로써 그 후에 고속철도 시대를 여는 쾌거를 이루게 된다.

- 1945년 8월 15일 일본이 항복, 패망함과 동시에 남북이 분단됨에 따라 9월 11일부터 남북 간 철도운행이 중단됨.
  - 해방 당시 우리나라 철도 총연장 6,362km 중에서 남한 전체 철도연장은 2,642km이었다. 기관차는 총 1,166대 중 488대가 남한에 속했다.
- 1945년 해방과 동시에 미 육군 워드밀 해밀톤 중령이 교통국장으로 부임, 정부 수립 시까지 철도사업 관장
- 1946년 1월 1일 교통국을 운수국으로, 3월 29일에는 '운수부'로 개편하고 그해 5월에
  - 조선철도주식회사 소유의 충북선, 경동선, 안성선
  - 경남철도주식회사 소유의 충남선, 경기선
  - 경춘철도주식회사 소유의 경춘선
  - 삼척철도주식회사 소유의 철암선, 삼척선 등이 모두 국유화하여 운수부에 흡수됨.
  - 또, 서울~부산 간 '조선해방자호'를 운행하면서 철도복구를 개시함.

- 1948년 8월 15일 대한민국 정부가 수립되면서 '교통부'로 개편됨.
- 1949년 지하자원 개발을 위하여 영암선, 함백선, 문경선을 착공함.
- 1950년 북한 남침
  - 6월 26일 교통부 청사 폭격 피습
  - 6월 30일 대전
  - 7월 14일 부산 이동
  - 9월 15일 인천상륙작전으로 파손된 철로복구 시행
  - 10월 8일 서울~부산 간, 11월 12일 서울~대동강 열차운행 재개

* 6·25전쟁으로 인하여 철도원 153명 순직, 기관차 61%, 객차 69%, 화차 57%, 건물 50%, 공장설비 27%, 전력설비 56%, 교량 13% 파손됨.

- 1951년 8월 1일부로 전 노선 열차 정상운행 재개
- 1950년대 중지되었던 산업선 건설을 개시하여
  - 우암선, 울산선, 김포선, 장생포선, 옥구선, 사천선, 가은선, 영동선, 태백선
  - 삼척발전소선, 강경선, 충북선, 오류동선, 주인선 등을 차례로 개통시킴.
- 1960 / 1970년대
  - 황지선, 경북선, 정선선, 동해북부선, 능의선(교외선), 경전선, 진삼선, 경인복선, 광주선, 북평선, 문경선, 전주공업단지선, 광주공업단지선, 여천선, 포항종합제철선, 충북복선, 호남복선, 광주제철선 등이 개통되어 경제개발계획 및 인프라구축에 기여함.
  - 1970년 10월 정부가 '지하철 1호선 건설계획 및 수도권 전철 계획' 발표
  - 1974년 8월 15일 지하철 1호선(서울역~청량리) 첫 개통으로 도시철도 시대 개시
- 1980년대 도시교통난 해소를 위해 도시철도가 본격적으로 건설됨.
  - 1980년 10월 31일 을지로 순환선(신설동~종합운동장), 1984년 5월 22일 2호선

완전개통
- 1985년 4월 20일 지하철 4호선 개통
- 1985년 10월 18일 3호선(구파발~양재)
- 1995년 11월 15일 5호선(방화~상일동, 마천) 등 서울시 노선이 건설되고, 이때 도시철도와 국가철도의 효과적인 연결을 위하여 다음과 같은 철도망을 건설함. 경원선복선, 과천선 전철, 분당선 복선전철이 건설되었고, 전라선 개량, 호남선 복선화, 경부선 복복선화, 경인선 복복선화가 실현되었으며, 중앙선, 영동선을 전철화하였다.

• 철도 운영 주체는
- 1963년 9월 1일 교통부에서 철도청으로 독립하였고, 그 후 철도공사 등으로 변천을 거듭하고
- 1995년 12월 6일 '국유철도의 운영에 관한 특례법'을 제정하여 운영방식에 대한 변신을 수차례 시도하게 됨.

• 1998년 정부는
- 2020년까지 철도 현대화를 위하여 80~90조 원을 투입하여 총영업 거리 5천km, 복선화, 전철화, 자동화 80% 달성을 목표로 하는 '제1차 중기교통시설투자계획(2000-2004)'을 2001년 3월 19일에 확정하여 2004년까지 수송 분담률을 7.6%에서 14.2%로 높이는 계획을 수립함.

※ 투자계획에 나타낸 야심적인 목표들은 다음과 같은바 이는 후에 '고속철도'로 연결되어 첨단철도로 탈바꿈하는 한국철도 대전환기를 맞는 시대를 여는 계기가 되었다.
- 한반도 종단 X자형 고속철도망을 구축하기 위하여 경부고속철도 1단계(서울~대구) 개통과 대구~부산 간 전철화 운행
- 2008년까지 고속 신선 건설 계획 등과 호남고속철의 기본계획수립 등 고속철도

건설을 위한 기본구상이 담겨 있었으며,
- 일반 간선철도 총 33개 사업, 2,569km를 복선·전철화하여 장기적으로는 고속철도와 연계망을 구상하는 꿈을 담게 되었다.
- 또한 광역철도 총 13개 사업 363.4km를 건설하고, 도시철도 233km를 건설토록 하는 계획도 포함되었다.

4) 첨단 고속철도 시대

70년대 이후 한국 경제의 비약적인 성장은 도로와 철도, 공항과 물류시설의 사회간접자본 확충이 시급한 과제로 대두되었다. 경제적 성과에 대한 자신감은 우리가 '무엇이든 할 수 있다.'라는 성공에 대한 믿음을 장착시켜 주었으며 미래를 위한 과감한 투자의 길로 나서게 하였다.

도로교통은 경부고속도로 개통과 아울러 장래 전국을 고속도로망으로 연결하고자 하는 계획으로 지속적인 투자가 이루어졌다. 항만도 물동량 해결을 위한 추가 도크를 증설하는 등 폭주하는 물동량을 처리하기 위한 항만시설의 확충이 진행되었다. 공항과 철도를 패키지로 묶어 신공항과 고속철도를 건설하여 미래를 대비하였다.

돌이켜보면 고속철도의 건설은 한국교통 역사에 한 획을 긋는 사건이었다. 그동안 낡고 저속의 답답한 석탄과 디젤 기관차 시대에서 전기에 의한 고속열차로 단숨에 도약한 것은 지금 생각하면 도전과 열정의 산물이었다고 판단한다. 특히 한국 전쟁 후, 60년대 말부터 붐을 이루던 고속도로 중심 교통체계에서 속도와 편리함, 쾌적함에서 압도적인 우위를 점하는 시속 300km 대의 고속철도가 도입됨으로써 첨단 교통의 명성을 얻게 되었으며 이로 인하여 경제, 지역개발, 문화, 관광 등 모든 분야에서 혁명이라고 부를만한 변화가 나타났다. 종국에는 '1일 생활권'이 실천되는 시대의 변환을 이끄는 원인을 제공하게 되었다.

자연스럽게 고속버스사업이 합리화되었으며 국내 항공 산업 역시 제주를 제외하고는 효용성이 대폭 재조정하는 시대적 변화를 맞게 되었다. 단군 이래 처음으로 교통시설뿐만 아니라 수자원, 원자력 등 각 분야의 사회간접자본에 대한 막대한 투자가 이루어졌으며 우리 선배들은 나름대로 미래에 대한 준비를 철저히 함으로써 그의 혜택을 누릴 수 있었다.

이와 같은 성공적인 고속철도 시대를 맞이함에도 시대적 흐름 속에 우여곡절이 많았는데 이를 시계열로 정리하여 다음 세대에 전하고자 한다.

- 73. 12.~74. 06.

철도차관 도입과 관련하여 세계은행의 의뢰로 블란서(프랑스) 국철 조사단과 일본 해외철도기술협력회 조사단이 장기대책으로서 경부축에 새로운 철도건설을 제의

- 78. 11.~81. 07.

한국과학기술연구원(KIST)의 '대량화물수송체계의 개선 및 교통투자 최적화 방안 연구'(교통부) 보고서에서 철도망 우선 구축과 경부축에 새로운 철도건설을 건의함.

- 81. 06.

제5차 경제개발 5개년계획(82.~86.)에 서울~대전 간(160km) 고속전철계획 반영

- **83. 03.**

제5차 경제사회발전 5개년 계획 수정 시

- 경부고속철도 건설을 위한 타당성 조사 실시 후에 건설 여부를 결정하기로 수정

- **83. 03.~84. 11.**

서울~경부축의 장기교통투자 및 고속철도 건설 타당성 조사 시행(교통부)

- 미국 루이스버저, 덴마크 캠프삭스, 국토개발연구원, 현대엔지니어링
- 경부축의 철도 및 고속도로가 90년 초까지 한계용량에 도달하게 되어 새로운 교통시설 확충의 필요성 건의
- 장기적으로 철도 중심 대안이 경제성이 높고 고속철도 건설이 유리

- **86. 09.**

제6차 경제사회발전 5개년 계획(87.~91.)

- 경부고속전철 기술조사를 시행하기로 계획에 반영

- **89. 05. 08.**

경부고속전철건설 추진방침 결정

- 서울~부산(약 380km) 복선 신선 건설
- 운행속도 : 평균 200km/h 이상
- 건설 기간 : 91. 08.~98. 08.(7년)
- 필요자금 : 3조 5,000억 원(국고지원)

- **89. 07. 24.**

고속전철 및 신국제공항건설추진 위원회 발족

- 위원장 : 부총리 겸 경제기획원 장관

- 부위원장 : 교통부 장관

- **89. 07.~91. 02.**

경부고속전철 기술조사 시행(철도청)

- 교통개발연구원 : 경제성 분석 및 용역 총괄
- 유신설계공단, 철도기술협력회 : 노선, 토목기술조사
- 현대정공, 대우엔지니어링 : 차량 관련 기술조사
- Louis Berger : System 분석, 열차운영, 차량구조역학, 제어, 동력체계 및 토목 등 기술조사 전반

- **89. 10. 16.~22.**

고속철도 국제심포지엄 개최

- 참석 : 631명(일본, 프랑스, 독일, 미국 등 외국 10개국 100명)

- **89. 12. 01.**

철도청에 고속전철기획실 설치

- 실장(2급), 5개 담당(4급) 등 54명(철도청 직원)

- **90. 06. 15.**

경부고속철도 노선 결정

- 구간 : 서울~부산 간 409km
- 설계 최고속도 : 350km/h
- 건설 기간 : 91. 08.~98. 08.(7년)
- 소요 자금 : 5조 8,462억 원
- 노선 : 서울~천안~대전~대구~경주~부산
- 중간역 설치 : 4개 역(천안, 대전, 대구, 경주)
- 고속전철방식 : 레일 점착식(바퀴식 열차)

- **91. 02. 18.**

고속전철기획실을 '고속철도사업기획단'으로 확대 개편

− 단장(정무직), 부단장(1급), 5개국(2~3급)

− 인원 : 140명(정부 10개 부처 공무원 및 금융계 직원 파견 근무)

- **91. 03.~92. 04.**

최적 노선에 대한 항공사진측량(좌우 각 200m 폭)

- **91. 06. 03.**

서울~부산 간 노반 실시 설계용역 착수

- **91. 06. 03.**

차량형식 선정을 위한 제의요청서(RFP) 발송

− 대상 국가 : 일본, 프랑스, 독일(마감기한 : 92. 01. 31.)

- **92. 03. 09.**

'한국고속철도건설공단' 발족

− 조직 : 이사장, 감사, 부이사장(2명), 7본부 10실 17국, 379명

− 기능 : 국내외 고속철도건설, 고속철도 기술의 연구, 개발, 조사, 고속철도의 역세권 및 고속철도 연변의 개발사업 등

− 철도청의 고속철도사업기획단은 폐지

- **92. 06. 10.**

고속철도 세부노선 확정(92. 04. 30. 제7회 추진위)

− 시·종점 및 노선 경유 행정구역 명기(읍, 면, 동 단위)

- **92. 06. 30.**

시험선 구간(천안~대전) 4개 공구 착공

− 노반은 국내 기술로 건설하고, 98년 완공목표를 달성하기 위해 차량 기종

결정 전에 착공(기공식 10:30, 천안역 예정부지)

- **93. 06. 14.**

고속철도 건설계획 수정(제9회 추진위)

- 사업비 : 5조 8,462억 원(89년 가격) → 10조 7,400억 원(93년 가격)

- 건설 기간 : 92년~98년 → 2001년(서울~대전은 99년)

- 재원조달 : 재정지원 45%, 자체조달 55%

- 사업내용 수정
  - 대전·대구역 지하화, 교량 상판을 PC Beam으로 구조변경
  - 안양~서울역~수색 간 지하 신선 계획을 기존선으로 활용키로 수정

- **93. 08. 20.**

차량 협상 우선협상대상자 선정(프랑스 알스톰사)

- **94. 01. 20.**

철도청, 철도기술연구소 폐지, 민간 철도산업기술연구원 설립

- **94. 06. 14.**

한국고속철도공단과 한국TGV컨소시엄 간 고속전철 공급계약 체결

- 차량도입계약 체결(4. 18. 협상 결과 발표)

- 발주자는 고속철도건설공단, 공급자는 한국TGV컨소시엄

- 계약금액 : 약 21억 달러(초기에는 약 37억 달러를 제의하였음.)

- **94. 08. 12.**

공공차관 23억 3천 7백만 달러 도입계약 체결

- 차관선 : 엥도수에즈은행 등 25개 금융기관(국내 7, 국외 18)

- **95. 04. 25.**

대전~대구 구간 지하화로 계획수정(제14회 추진위)

- 지역주민들이 지상 건설 시 도시 양분, 열차운행에 따른 소음, 진동 등 환경 피해를 우려하여 지하화로 수정 요구

• **95. 07.**

과학기술처 G7 제2단계 신규후보 과제 공모 공고

- 10월 350Km/h급 차세대 고속철도기술개발 연구기획서 제출(한국고속철도공단 / 생산기술연구원 경쟁 기획)

• **96. 03. 02.**

철도기술연구원 발족

• **96. 04.**

과기처 '선도기술개발사업협의회'에서 '차세대 고속철도시스템 개발'을 G7 연구과제로 선정함.

• **96. 06. 05.**

경주 노선 변경과 단계별 개통추진(제15회 추진위)

- 문화재 보호를 위해 경주 경유 노선 68km 구간에 대하여 새로운 노선을 선정 추진하기로 결정
- 대구~부산 간은 기존 경부선을 전철화하여 2002년 서울~부산 전 구간에 고속철도 정상운행 계획

• **96. 08. 01.**

미국 W. J. E.사에 의한 기 시공 구조물 안전진단 실시

- 기간 : 96. 08. 01.~97. 01. 31.
- 점검대상 : 92. 06. 착공부터 96. 04. 26.까지 시공된 구조물 등
- 안전진단 비용 : 283만 달러(약 24억 원)

• 96. 11. 23.

건설교통부에 '고속철도건설기획단' 설치

− 단장(2~3급), 과장(4급) 2명 등 총 22명(고속철도과를 확대 개편)

• 96. 12. 31.

고속철도건설촉진법 제정, 공포(시행은 3월 경과 후)

• 96. 12.

연구기관 공모, 선정 및 1차 연도 협약, 연구 착수

− 고속전철개발 사업 시작(2002년 10월까지)

• 97. 01. 25.

경주구간 노선을 화천리 노선으로 확정(제16회 추진위)

• 97. 02. 24.

上묘터널(2−1공구) 廢鑛 통과구간 노선 변경

• 97. 04. 14.

미국 W. J. E.사의 안전점검결과 발표

• 97. 07.

고속철도 기술이전 시작

• 97. 09. 08.

사업계획변경(안) 발표 및 공청회 등 개최

• 97. 11. 14.

기본계획변경(안)을 24개 관계기관과 협의

− 사업비 : 10조 7,400억 원 → 17조 5,028억 원

− 사업 기간 : 2002. 05. → 2005. 11.

− 경제성 : B/C 1.55 → 1.21, IRR(%) 19.4 → 12.7

- 재무성 : 흑자전환 개통 후 7년 → 11년, 부채상환 개통 후 17년 → 29년

※ IMF 등 경제여건 악화로 기본계획변경 추진을 유보

- **98. 01. 23.**

'고속철도건설심의위원회' 구성 및 제1회 회의 개최

- 기능 : 주로 전문 기술 분야 심의(고속철도건설촉진법 제9조)
- 위원 : 중앙부처 8명, 지방자치단체 14명, 토목 분야 20명, 철도 · 교통 · 도시 분야 12명, 건축 분야 17명, 기타 10명

- **98. 04. 03.**

사업계획 변경 재검토방침 결정

- 사업비, 사업 기간 재검토를 위한 관계기관 합동작업반, 민간 사업성 분석팀, 각계 전문가로 평가자문위원회를 구성하여 추진

- **98. 07. 08.**

기본계획변경(안)을 24개 관계기관과 협의

- **98. 07. 31.**

고속철도 기본계획 변경 결정(제19회 추진위)

- 사업비 : 10조 7,300억 원 → 18조 4,358억 원(1단계 12조 7,377억 원)
- 사업 시행방법 : 1, 2단계로 구분, 단계별로 시행
- 건설 기간 : 92. 06. ~2002. 05. → 2004. 04.(2단계 2010년 완료)
- 재원조달방안 : 변경 없음.

※ 98. 08. 06. : 기본계획변경 고시(건설교통부 고시 제1998-259호)

- **99. 07. 18.**

고속철도시스템 명칭 제정

- 한글 '한국고속철도', 영문 'KTX'(Korea Train eXpress)

- 99. 11. 22.

고속철도 소음 기준 확정(환경부와 합의)

- 시험선 구간 65~70dB, 시험선 외 구간 63~68dB, 개통 15년 이후 60~65dB

- 99. 10. 03.

KTX 시운전 증속 시험 시속 200Km 도달

- 99. 12. 16.

경부고속철도 시험운행 시승식 개최

- 구간 : 충남 연기군 소정면~충북 청원군 현도면(34.4km)
- 시험운행 속도 : 200km/h

- 2000. 11. 13.

시험선 구간(충남 아산시 음봉면~충북 청원군 현도면, 57.2km) 완공 및 시속 300km 시험운행 개시

- 2004. 03. 24.

호남선 복선전철 개통

- 2004. 04. 01.

경부고속철도 1단계 · 호남선 개통

- 2010. 11. 01.

경부고속철도 2단계 구간 개통(동대구~신경주~부산, 124.2km)

- 2010. 12. 15.

경전선 KTX 운행개시(삼랑진~마산)

- 2011. 10. 05.

전라선 KTX 운행개시(용산~여수엑스포)

- 2012. 12. 05.

경전선 복선전철(마산~진주, 53.3km) 개통

- 2014. 06. 30.

인천국제공항 KTX 개통

- 2015. 04. 02.

호남고속철도 신선 개통

- 2016. 07. 15.

경전선(진주~광양, 51.5km) 개통식

- 2016. 08. 22.

수도권 고속철도 300km/h 시험운행 성공

- 2016. 10. 06.

원주~강릉 철도건설 마지막 터널(강릉터널) 관통식

- 2016. 12. 09.

수도권 고속철도(수서~평택, 61.1km) 개통(개통식 2016. 12. 08.)

- 철도 117년사(史) 최초 경쟁체제 도입(SR)

- 2017. 12. 21.

서울~강릉 KTX(원주~강릉 간, 120.7km) 개통

- 2020. 03. 02.

강릉선 KTX 동해역까지 연장운행 개시

- 2021. 01. 05.

중앙선 청량리~안동 KTX 이음 운행개시

- 2021. 12. 31.

중부내륙선 이천~충주 KTX 개통

2. 고속철도의 출발

1) 미래의 준비

'말도 많고 탈도 많은 고속철도'

건설 초기에 TV 뉴스 화면을 장식했던 이 프롬프트는 당시 건설에 참여했던 많은 사람들의 가슴을 아프게 하는 송곳이었다. 그럼 왜 말도 많고 탈도 많은 상황이 발생하였을까? 답은 간단하다. 당시 정부는 철도를 사양산업이라 치부하며 도로 위주의 정책을 구사하고, 특히 고속도로 확장에 역점을 두었다. 따라서 철도사업을 담당하던 철도청은 정부 부처 내에서 구박 덩이일 수밖에 없었다.

이 구박 덩이가 대한민국 역사상 처음으로 최첨단 '고속철도를 건설하겠다.'고 나섰으니 이는 공부 못하는 녀석이 일등을 하겠다고 큰소리만 치는 꼴이라 보기에도 한심했고 한편으로 괘씸하여 도와주고 싶은 생각이 없었을 수도 있었을 것이다. 그러나 어찌 되건 그 어려웠던 건설과업을 완수했고 현재 훌륭한 운영 성과를 내고 있다는 점은 부인할 수 없는 사실이다.

그간 겪었던 어려움과 기술적 한계를 극복하면서 습득한 아까운 경험을 후배들에게 알려주고 유사한 곤란을 겪지 않았으면 하는 바람에서 과거 여러 논란의 원인을 분석하고 역경을 헤쳐나가는 지혜를 전하고 싶었다. 학술적인 추가 연구는 학자들에게 맡기기로 하고 여기서는 건설사업을 추진하면서 현장에서 겪었던 일 위주로 이야기를 풀어 가고자 한다.

70년대 한국경제 상황

고속철도 건설을 계획할 즈음 한국의 경제발전 현황과 향후 전망을 나타내는 지표들이 어디를 가리키고 있는지 확인해볼 필요가 있을 것이다. 대한민국은 1970년대 초부터 '수출만이 살길이다.'라는 국민적인 합의에 따라 본격적인 경제개발을 착수하였고 우리도 잘살 수 있겠다는 자신감을 갖기 시작하였다. 1980년대 이후 우리의 미래가 어떻게 바뀌어 나아가야 할 것인지 사회 분야별로 필요한 시대정신을 자연스럽게 논의하기 시작하였다. 정치 민주화와 효율적인 경제발전에 대한 담론과 아울러 국민 생활 수준을 향상하기 위한 사회 지도층의 치열한 토론이 있곤 하였다.

이러한 분위기는 정치, 경제, 문화예술 등 사회 전반에 걸쳐 형성되었으며 경제적 성과에 대한 논의, 즉 성장과 배분에 대한 토론이 가능할 정도로 그 성과에 스스로 만족하였으며 자긍심이 고양되기 시작하였다. 당연히 교통 분야도 미래에 대한 준비를 논의하면서 고속철도와 신공항 건설의 필요성이 자연스럽게 대두되었다. 따라서 그 대안을 마련하기 위해 학술적 연구가 뒤따랐고 이를 적극적으로 활용하여 미래 100년을 준비할 수 있는 기틀을 마련하였다.

물류비의 중요성 대두

정부는 물류비용에 대한 중요성에 대하여 이해도가 높지 않았으나 경제발전에 따라 제품원가의 중요한 구성 요소로 인식하게 되었다. 치열한 국제 경쟁에서 살아남기 위해 민간부문의 원가절감은 국가정책 목표의 큰 관심사였고, 물류비 절감은 사회간접자본 건설 계획의 밑거름되었다. 당시 제조원가에서 차지하는 물류비 비중은 한국의 경우 약 17%이나, 미국, 일본 등 소위 선진국이라는 국가들은 8~11% 수준을 보이고 있었다.

물류비의 증가는 국가경쟁력의 약화를 초래할 뿐 아니라 경제발전의 장애 요인으로 작용할 수 있었다. 따라서 선진국 수준으로 물류비 절감을 위해 철도, 도로, 항공, 항만 등 각종 교통시설의 확충은 재정이 허락하는 한 지속적으로 조화롭게 투자가 이루어질 필요가 있었다. 당시의 논의된 사항들이 차곡차곡 실행되면서 경제발전의 보폭에 맞추어 투자가 이루어지도록 한 것은 당시 정부의 현명한 정책 결정으로 다가올 미래에 대한 준비였다.

2) 준비의 시작

당시 철도 상황

정부는 경부고속도로를 1970년에 전 구간 개통시킴으로써 당당히 국가교통의 대동맥으로서 물류수송의 획기적인 역할을 기대하였고 우리의 자동차가 이 고속도로를 신나게 달릴 수 있도록 자동차 산업을 육성시킬 준비를 하게 되었다. 당시 철도와 도로교통은 각자의 역할분담을 통해 상호보완적인 관계를 유지할 수 있도록 정책적 수단을 마련할 필요가 있었으나 고속도로를 중심으로 국내의 모든 물류를 처리할 수 있을 것이라는 오류를 저지르게 되었다.

철도는 도로교통의 보완재로서 겨울철에 무연탄이나 수송하는 사양화된 교통수단으로 취급받았으며 당연히 철도건설은 정책적 후순위로 밀려나는 수모를 겪게 되었다. 철도에 대한 정부의 야박한 투자는 철도시설물의 낙후를 초래하여 경부선뿐만 아니라 주요 간선을 한계상황으로 내몰게 하였다. 그러나 급속한 경제발전과 더불어 특히 경부축에서 심각한 컨테이너 수송 애로 등 물류난을 겪기 시작하였으며 경제발전의 저해요인으로 등장함에 따라 철도시설물의 현대화와 아울러 신선 건설의 필요성이 대두되었다.

철도 분야의 차관도입과 관련하여 세계은행(IBRD)은 한국 정부에 경부축의 수송 애로를 타개할 방안을 마련토록 권고하였다. 경제발전에 자신감이 붙은 정부는 그 방안에 대한 조사를 세계은행에 의뢰하고 현장조사(1973. 12.~1974. 06.)를 담당한 프랑스와 일본 전문조사단은 장기적으로 수송력의 증강을 위해 '경부축의 신선 건설'을 제안하였다. 그러나 철도는 도로보다 더 많은 투자비가 소요되고 효과 또한 미미할 것이라는 의구심과 아울러 여전히 도로 위주의 정책으로 그 논의는 수면 아래로 소리 없이 사라지고 말았다.

대안의 논의

다행히 물류 담당 부서였던 교통부는 여전히 경부축의 물류 애로를 타개하기 위한 노력의 일환으로 경부축의 물류난 해소를 위한 연구용역(1978. 11.~1981. 07.)을 한국과학기술연구원(KIST)에 의뢰하였으며, 그 결과를 요약하면 다음과 같았다.

- 1990년까지 경부축 전 구간, 즉 도로와 철도에서 한계상황에 도달할 것으로 예상하고
- 이를 해소하기 위해 신호체계 등 기존선 개량 또는 신선 건설이 필요하나
- 미래를 대비한 수송력 확충은 신선 건설이 유효하고 그 중 복선전철을 제안

하였다.

제5차 경제사회발전 5개년 계획(1982~1986)에 서울~대전 구간의 고속철도 신선 건설사업을 반영하였으나 여전히 막대한 투자비가 소요되는 대규모 사업으로 그 효율성을 담보할 수 없다는 강력한 반대로 추진 자체가 어려워 보였다. 즉 공공조직의 표준규범(?)인 '당신이 책임질래?'가 여기서도 그 위력을 발휘하였다. 그 투자 효과가 미미할 경우 누가 그 덤터기를 쓸 것인지 책임 공방을 주고받기는 하였으나 여전히 향후 닥칠 물류난에 대비하여 '지속적인 투자가 필요하다.'는 점을 찬반 양측 모두 동의한 것은 큰 소득이었다.

소모적인 논쟁

고속철도의 건설에 대한 논쟁이 다시 시작된 것은 제5차 경제개발계획 수정(1983. 03.) 시 당시 교통부를 중심으로 '경부축의 새로운 교통시설 투자는 경부고속철도 타당성 조사 후 결정'하기로 협의하여 경제개발계획 담당 부서(당시 경제기획원)와 타협안을 마련하였다. 이에 따라 교통부는 '서울~부산축의 장기 교통투자 및 고속철도 건설 타당성 조사' 연구용역(국토개발연구원, 현대엔지니어링, 미국 루이스버저사, 덴마크 캠프삭스사)을 시행(83. 03.~84. 11.)하여 철도건설 사업의 타당성을 검토하였다.

그 연구결과 경부축은 1990년에 수송한계 용량에 도달하므로 어떤 형태이든 조속히 교통시설을 확충해야 한다는 3개 대안을 제시하였다. 그 3개 대안은 1안) 4차선 고속도로 신설, 2안) 기존선 개량, 3안) 고속철도 신선 건설이며 수송력 증강, 투자비, 투자 효과 등 대안별 비교분석을 통해 고속철도 건설이 가장 유리한 것으로 제시하였다.

세 가지 대안을 정량분석한 결과는 기존선 개량비용을 1.0으로 할 경우 고속도로 신설 3.37, 고속철도 신설 4.9로 확인되었다. 고속철도 건설은 초기투자비가 다소 많기는 하나, 수송용량(52만 명 / 일)이 크고 서울~부산을 2시간 이내에 운영할 수 있으므로 항공과 고속도로 이용자까지 흡수하고 그 공간을 화물 수송력 보강에 사용할 수 있을 것으로 예측하였다.

여러 논란 끝에 제6차 경제사회발전 5개년 계획(1986~1991)에 철도 건설 사업이 언급은 되었으나 이는 구체적인 실행계획이 아니라 방대한 예산 규모로 인해 다시 타당성을 조사하는 것이 좋겠다는 수준에서 어정쩡하게 동면상태에 접어들게 되었다. 시기적으로 대한민국 국민으로서의 자긍심을 드높이는 계기가 된 1986년 아시안 게임과 1988년 올림픽 게임 개최 등 사회간접자본에 대한 투자가 폭주하였고, 한정된 국가 재원을 효율적으로 배분해야 한다는 국가정책 목표에 따라 철도의 투자는 다시 한번 시련을 겪게 되었다.

교통수단의 경쟁력

교통시설을 건설할 경우 가장 먼저 검토하는 것이 경쟁 시설과의 비교이다. 각각의 교통수단은 사회적 수요에 의해 발전하였으며 수요와 공급, 비용 / 편익 분석 등에 의해 그 경쟁력의 우위가 결정되게 마련이다. 도로와 공항 및 항만은 정부의 개입이 한정적이나, 철도는 건설과 운영을 모두 정부에 의지하는 형태로서 철도 운영자(철도청)는 하부구조의 건설과 운영, 유지보수를 동시에 시행해야 하는 어려움 속에 있었다.

따라서 철도교통은 민간부문이 주도적인 역할을 하는 도로교통과 비교할 경우 항상 열등한 위치에 놓일 수밖에 없으며 이로 인해 철도의 사양화 논란으로까지 증폭되기도 하였다. 그러나 첨단기술로 무장한 고속철도의 출현은 우리에게 좀 더 나은 교통서비스를 제공하고, 고속의 편리함은 전 국토의 시공간을 단축해 반나절 생활권으로 우리를 윤택하게 만들어 철도교통의 새로운 르네상스를 구가할 수 있는 기틀을 제공할 수 있게 되었다.

철도교통은 정시성 측면에서는 우수하나 정거장까지 가야 하는 접근성은 도로교통에 비해 취약한 면이 있다. 운영비의 경우 국가별로 조금씩 다르나 고속철도의 경쟁력 구간은 대략 운행 거리 150km~700km 범위 내에 있다. 따라서 서울을 기점으로 부산역, 목포역 등 종착역뿐만 아니라 대전, 대구, 전주 등 대도시 중간역은 운행 거리 측면에서 상당히 경쟁력이 있는 것으로 나타난다. 특히 경부축의 경우, 도시발달 상황과 인구밀도, 운행 거리 등을 감안하여 분석하면 세계적으로도 상당히 가치 있는 골든 벨트로 평가받고 있다.

3) 미래의 실현

국가경영 아젠다(Agenda)로 선정

경제적 성과에 대한 자신감과 미래를 준비해야 한다는 시대정신에 따라 자연스럽게 고속철도 건설에 대한 논의가 시작되었다. 철도교통의 특수성, 즉 민간부문에서 주도하기 어려운 교통시설로서 일반 국민들에게 자동차나 항공교통과 같이 친숙한 교통시설로 다가가지 못하였다. 정부 주도형의 교통시설로 분류되어 철도교통이 보유하고 있는 기술과 인력이 보편화하지 못하였고 철도 관련 기술적·인적 자원이 상대적으로 취약하였다.

따라서 이러한 약점을 극복하고 고속철도 건설을 실현하기 위해 당시 철도청을 중심으로 고속철도의 필요성을 공론화할 수 있도록 많은 노력을 하였다. 그동안에 그려온 고속철도의 밑그림을 정부 요로에 건의할 기회를 엿보고 있었다.

1970년대 말 고속철도를 포함하여 철도 장기수송 대책을 수립하라는 정부 지시에 따라 공식적으로 논의되기 시작하였다. 무릇 모든 일이 그러하듯이 반복되는 각종 논란에도 불구하고 뜸 들일 시간이 필요하였고 이러한 와중에 민주화의 열기로 개정된 헌법(1987. 10.)에 따라 대통령 선출방식이 직선제로 변경되었다. 당시 민주정의당(민정당) 노태우 대통령 후보(제13대 대통령)가 고속철도 건설추진을 선거공약으로 제안하였고, 당선 후 노태우 정부는 1989년 7월 정부가 고속전철 및 신국제공항 건설추진위원회(위원장 부총리, 위원 각부 장관 등 25인 이내)를 설치하고, 실무추진위원회(위원장 교통부 차관, 위원 관계부처 국장급)를 운영토록 함으로써 고속철도 건설사업의 기본적인 기틀을 마련하게 되었다.

이 결과 고속철도 건설사업은 경제개발계획에 포함되었고 몇 차례 수정을 거쳐 철도청 차원의 사업이 범정부 프로젝트로 격상되었다. 각 분야 담당자들의 눈물겨운 노력의 결과, 고속철도 건설을 현실화시켰으며 1989년 철도청 내에 고속철도기획실을 설치하였다. 따라서 본격적인 고속철도 건설의 기적을 울리게 되었고 이는 대한민국 정부의 정식 어젠다

(Agenda)로 확정됨을 의미하는 것이었다. 또한 철도청에서 경부고속전철 기술조사(89. 07.~91. 02.)를 교통개발연구원 컨소시엄(교통개발연구원, 유신설계공단, 현대정공, 대우엔지니어링, (재)철도협력회, Louis Berger사)에 의뢰하여 본격적으로 고속철도시스템에 대한 전반적이고 체계적인 접근이 시작되었다.

교통개발연구원의 주관으로 '고속철도 국제심포지엄'을 개최(89. 10.)하여 당시 고속철도 선진국인 프랑스, 독일, 일본 등 외국 고속철도전문가를 초빙하여 궁금했던 기술에 대한 질의와 토론을 거쳐 많은 기술 자료를 습득하였다. 고속철도 건설과 운영계획에 대한 다양한 의견 교환이 있었으며 이 심포지엄은 고속철도 자료에 목말라하던 국내 철도전문가의 갈증을 어느 정도 해소해 주었다. 각국의 고속철도 특·장점을 파악하고 비교·분석할 수 있는 기회를 제공하였으며, 일반 국민에게 고속철도가 무엇인지를 소개해 주는 계기가 되었다.

고속철도의 출발

고속철도 건설의 본격적인 추진을 결정하기 전에 이에 대한 찬성과 반대 측의 수많은 토론과 논쟁이 있었다. 왜 그러한 논란이 제기되었는지 다시 음미해 보는 것도 가치 있을 것이라 생각한다.

첫째, 이 좁은 국토에서 정말 시속 300km의 고속철도가 필요한 것인가? 즉 고속철도의 효용성에 대한 근본적인 의문을 제기하였으며 건설기간 후반까지 지속된 이 지루한 논쟁은 가끔 고속철도 관계자들의 열정에 물을 뿌리는 냉각 효과(?)를 유발하였다. 특히 정치권을 중심으로 이슈화하여 상당한 혼선을 겪었다. 이미 결정된 고속철도 사업을 취소하고 새로운 고속도로로 변경 건설하자는 주장이 반복되기도 하였다.

경부고속철도 건설사업은 착공에서 완전개통까지 18년이란 장기간(1992. 06.~2010. 11.)에 걸쳐 시행되어 정권 교체기마다 실무적으로 상당한 어려움을 겪어야 했다. 정치권의 공수가 교대됨에 따라 사업의 타당성을 재검토한다든지 또는 현재까지 건설된 시설물을 활용하여 사업규모를 대전까지로 축소할 필요가 있다고 주장하여 사업의 신뢰성을 저하하는 행위가 자행되기도 했다. 아마도 이는 장기간에 걸친 건설사업은 집권층의 임기 내에 그 과실을 향유할 수 없어 사업에 대한 애정이 별로 없다는 점도 한 요인일 것이었으리라.

둘째, '사전준비가 부족했다.'라는 사실이다. 변명일 수 있겠으나 시속 150km의 철도를 건설·운영한 경험을 바탕으로 시속 300km에 도전한다는 자체가 상당한 기술적 어려움을 내포하고 있다는 사실을 가볍게 생각하였다는 점이다. 우리 특유의 '할 수 있다.'는 근거 없는 자신감만 갖고 속된 말로 맨땅에 헤딩하면서 온몸으로 기술을 체득해야 하는 처절한 과정이 존재한다는 사실에 대하여 애써 고개를 돌려버렸다. 이는 건설과정에서 프랑스, 독일 고속철도전문가들의 자문과 의견을 구하면서 우리는 고속철도 설계, 시공한 경험자들만이 갖고 있는 특별한 노하우를 갖고 있음을 알게 되었다.

사전준비라는 것은 향후 해야 할 일거리에 대해 상세계획을 수립하고 실행할 수 있는 능력을 갖고 있어야 가능한 것이다. 즉 대형건설 사업에 요구되는 사업관리와 계약관리, 기술적 철학이 담긴 설계기술의 확보방안, 민자유치 기법 등 대다수 주요사항을 막연한 상태에서 출발하여 준비 부족의 큰 원인이 되었다.

셋째, 대형 재정 투자사업의 특성상 정치권의 풍향에 따라 흔들거릴 수 있다는 어려움을 어느 정도 감안하고 미리 대비할 수 있어야 했다. 어떤 의미에서는 건설 담당자들이 감당할 수 없는 수준의 어려움이 발생할 수 있으나 최선을 다해 열정을 갖고 '말이 아닌 가슴'으로 정성껏 준비하고 설득하여야 했다. 앞에서 언급한 바와 같이 정치권의 공수교대에 의한 사업의 재검토는 계획된 공기를 준수하기 어렵게 만든다. 새로운 집권세력은 새로운 각도에서 건설사업을 검토하고자 했으며, 이러한 진통은 현장 기술인력들을 침울하게 만들기도 하였다.

4) 건설계획의 실행과 어려움

사업추진체계 확립

사전준비가 부실했다는 범위에는 추진체계의 정비와 관계 법령의 제·개정 지연도 포함한다. 고속철도의 구상은 철도의 건설과 운영을 담당하고 있는 철도청으로부터 나왔다. 당시 철도청의 노력으로 정부는 경부고속철도 건설 방침을 1989년 5월에 결정하였고 정부 차원에서 고속철도 건설에 관한 주요 정책을 결정하기 위해 부총리 겸 경제기획원장관을 위원장으로 하는 '고속전철 및 신국제공항 건설 추진위원회'를 발족시켰다.

한편 철도청에 고속철도 실무 업무를 수행할 '고속전철기획실'을 설치하였고, 고속철도 기획업무가 증가함에 따라 '고속철도사업기획단'으로 확대 개편하고 건설 업무에 관련된 각 부처와의 협의를 원활하게 할 수 있도록 정부 10개 부처로부터 공무원을 파견받아 그 진용을 갖추게 되었다.

이는 향후 고속철도 건설 업무를 전담할 전문조직인 '한국고속철도건설공단'의 모태가 되었다. 건설 업무 진행에 따라 담당 공무원의 수가 늘어남과 동시에 많은 승진 자리가 발생하여 제 식구 챙기기의 볼썽사나운 추태가 연출되기도 하였다. 건설공단의 발족이 가시권 내에 들어오면서 철도청과 기획단 내부의 묘한 갈등기류가 흘러 한동안 실무진의 업무추진에 행정적인 애로가 있기도 하였다. 효율적인 고속철도 건설을 위해 한국고속철도건설공단법에 따라 한국고속철도건설공단을 발족(92. 03.)시켜 시험선 4개 공구의 착공, 고속철도 건설계획 수정, 차량 우선협상 대상자 선정 등 어려운 여건 속에서도 묵묵히 처리해 나갔다.

한편 감독관청인 건설교통부 내에 고속철도과를 '고속철도기획단'으로 확대(96. 11.)하여 관계부처와 협의 창구를 완성하였으며, 신속한 고속철도 건설을 위한 '고속철도건설촉진법'을 제정·공포하였다. 이와 함께 건설과정에 적용할 각종 법령을 취합하여 고속철도촉진법으로 의제 처리토록 하여 신속한 건설을 도모하였다. 그러나 실제 현장에서 발생하는 일부 민원에 대한 해결 절차가 관련 개별법에 따라 처리할 수밖에 없는 경우도 발생하였으나 고속철도건설촉진법의 많은 혜택을 보았다.

건설 시 발생하는 민원이나 공사 인허가 시 지방정부의 요구사항은 지역의 오랜 숙원사업으로 고속철도 건설에 업혀 처리할 요량으로 해당 지역주민과 지방정부가 합심하여 짬짜미하는 것이 일반적인 관행이 되었다. 지방정부는 변전소를 건설하는 데 몇십억이 소요되는 녹지 공원의 설치 또는 정거장 근처 조경의 개선 등 지역주민을 동원(?)하여 무리한 요구를 하였다. 지역주민은 주민대로 특정 구간의 소음 진동으로 젖소 산유량 감소나 송아지의 출산 감소에 대한 과도한 보상, 교량 구조물의 그늘로 인한 일조량 부족으로 과실수 생산량 감소에 따른 배상, 더 많은 금전을 요구하며 묘지 이장을 거부하는 등 건설 기간 내내 정말로 다양한 민원에 시달려야 했다.

지방정부와 협조체제를 잘 구축하는 것이 원활한 건설사업의 관건이다. 지방정부는 한정된 자체예산으로 주민들이 원하는 시설을 제공할 수 없어 고속철도 건설공사에 포함시켜 나머지 숙제를 해결하려는 지역 이기주의 경향을 보였다. 이는 고속철도 건설뿐만 아니라 다른 대규모 건설사업에 자주 발생하는 사례로서 사전에 갈등을 조정하여 사업 방해를 예방하고 주어진 공기를 준수하기 위해 충분한 검토와 아울러 이를 설계에 제대로 반영하여야 한다.

그러나 아무리 준비를 잘한다 하더라도 현장에서 발생하는 모든 민원을 원만히 해결하기란 쉬운 일이 아니므로 소송 등 법적 수단을 강구하는 경우가 있기는 하다. '이렇게 하는 것이 법입니다.' 하면 '법 좋아하네!' 하는 경우와 '법에 그렇게 되어 있다면 따라야지.'는 하는 과정은 하늘과 땅만큼의 차이. 업무 담당자들은 이를 헌법 위에 '떳법'이 발동되었다고 하며 이런 수많은 건설사업의 골칫거리를 해결하기 위하여 온갖 지혜를 짜내곤 하였다.

사업계획의 현실화 과정

고속철도의 운용은 여객전용을 의미하며, 전용선로를 새로 건설함을 의미하였다. 고속 전용선로에서 고속열차, 일반여객열차, 화물열차 등을 혼합하여 운영할 경우 대단히 비경제적이며 비효율적이다. 따라서 투자비 회수나 운영의 효율을 극대화하기 위해 고속열차 전용으로 운영하여야 한다. 물론 국민의 편의를 도모하고 고속열차 운용을 확대하기 위해 기존선의 선형개량과 전철화 등 기존선을 고속화하여 고속철도 수혜지역을 확대하고 그 운용효율을 향상시킬 수 있다.

총사업비 산출 당시 고속철도 건설에 대한 자료가 전무한 상태에서 기존철도 건설비에 일정 비율을 할증·적용하여 건설비를 산정하였으므로 태생적으로 상당한 오류를 포함할 수밖에 없었다. 실시설계의 부정확성으로 인한 잘못된 예측, 대전역과 대구역 등의 지상·지하화 논쟁으로 인한 변수 발생, 공사 기간의 불확실성과 공기 지연에 따른 기존선 활용 등 예상치 못한 다양한 변수들이 부상하게 되었다. 어지러웠던 공사현장과 건설행정이 사업관리 시스템의 도입으로 어느 정도 틀을 잡게 되었으며 고속철도 사업에 참여한 기술진들도 '고속철도의 정체'를 파악하면서 건설공정에 가속이 붙기 시작하였다.

고속철도에 대한 기술적 노하우가 축적되는 양에 비례하여 우리의 건설계획에 오류가 있음을 인지하고 사업계획을 수차례 수정하는 과정을 거치게 되었다. 이러한 어려움은 고속철도 사업의 공기 지연과 지속적인 사업비 증가로 이어져 국민에게 미래의 희망을 주기는커녕 혹독한 비난을 받게 되었다. 일부 고속철도의 부실은 '고속열차를 운행할 때 교량이나 구조물들이 무너지지는 않겠나!' 하는 걱정이 들게 할 정도로 과도하게 일부 언론에 확대 재생산되어 언급됨으로써 고속철도 건설사업에 참여하고 있는 기술자들의 자부심을 여지없이 부수어 버렸다.

언론의 고속철도에 대한 고의적인 모함(?)은 가끔 상상을 초월하는 것도 있었다. 터널의 부실공사를 의도적으로 부각시키기 위한 모 공중파의 창의적인 노력과 온당치 않은 취재 태도를 추억삼아 소개하고자 한다. 이 문제는 아마도 원청자와 하청자 간의 다툼에서 비롯된 것이 아닐까 한다. 궁현터널(충북 청원면) 마감 공사인 라이닝 작업을 할 때 나무막대, 철근 조각, 비닐포대, 심지어 라면 봉지까지 작업자 본인만이 알 수 있는 정해진 위치에 삽입하고 숏크리트(초벌 콘크리트) 처리하였다. 하청자는 담당 기자에게 셀프 전화 제보를 하였고, 그 기자는 현장사무소 감독자에게 취재 협조를 요청하고 신나게 현장으로 이동하였다. 당시 현장사무소장은 아무것도 모르면서 대동하고 취재에 협조하였다. 브레카(타격기)로 제보받은 지점을 부수고 나니 각종 쓰레기가 춤을 추며 쏟아져 나오는 것이 아닌가. 당시 현장 책임자는 고의로 의도된 상황을 연출한 것이라고 주장하였지만 해당 기자는 아랑곳하지 않고 시나리오대로 기사화하여 공단과 현장소장이 곤혹을 치르게 하였다. 그 기자는 천재일까, 바보천치일까? 국민의 사랑을 받지 못하고 시행하는 사업이 얼마나 힘든지를 말해주는 일화라고 추억해 본다.

사업계획 변경 과정

- 1989. 05. 08. 경부고속철도 건설 추진방침 결정
  - 서울~부산(약 380km) 복선 신선 건설
  - 운행속도 : 평균 200km/h 이상
  - 건설 기간 : 1991. 08.~1998. 08.(7년)
  - 소요 자금 : 3조 5,000억 원(국고지원)
- 1990. 06. 15. 사업 기본계획 구체화 보완
  - 노선 확정 : 서울~부산(409km)
  - 총사업비 : 5조 8,462억 원

- 중간역 설치 : 4개 역(천안, 대전, 대구, 경주), 수도권 제2역 남서울역(현 광명역)

- 고속철도 방식 : 레일 / 바퀴식

• 제1차 사업계획 변경(1993. 06. 14.)

- 총사업비 변경 : 5조 8,462억 원(89년 불변가격) → 10조 7,400억 원(93년 불변가격)

- 준공연도 변경 : 1998년 → 2002년 연장

- 재원조달방안 확정 : 재정지원 45%, 자체조달 55%

- 사업비 절감 방안 반영 : 대전 · 대구역 지하화 → 지상화 건설

  안양~서울~수색 구간 지하 신선 → 기존선 활용

- 수도권 제2역 남서울역(현 광명역) 신설

• 1995. 04. 25. 대전 · 대구역 지상화 → 지하화(도시 양분, 열차소음 · 진동 등 지하화 주장 수용)

• 1997. 01. 25. 경주구간 화천리 노선으로 변경 확정

• 1997. 02. 24. 상리터널(2-1공구) 폐광통과 구간 노선 변경

• 1997. 11. 14. 기본계획변경을 위한 24개 기관 협의를 완료하였으나, IMF 사태 등 경제여건 악화로 변경계획 유보

• 제2차 고속철도 기본 계획 변경 의결(1998. 07. 31.)

- 총사업비 : 10조 7,300억 원 → 12조 7,377억 원(1단계 사업)

  18조 4,358억 원(2단계 사업 포함 시)

- 건설 기간 : 92.~2002. → 2004. 04. 1단계 개통(2단계 2010년 개통)

- 시행방법 : 1, 2단계로 구분 시행하여 우선 개통추진

건설재원에 대한 고민

건설사업에 있어서 가장 중요한 것은 건설재원이다. 즉 적절한 시기에 사업비를 확보하여 공정에 따라 집행할 수 있는 점이 사업의 성패를 좌우할 것이다. 경부고속철도의 재원조달은 국고지원 45%(정부 출연 35%, 재정융자 10%)와 공단 자체조달 55%(채권발행 29%, 해외차입 24%, 민자유치 2%)를 충당하는 것으로 계획하였다. 사업의 신뢰성을 확보하는 수준에서 재원조달방안을 다원화하고 어느 정도의 운영자 측에 수익성이 보장되도록 출연비율을 결정하였다. 용지, 노반 등 기반시설은 재정으로 건설하고 궤도, 전기시설 등 운영시설은 채권발행, 민자유치로 공단에서 조달하고, 차량 등 해외 기자재는 공급자 신용에 의한 해외차입으로 충당하는 것으로 하였다.

재정지원 중 재정융자 10%는 정부로부터 차입하는 것으로 순수 국고지원은 35%이다. 당시 정부의 걱정은 양 국책사업인 고속철도와 신공항 건설에 투입되는 정부재정을 안정적으로 공급할 수 있을 것인지 상당한 고민을 하였다. 이에 따라 정교한 연차별 투자계획을 요구하고 당시 정부의 사회간접자본 총투자 규모의 약 5% 수준을 유지하는 것으로 계획하였다.

채권발행은 정부가 사회간접자본 투자재원을 확보하기 위해 장기저리로 운영 중인 '공공자금관리기금'을 통하여 공단채를 소화할 수 있도록 정부와 긴밀히 협의하고 필요한 경우 증권사를 통해 채권시장에서 자금을 조달할 수 있도록 하였다. 당시 채권시장의 규모로서 공단발행채는 0.3% 수준으로 분석되어 무리 없이 소화할 수 있을 것으로 판단하였다. 건설기간 중에는 수입이 없으므로 동 기간 중에 만기가 도래하는 채권은 차환

발행(빚을 갚기 위해 다시 빚을 내는 방식)을 통하여 상환하고 이후 고속철도 운영수입으로 변제하는 것으로 하였다.

해외차입은 프랑스 TGV가 선정됨에 따라 고속철도 차량 등 핵심기자재 도입을 위하여 1994년 프랑스 엥도스웨즈은행을 주간사로 총 25개 국제 금융단과 협상을 거쳐 총 23억 3천700만 달러를 고속철도 차량의 제조 공정에 따라 인출 사용하도록 차관도입계약을 체결하였다. 한국 정부(당시 재무부)가 차주이기 때문에 해외민간 금융이라 하더라도 공공차관으로 그 성격이 규정되며, 공단과 전대 계약을 통해 건설자금에 사용할 수 있게 지원하였다. 해외채권발행 등 원활한 차입을 위해 벡텔(Bechtel)사의 지원을 받아 미국 S&P사와 Moody's사로부터 신용평가 등급을 획득하기 위해 노력하였으나 실제 해외채권을 발행하지 못하였다.

마지막 재원조달 방안은 민자유치이다. 말이 좋아 민자유치라고 하지 IMF 사태로 인하여 민자유치 전망은 불투명하였고 겨우 정거장 건설 후 유휴공간을 임대 또는 분양을 통해 자금을 조달한다는 것이지만 사실 큰 의미가 없었다. 건설 전문집단인 공단은 민자유치를 하겠다는 의지가 부족하였고 능력도 미흡하였다. 차라리 향후 도시계획 측면에서 정거장 근방의 역세권 개발에 대한 전권을 건설자에게 부여하는 방안도 검토해볼 가치가 있는 대안일 수 있다고 학계에서 권고하기도 하였다. 즉 광명역이나 천안아산역 같은 신설 역은 해당 도시의 랜드마크나, 아니면 만남의 광장 역할을 하도록 조성하고 역세권을 개발하여 각종 상업시설과 부대시설을 위치시켜 건설자금의 회수와 함께 도시발전을 도모할 수 있는 제도적 장치를 도입하는 것이 바람직할 것이라 생각한다.

전문인력의 양성

사전준비가 부족했던 항목 중의 하나로 되돌아봐야 할 것이 적정한 전문인력의 확보이다. 그러나 어떤 사업이든지 효율적인 추진을 위해서 가장 고려해야 할 요소는 우수한 인력의 확보이다. 사우디 등 중동지역 건설에 한국기업의 진출은 건설업계의 상당한 기술습득을 도모할 수 있었고, 외국업체와 함께 건설사업을 시행하여 사업관리 능력을 향상시킬 수 있는 좋은 기회를 얻었다. 고속철도 건설과정에서 보여주었던 건설기술 인력의 자긍심은 다른 분야보다 높았다. 우리의 기술이 우수하기 때문에 어떠한 고속철도 차량이 선정된다 하더라도 안전하게 고속주행이 가능한 토목기술을 구사할 수 있다고 주장하였다.

그러나 그러한 기술적 역량을 확보하기 위해서는 무엇보다 설계, 시공 등 인력양성에 체계적인 투자가 필요했었음에도 불구하고 건설사업에 직접 참여하여 기술을 습득하는 OJT(현장훈련) 방식이 인력양성의 주요한 교육수단이라고 이야기한다면 너무 과도한 비판일까? 척박한 환경에서도 건설사업을 수행하면서 습득했던 첨단기술을 체계적으로 정리하고 나름의 기술계통도를 개발·작성하여 우리가 가졌던 과장된 자존심을 교정하고 습득한 기술을 심화시키도록 노력하였다.

그러한 고민의 결과는 여러 형태로 표출되고 체계화되기 시작하였다. 국가 G7 연구프로젝트에 '고속철도 기술개발 연구기획안'을 정부에 제출하여 승인을 받음으로써 습득한 기술의 심화 과정을 밟게 되었다. 이 연구계획안은 경부고속철도사업을 통해 확보되는 300km/h급 기술을 350km/h 이상의 미래 기술로 발전시켜 세계 철도시장에서 경쟁력을 확보하고 해외 진출을 도모하자는 의도였다. 이 연구사업이 기폭제가 되어 여기저기 여러 분야로 흩어져 있는 철도 연구 인력을 총집결시키는 계기를 제공함에 따라 당시 철도청, 고속철도건설공단, 민간부문의 연구조직을 통합 보강하여 현재의 철도기술연구원을 탄생시키게 되었으며 이 연구원을 주축으로 차세대 350km/h급 기술을 독자적으로 훌륭하게 개발하였다. 철도기술연구원은 철도현장의 애로기술 해결과 아울러 미래 기술을 준비하여 세계 변방으로 떠돌던 한국철도의 위상을 격상시키는 데 공헌하였다.

건설조직(공단)과 운영조직(공사) 간의 협력

유사기관 간의 경쟁의식은 조직에 대한 충성심을 고취시키고 높은 성취욕을 유발해 조직 구성원들의 전투력 향상(?)에 도움을 줄 수 있다. 정부는 '철도청'이라는 공무원 조직을 상·하분리(건설과 운영의 분리)라는 구조조정을 통하여 철도공단(건설자)과 철도공사(운영자)로 분리하였다.

양자의 주장과 논리는 다음과 같다.

건설자는 정해진 시간 내에 적절한 사업비로 건설사업을 완수하려 한다. 한편 운영자는 같은 사업비를 투자하더라도 사용하기 편리하고 저렴한 유지보수비로 운영이 가능한 시설물을 선호한다. 즉 두 기관 간의 긴밀한 협력이 필수적이나 실제 현장의 여건은 그렇지 않은 경우가 가끔 발생하여 선악이 불분명한 동업자 간의 경쟁의식이 개입되기도 하였다.

운영자가 시설물의 설계보완이나 개선을 요구하면 건설자는 대체로 사업비 증가를 이유로 거부하려는 경향이 있다. 규정과 절차에 따라 건설자는 시설물 준공 후 운영자에게 인계하는데 이 또한 만만한 일이 아니다. 여러 가지 흠결을 찾아내 수정을 요구하는 경우가 있어 건설자 입장에서

애를 먹는 경우가 종종 발생한다.

국가철도 시스템이 양 기관의 과도한 경쟁의식에 의해 그 효율성이 저하될 수 있다는 우려를 불식시키려면 건설자(공단)는 운영자(공사)가 요구하는 철도시설물의 개선/개량에 대하여 의견을 청취하여 최대한 실사업에 반영하도록 한다. 운영자는 사업비의 증액을 초래할 수 있는 과도한 요구를 자제하여 양 기관의 효율성을 향상시킬 수 있는 제도적 장치를 마련할 필요가 있다.

이는 계획단계에서 사전 쌍방의 의견 조율과 협의가 필수적이다. 즉 국토부는 쌍방을 구속할 수 있는 규정과 절차를 마련하고 정기적인 회의를 통해 양 기관의 요구조건을 중재·조정할 수 있다. 양 기관은 문제점을 해결할 때까지 지속적으로 추적·관리하여 불협화음을 제거하고 동업자 간의 불필요한 소모전을 방지하여야 한다.

2003년에 한국고속철도공단법, 한국철도공사법을 각각 제정하여 건설을 전문으로 하는 '한국고속철도건설공단(현 국가철도공단)'과 철도운영을 전문으로 하는 '한국철도공사'을 창설하였다. 그러나 20여 년이 지난 지금까지도 철도청에서 담당했던 건설 업무를 철도공단으로 분리·이관시킨 구조조정은 철도산업 측면에서 잘못된 것이라며 양 기관을 다시 통합하여 과거 철도청이 수행했던 역할로 그 기능을 회복시켜야 운용효율을 향상시킬 수 있다고 주장하는 이들이 있다.

이는 구조조정을 기점으로 철도산업이 얼마나 성장하였고 철도 사용자에게 공급하는 서비스의 질이 얼마나 향상되었는지 확인하면 간단하게 결론을 낼 수 있을 것이라 생각한다. 물론 우리는 역사로부터 배우려고 하는 것이지 역사를 되돌리려고 하는 것이 아니다. 이미 어느 정도 진화

과정을 거쳐 현재의 공사/공단으로 운영되는 철도 시스템이 수명을 다하여 효율성이 저하될 경우 다시 토론을 통해 좀 더 나은 시스템으로 개선, 변경할 수 있을 것이다.

사업 홍보는 목적달성을 위해 수단과 방법을 가리지 않고, 이는 거짓으로 좋은 말을 하라는 것이 아니라 진실성을 갖고 성실하게 그 내용을 설명하고 설득하여 원활한 사업 진행을 도모하자는 것이다. 정부의 예산을 투입하여 시행하는 공공분야의 사업은 건설사업이든 교육사업이든 정책목표를 달성하기 위해 국민적인 동의가 필수적이며 막대한 규모의 재원이 투입되고 그 파급효과가 클수록 대국민 설득의 중요성은 더욱 커지게 된다. 즉 국민적 공감대 없이 사업을 시행할 경우에 많은 저항을 받게 되며 정책의 순수성도 폄훼될 수 있기 때문이다. 따라서 고속철도의 홍보 방향은 ① 사업을 진행하면서 겪었던 어려움을 극복하여 ② 건설사업을 정상화시킬 것이라는 믿음을 심어주고 ③ 미래세대를 위해 21세기의 새로운 교통수단을 제공하는 것으로 국민들에게 대한민국이 다시 도약할 기틀을 마련하는 것임을 강조하도록 하였다.

초기 단계에서 영상물 제작, 홍보용 책자 등을 활용하여 고속철도의 필요성이나 사업추진 현황, 공사현장 소개 등 일반적인 자료를 제공하였다. 그러나 시간이 지나면서 잦은 사업계획의 변경과 부실시공 등 고속철도 문제점이 언론에 부각되기 시작하였다. 특히 안전점검 전문회사인 미국 WJE사의 점검 결과(1997. 04.)는 각종 언론의 질타를 초래하였으며 고속철 건설사업은 상당한 어려움에 놓이게 되었다. 이후 고속철도의 타당성이나 필요성, 미래에 대한 준비 등 모든 것이 부정되어 가는 상황을 반전시킬 수 있는 새로운 차원의 홍보대책이 필요하였다.

국민을 안심시키고 고속철도에 대한 기대감을 높여 희망이란 비전을 제시할 수 있는 계기는 시험선 개통이었다. 고단한 역경을 헤쳐 가며 34.4km 구간의 일부 시험선을 완공하여 김대중 대통령을 모시고 200km/h 시험주행(1999. 12.)에 성공함으로써 새로운 돌파구가 열리게 되었다. 이후 일반 국민에게 시승 열차를 개방하여 정기적으로 운행하였으며 300km/h 돌파(2003. 05.) 후 개통 직전까지 고속열차를 국민에게 소개하려는 노력을 지속하였다. 이러한 시승을 통해 미래의 꿈이 아주 가까운 곳에 있음을 깨닫게 하는 효과를 거두었다.

시험선 운행을 전후하여 영상매체, 각종 홍보물, 시승 행사 등으로 비전 제시형의 홍보를 시행하여 고속철도 개통 이후 타 교통수단과의 경쟁까지도 염두에 두는 장기적이고 미래지향적인 홍보 활동을 시작하였다. 홍보에 대한 어려움은 죽어라 하며 홍보 활동을 해도 성과는 나지 않고, 언론에 고속철도에 대한 약간의 비판적인 기사라도 뜨는 날에는 '홍보가 부족해서 그렇다.'는 등 일반적인 비난성 발언을 들어야 했으며 이 때문에 홍보 담당자뿐만 아니라 조직 전체가 주눅이 들곤 하였다.

러시아, 중국, 북한 관계자의 현장 방문

사업이 진행됨에 따라 우리가 너무 홍보를 잘했는지(?) 주변 국가들의 정부 요인이 고속철도 공시현장을 방문하는 경우가 종종 있었다. 처음 방문자가 러시아 철도 담당 공무원 약 20명 정도였다. 1996년 여름 남북철도 연결 세미나를 참석하고 우리의 고속철도 건설현장을 방문하는 일정이었다. 현장을 방문하여 견학하면서 시베리아 철도와 어떻게 연결할 것인지 궁금해하였다. 우리의 답은 기존 선로는 대차교환 방식으로 기존철도 차량을 사용하여 여객과 화물을 수송하고, 별도의 고속열차 운영계획이 있다면 새로운 전용선로를 건설하는 것이 정답일 것이라 설명하였다. 그러나 "우리는 아직 그런 돈이 없다."는 것이 그들의 반응이었다.

처음으로 러시아 사람들과 접촉한 필자로서는 생경하기 그지없었다. 저녁 만찬 자리에 보드카와 비슷한 도수의 '안동소주'를 준비하였는데 그 반응은 가히 폭발적이었다. 보통의 회합은 양측 대표자가 한 말씀씩 하고 이어 건배를 제의하는 것이 국제적인 관례인 데 반해 그들은 참석자 전원이 돌아가면서 각자 한 말씀씩 하는 나름대로 재미있는 방식을 보여주었다. 만찬이 끝날 때쯤 부대표는 "안동소주가 동양의 기품을 느낄 수 있는 명주라며 선물로 줄 수 없겠느냐?"고 은근히 부탁하는 것이었다. 내심 '정말로 술을 사랑하는 사람들이로구나.' 하며 음식점 주인장에게 술병이 깨지지 않도록 잘 포장해 달라고 부탁하였다.

1998년 초여름 고속철도 현장을 방문한 손님은 열댓 명의 북한 공무원들이었다. 다른 경협 관련 사업으로 대한민국을 방문한 길에 정부가 우리 고속철도 건설현장 견학을 제안하여 방문한 것이나 시험선 개통 전이어서 공사현장만 견학하는 수준으로 특별히 아쉬움이 남았다. 이왕이면 고속열차를 시승할 수 있다면 금상첨화였을 것을 손님 대접이 소홀할 수밖에 없었다. 건설공사에 관련된 여러 질문과 답변이 오고 갔으며 이런 과정에서 그들도 우리와 같이 국가에 대한 애국심과 정열을 갖고 있는 것을 느꼈다.

당시 북한은 아마도 우리의 대일 청구권자금과 유사한 일제의 손해배상금(?)에 대하여 일본과 협상 중이었던 것 같았다. 북한은 그런 자금으로 일본에게 20억 달러를 요구하였으며 거의 의도한 대로 진행되고 있다고 자랑스럽게 설명하였다. 어떤 기준으로 20억 달러인지는 모르겠으나 고속철도의 경우 차량 가격을 제외하고 총건설비만 하더라도 100억 달러가 넘고, 삼성전자를 견학하였다 하여 삼성전자의 반도체 1개 라인 건설하는 데 드는 비용이 약 3억 달러 정도라고 하였더니 상당히 놀라는 눈치였다. 아마도 북한의 상식적인 기준으로 20억 달러가 엄청나게 큰돈으로 생각하고 있었던 모양이었다.

중국 공무원들이 2001년 가을 공사현장을 방문하고 당시 시험운행 중인 고속열차에 탑승하였다. 이름은 기억나지 않으나 당시 리더는 중국 권력 서열 5위인 조선족 인사로서 중국 내에서 상당한 존경을 받고 있다고 일행이 귀띔을 해주었다. 오송 부근이 자기가 어렸을 때 자란 고향이라고 감회에 젖는 모습을 보여주었다. 당시 견학자 중에 철도관련자가 있어 우리의 사업추진에 관한 질의를 하면서 중국도 고속철도 건설을 위해 열심히 연구하고 있으며 한국을 벤치마킹하고 있다고 전해 주었다.

사업 초기 감사원 '감사결과 처분요구서'의 유감

고속철도 건설 사업 초기에 대다수의 시행착오를 거쳐 건설사업이 어느 정도 안정화 궤도에 접어든 1998년 봄 즈음에 감사원 감사결과에 대한 처분요구서를 발표함으로써 또 한 번의 대형 태풍을 고속철도 관계자들에게 안겨 주었다. 당시 너나 할 것 없이 고속철도라면 도시락을 싸 들고 다니면서 반대하고 비난하여야 지식인으로 존경받는 것으로 착각하던 시절이기도 하였다. 시중에 고속철도를 비난할 수 있는 좋은 먹거리를 감사원이 제공하였고 모든 언론은 또 다시 고속철도에 집중포화를 쏴대기 시작하였다. 그것도 1번부터 101번까지 번호를 붙여서 일목요연하게 정리하여 언론에 제공하였다.

수감기관인 고속철도공단의 생사여탈권을 움켜쥐고 서슬 시퍼렇게 펜대를 놀려대는 감사관의 주장에 대하여 누구도 'No'라고 하기 어려웠고 애원에 버금가는 읍소로 대신하기 하기 일쑤였다. 사업에 대한 어려움을 토론하고 그 방안을 같이 고민하였더라면 오히려 멋진 보고서가 탄생할 수 있었을 터인데 참으로 자질구레한 행정처리 오류를 지적하는 수준으로서 사업의 진행을 난해하게 만드는 데 일조를 하였다고 할 수 있다. 처분요구서는 101가지의 감사 지적사항을 크게 사업계획 수립 및 관리, 조직 및 인사관리, 예산편성 및 집행관리 등 9개 그룹으로 분류하였다. 이러한 지적사항들은 단군 이래 처음 해보는 대형사업에 대한 감사결과라고 보기에는 엉성하고 초라하여 지금 다시 읽어 보아도 허탈함을 느끼게 한다.

한 언론인은 처분요구서를 보고 가라사대 "경부고속철도는 두고두고 역사와 세계인의 웃음거리로 남을 것이다."(《월간중앙》) 이 정도라면 현재의 시각으로도 전문가에게 대놓고 최상급의 막말을 한 것이라 할 수 있다. 이 언론인이 말한 것처럼 역사에 길이 남을 오류를 저질렀고 세계인들의 비웃음을 받았는지 확인하고 싶은 마음이 굴뚝같다. 당시 대우건설 중부 책임자였던 황낙연 소장이 오죽했으면 "세상에 남의 일이라고 사정도 모르면서 함부로 이야기하지 마시라."고 현장을 방문한 기자단에게 일갈했던 것이 기억난다. 고속철도를 접할 기회가 적었던 관계로 공단 인력뿐만 아니라 민간 건설회사의 기술자들도 배우고 또 배우며 협의하고, 시험하며 죽을힘을 다해 견디는 중이었다.

감사원의 존재 이유는 무엇일까? 그들도 '조국과 민족'을 위해 이 한 몸

바칠 각오로 감사업무를 수행한다고 하였다. 그러나 열심히 하는 것보다 어떻게 할 것인가에 대한 고민이 없다면 감사원은 피감기관의 짐이 된다는 점을 항상 유념해야 한다. 건설 기본계획 수립 시 일부 사업비가 누락되었고, 공정관리 체계가 부실하고, 부서별 정원책정이 부적절하다는 등 감사 지적사항을 곰곰이 세부항목별로 살펴보면 한숨이 절로 나왔다. 감사관에게 현장의 어려움과 상황을 설명하면 그런 문제를 해결하기 위해 담당 직원이 자리를 차지하고 있는 것이 아니냐고 반문하지 않으면 다행이었다. 물론 감사를 통하여 업무의 표준화를 도모할 수 있으며 조직이 정해진 목표를 제대로 겨냥하고 있는지 제삼자를 통해 검증받을 좋은 기회이기도 하다.

그러나 처음 시행하는 사업에서는 집행자에게 어느 정도 재량권을 부여하는 것이 오히려 업무효율을 향상시킬 수 있다. 그것은 해당 업무 담당자가 대한민국에서 가장 많은 고민을 하고 해답도 그가 찾아낼 수 있기 때문이다. 감사원의 감사업무를 이해하지 못하는 것은 아니나 도둑을 잡는 것에는 눈에 불을 켜고 덤벼들어야 한다. 하지만 새로운 사업이나 신생조직을 감사할 경우 그 특수성을 감안하여 어떻게 감사를 시행하는 것이 정부의 정책목표를 달성하는 데 도움을 줄 것인지 고민해야 한다. 아무리 재무부 정부 다르고 통상부 정부가 다르다 하더라도 감사원도 광의로 정부라는 범주에 속하지 않는가?

침고로 당시 감사원의 '감사결과 처분요구서'에서 지적한 9개 카테고리의 각각 첫 번째 항목만 요약하여 기술하였다. 그 내용을 보면 건설공단이 커다란 잘못을 많이 저지르고 있는 것으로 비치나 실제 지적사항들은 건설사업의 오류나 보완점을 지적하여 개선시키기보다는 행정상의 일상적인 감사 수준이라 볼 수 있을 것 같다. 지적사항에 대한 공단의 조치사항은 이미 끝났기에 별도 언급은 생략하기로 한다.

- **사업계획 수립 및 관리(당시 처분서 목록 '1. 잘못된 기본계획변경')**

총사업비 산정 시 개통 후 30년(2035년) 수송수요를 충족시키는 데 필요한 신규투자비용(완공 후 추가 소요 63편성 차량 구입비 등)과 공사 기간 동안 직원 인건비의 미반영으로 4조 5천여억 원 상당이 과소 계상되었으며, 미계상분으로 경제성과 재무성이 왜곡되어 향후 건설 시 재원조달이 어려울 것이며, 운영단계에서 적자 누증으로 정상적인 운영이 불가능할 것이다.

- **조직 및 인사관리(당시 처분서 목록 '13. 팀제 편제 및 운영 부적절')**

팀제의 목적은 신속한 사업추진에 있으나 신중한 판단과 검토가 필요한 감사부서와 예산 및 국회 업무를 담당하는 기획예산 부서를 팀제로 운영하는 것은 부적절하며, 기존 결재라인의 유지, 팀장의 통솔범위를 초과하는 인력 배치 등으로 팀제 운영의 실효성이 낮다.

- **예산편성과 집행관리(당시 처분서 목록 '24. 시설부대비 예산 집행 부적절')**

시설부대비 예산은 재정경제원의 세출예산편성지침에 따라 편성·집행해야 하나 사업 기간, 공정 진도율을 감안하지 아니하고 96·97년도 63억 원 초과 집행하였으며, 이 중 일부 11억 6천만 원 상당을 건설관리비 성격의 경비로 부당 집행하였다.

- **계약관리(당시 처분서 목록 '30. 남서울역 외 3개 역사 설계용역 계약 부적절')**

상기 역사 신축설계 용역 발주 시 공통부분(소음·진동, 범죄예방 등

학술용역 부분)은 역사별 차이가 없다. 따라서 선행된 천안역사 신축설계 용역 성과품을 그대로 활용하지 않아 2억 2천여만 원 상당의 예산을 낭비할 우려가 있다.

- **설계 및 설계변경(당시 처분서 목록 '46. 조남1터널 실시설계 부적정')**

터널 상부에 폐갱이 있는 것을 묵인하고 보완설계 조치 없이 인수. 추후 안전문제로 1억 2천5백만 원 상당의 보강공사비 손실과 9개월가량 공사를 중단하였다.

- **시공 및 품질관리(당시 처분서 목록 '64. 상리터널 보강공사 등 업무 처리 태만')**

공사 중 폐갱도 발견, 지반 안정성에 대한 평가조사 용역을 시행 중이었으나 임의로 설계 변경하여 공사를 지속함으로써 추후 노선 변경으로 13억 7천2백만 원 상당의 공사비와 일부 임의 공사비 1억 2백만 원 상당을 지급하여 예산을 낭비하였다.

- **차량 등 핵심기자재 공급계약(당시 처분서 목록 '81. 차량 환기시설 기술규격 부적정')**

터널 통과 시 차량의 환기구를 차단하는 구조로 장대터널 통과 시 이산화탄소 증가와 화장실 악취 발생 등으로 환기시설 보완 시 약 1천9백40만 달러 상당이 소요될 것으로 예상된다.

- **보상(당시 처분서 목록 '86. 불법 형질변경 토지 보상금 과다지급')**

남서울정차장 및 주박기지 편입토지 중 광명시 소화동 32필지가 불법 형질변경 되었으나, 사업 당시 토지이용 현황만 조사하여 보상가격을 산정하므로 6억 2천5백만 원 과다 보상하였다.

• 유관기관 업무협조(당시 처분서 목록 '94. 개발제한 구역 내 행위허가 업무처리 부적정')

제1-2공구 노반공사 관련 사항으로 용지 폭 20m 기준으로 행위허가를 받았으나, 50~76m가 소요되는 개착 공법으로 변경 후 7개월 뒤 안산시에 승인 요청하고, 안산시는 8개월 늦게 지연 승인하여 15개월 공사 지연을 초래하였다.

3. 고속철도 기획 이야기

1) 사업 첫걸음

노선 선정

고속철도의 건설이 확정되면서 가장 먼저 결정해야 할 사항은 노선 선정이다. 정거장의 위치와 경유 노선, 타 교통수단과의 연계성, 수송수요, 운행속도 등 여러 가지 고려사항을 종합하여 가장 경제적이며 효율적인 노선을 찾아내는 일이었다.

모든 경우의 수를 감안하여 최초 102개 노선 → 8개 노선 → 3개 노선으로 압축해 들어갔다. 최종 경합 노선은 ① 밀양을 경유하는 기존선과 유사한 노선, ② 경주/울산을 경유하는 노선으로 압축되었으며, 어느 노선이 좀 더 효율적인지 검토하였다. 최종적으로 경주 관광과 울산 산업단지를 지원할 수 있는 노선을 선택하고 서울~남서울(광명)~천안~대전~대구~경주~부산을 운행하는 것으로 결정하였다. 운행노선의 길이는

412km, 열차운영 패턴은 격역 정차를 기준으로 하되 대전·대구역은 모든 열차가 정차토록 하였으며, 운행시간은 대전·대구역 정차기준(직통열차) 1시간 56분이 소요되는 것으로 설정하였다.

중간역의 최종 위치는 지방정부와 해당 지역주민과 토의 끝에 확정하였으며 정거장 명칭에 대해서도 논란이 제기되어 남서울역 → 광명역, 천안역 → 천안·아산역으로 변경하였다. 사업이 진척됨에 따라 고속철도의 수혜 범위를 확대하고 일부 지방정부의 의견을 반영하여 중간역을 추가 설치하기로 하였다. 이에 따라 서울~광명~천안·아산~오송~대전~김천(구미)~동대구~신경주~울산(통도사)~부산에 KTX를 운영할 수 있는 정거장을 건설하였다.

노선 선정을 둘러싼 논쟁의 종착지는 결국 국토 균형발전에 직결된다고 볼 수 있다. 대한민국의 중추적인 교통시설이 경부축으로 집결된 상황에 또 경부축에만 고속철도가 도입된다면 인구집중으로 인한 과밀화, 산업의 격차로 소득 불균형 등을 초래할 것이라는 설득력 있는 주장이 제기되었다. 이러한 논란은 호남고속철도의 건설을 의미하는 것이었으나 당시의 상황으로서는 경부고속철도도 어렵게 출발하였는데 착수 시점에서 호남고속철도의 건설까지 공론화시키기에는 정부 입장에서 너무 부담스러웠다.

이에 따라 정부는 한반도 서부축의 고속화에 대한 요구를 충족시키기 위해 기존 호남선을 개량할 수 있는 대책을 마련하였다. 경부고속철도가 어느 정도 궤도에 오르면서 기존 호남선의 시설물 개량사업을 시행하여 곡선을 어느 정도 직선화하고 신호체계를 개선하여 호남축으로 고속열차 수혜 범위를 확대했다. 이는 향후 호남고속철도의 본격적인 건설을 의미하며 궁극적으로 한반도 서쪽의 간선교통 축을 신설하는 것으로 자연스럽게 국토의 균형발전을 도모하는 방향으로 움직였다.

역위치에 대한 논쟁

또 하나의 논란은 빨대효과의 존재 여부이다. 즉 지방의 고속철도 정거장 설치는 고속철도의 쾌속성에 의해 지역경제의 중심이 서울 쪽으로 이동하여 지역 경제가 피폐해질 것이라는 주장이 대구를 중심으로 제기되었다. 당시 고속철도를 운행하는 일본 신간선이나 프랑스 TGV의 경우 그러한 주장을 뒷받침하는 사례를 발견하지 못하였으며 오히려 본사의 지방 이전, 관광객의 증가 등으로 지역상권이 오히려 활성화되는 사례는 있었으나 그 반대의 경우는 확인할 수 없었다.

그러나 정거장의 위치를 둘러싸고 관련 각 지방정부나 주민들의 이해관계가 첨예하게 대립하는 양상이 전개되었다. 고속철도가 통과하는 지역의 주민들은 고속열차 통과로 인해 발생되는 운행소음 등을 우려하여 통과를 반대하였고, 정거장이 설치되는 지역은 해당 지방정부와 주민들에게는 향후 지역발전을 위해 특정 위치에 설치해줄 것을 주장하였다.

정거장 건설 위치에 대한 논란의 하이라이트는 서울역의 지하화와 위치 결정 문제로 담당 부처 간의 의견이 대립하여 사업 진행의 걸림돌이 되었다. 서울시는 고속철도 시발역을 용산이나 양재 부근에 설치하고 고속철도의 서울 도심 통과구간을 지하화(한강 하저를 지하터널로 통과하여 평택 부근에서 지상으로 나오게 하는 방안)할 것을 강력하게 주장하였다.

당시 건설교통부(현 국토교통부) 등 건설 주체는 기존 서울역을 활용하면서 수송수요의 분산처리를 위해 서울남부역(광명역)을 건설하는 안을 선호하였다. 우여곡절 끝에 서울시를 설득하여 현재의 서울역과 서울남부역을 설치하기로 합의·결정하였다. 그러나 서울시에서 주장했던 지하화 요구의 영향을 받아 대전시와 대구시도 도심 통과구간을 지하화할 것을 줄기차게 주장하여 사업의 진행을 더디게 하는 요인으로 작용하였다.

지상/지하화 논란

고속철도 정거장이 위치하게 될 서울, 대전, 대구 등 지방정부는 도심 통과구간을 지하화할 것을 주장하였다. 즉 고속철도 통과로 도심이 양분되어 도시발전을 저해하는 검은 산맥으로 작용한다는 것이었다. 노선의 지상화/지하화 논란은 건설계획 단계에서부터 잘못된 단추를 끼우기 시작했다.

건설계획 수립 시 지방정부의 반발을 우려하여 대전, 대구의 도심 통과구간을 지하화하는 것으로 계획하여 해당 지방정부와 협의하였다. 당연히 지방정부는 이에 동의하였고 향후 끈질기게 지하화를 주장하는 근거가 되었다. 하여튼 이 기본계획안은 제3차 추진위원회에 상정하여 심의 의결(1990. 06.)을 함으로써 잘못된 계획으로 확정되고 말았다. 그러나 사업비 절감 등의 사유로 사업계획을 변경하면서 동 구간의 지하화를 지상화로 변경하여 해당 지방정부의 비난과 반발을 자초하고 말았다.

당연히 지역주민들은 지상 건설 시 도시 양분, 열차소음·진동 등 환경피해를 우려하여 지하화로 환원시키라고 반발하였으며 이를 무마하기 위해 변경된 지상화를 다시 지하화로 환원(1995. 04, 제14차 추진위원회)하는 오류를 범하였다. 이 또한 오래가지 못하고 사업비 절감을 위해 단계별 건설과 노선 계획을 지상화로 재수정하여 기본계획을 변경(1998. 07, 제19차 추진위), 건설 주체가 오락가락하는 모습을 보여 사업에 대한 신뢰성을 스스로 추락시켰다.

천정산과 원고 '도롱뇽'

고속철도 2단계 완전개통 노선 구간인 천성산 통과구간에 대하여 부산 지역의 불교계와 환경단체에서 자연환경 훼손 등을 이유로 노선의 백지 화를 주장하였다. 그들의 주장은 사업에 대한 문제 제기로서 이해할 수는 있겠으나 전문가들의 의견이 무시당하고 비전문가들의 주장에 귀를 기울 여 건설사업을 우왕좌왕하게 만드는 모습은 보는 사람으로 하여금 불편 한 마음을 들게 하는 것은 필자만의 생각인지 모르겠다.

천성산 통과노선(원효터널)은 문제의 습지로부터 지하 직선거리로 약 300~460m 지점에 위치하고 있어 습지에 영향을 미치지 않을 것으로 예 상하고 있으나 전문기관에 용역을 의뢰하여 그 사실 여부를 확인하기로 하였다. 환경 운동가인 지율스님을 설득하도록 노력하였으나 입장의 변 화가 없었고 심지어 그 늪지에 사는 도롱뇽이 소송을 제기할 정도로 사업 추진에 어려움을 겪었다. 물론 소송서류를 접수한 법원은 환경단체가 여 론을 끌기 위해 도입한 '원고 도롱뇽'을 인정하지 아니하여 원고를 교체하 였다.

결과적으로 고속열차는 천정산의 정해진 노선으로 하루에도 수십 개 의 열차가 고속운행 중이며 그 늪지에는 여전히 도롱뇽이 살고 있어 건 설 전·후에 아무런 변화가 없는데 왜 우리는 무엇을 위해 단식투쟁을 할 정도로 치열하게 자기의 입장만을 주장하였을까? 그로 인해 발생한 공사

지연과 비용은 누구의 책임일까?

차량 등 핵심기자재(Core System)

고속철도 건설 전략은 기본적으로 우리 기술로 건설이 가능한 하부구조, 즉 토목구조물, 궤도부설, 변전소 등은 국내업체가 담당하고, 고속차량, 신호설비, 전차선, 열차 무선 등은 해외업체에 의뢰하되 기술 전수를 통해 모든 기술을 습득하여 향후 고속철도는 모두 우리의 기술로 건설하는 것이었다.

고속차량의 편성은 동력차와 객차를 합쳐 총 20량으로 구성하고 운영의 효율성을 위해 편성의 축소 운영 또는 두 편성을 합쳐 운영(중련운전)할 수 있도록 하였다. 총 도입편성은 프랑스 제작분 12편성과 국내 제작분 34개 편성으로 총 46편성(920량)을 도입하는 것으로 계약을 체결하였다. 프랑스 제작분 12개 편성에는 시제 차량 2편성이 포함되어 시험선에서 시험 및 시운전을 시행하여 설계검증과 성능확인을 거치고 보완 부분이 있을 경우 잔여 44개 편성에 반영토록 하였다.

신호와 전차선의 경우 설계, 자재공급은 프랑스가 담당하고, 설치공사는 국내업체가 담당하도록 하였고, 전력공급계통에 대한 원격제어설비(SCADA System)도 유사한 방식으로 진행하였다. 열차 무선시스템은 제의자에게 일괄 제의를 요청하였으나 아날로그 방식을 제안하였고 공단에서 요구하는 기술조건과 가격을 충족시키지 못해 핵심기자재 도입계약과 별도로 분리 발주하였다. 추후 평가와 협상을 거쳐 우선 협상 대상자는 모토로라(MOTOROLA)사가 선정되었다.

차량기지 건설

고속철도 차량기지는 일반철도 차량기지와 동일하다. 고속차량의 안전 운행과 정시운전을 확보하기 위해 차량의 유치와 정비 업무를 수행한다. 따라서 단기적으로는 열차 운영계획에 따라 완벽하게 정비된 열차를 꾸준히 시발역으로 공급하고 중장기적으로는 운행주기에 따라 열차의 분해 정비를 수행한다. 영업 운행을 종료한 열차는 차량기지로 입고시켜 정비하고 다음 운행에 대비함과 아울러 정비 완료된 열차를 체류시키는 기능을 담당하므로 이에 적합한 정비설비와 정비공간이 필요하다.

정비설비 용량과 부지면적은 장기 운영계획을 반영하여 산정한다. 운영 열차를 꾸준히 공급하기 위해서 시발역과 기지 간의 회송시간도 운영의 중요한 고려사항일 수밖에 없다. 즉 회송 거리가 멀면 소요 열차의 편성 수가 증가하므로 건설 시 가급적 기지의 위치를 시발역과 가까운 곳에 두고자 하나 도심 내에서 넓은 부지를 확보한다는 것이 불가능에 가깝다. 따라서 시·종착역으로부터 약 20km 이내에서 부지를 마련하는 것을 목표로 하였다. 예정부지 내에 지장물이 있더라도 소유주의 인원을 최소화 할 수 있는 부지, 즉 대체시설을 해주더라도 공기 지연을 예방할 수 있는 부지를 선호하였다.

고양차량기지의 시설 규모는 1단계로 KTX 24편성 주차와 44편성 경수선 시설을 마련하고 2단계로 KTX 56편성의 주차 및 경수선 설비를 건설하는 것이다. 이와 더불어 견인 동기, 대차조립체 등의 중수선 설비를 KTX 운영에 따라 향후 설치할 수 있는 공간을 사전에 확보하도록 하였다. 시발역인 서울역을 중심으로 13개 대안을 마련하여 검토한 결과 현재의 위치를 가장 적합한 후보지로 결정하고 고양시를 포함한 관계기관

협의를 거쳐 중앙도시계획위원회에 상정하여 고양시 강매지구안을 최적안으로 의결(95. 03.)하였다.

고양기지에 인접해 〈CBS〉 행주송신소가 있어 고속철도 운행에 따라 전파간섭 등의 영향을 줄 수 있어 협의를 통해 대체시설을 마련해줄 계획이었다. 웬만하면 언론기관의 프리미엄을 인정하는 선에서 결정하고자 하였으나 과다한 보상을 요구하여 소송을 준비하는 등 실무진이 협상에 애를 먹었다. 결국 송신소의 영업 손실을 평가하여 쌍방이 한발씩 양보함으로써 마무리 지었다.

부산차량기지는 부산진구 당감동 지구를 최적지로 선정하였고, 1단계 KTX 22편성 주차 및 37편성의 경수선 설비와 2단계 KTX 48편성 주차 및 경수선 설비를 시설하는 것으로 그 규모를 결정하였다. 차량기지 예정부지에 육군 군수사령부 예하 보급창이 위치하고 있어 이를 위한 대체군사시설의 건설을 별도로 추진하였다. 국방부와 협의를 통해 이전 합의각서를 체결(96. 12.)하였으나 예정부지의 지질조사결과 연약지반 및 성토량 과다로 인하여 사실상의 공기확보가 불가능하였다.

예정부지 위치 변경에 따른 수정합의 각서를 새로이 체결(98. 05.)하고 이전되는 30만 평 이상의 넓은 대체부지에 현대화된 병영시설과 자동화 창고 등을 설치하여 군은 고속철도 덕택에 보급체계를 현대화하는 계기를 마련하였다. 말이 협상이고 협의지 고속철도를 건설하는 입장에서는 처음부터 끝까지 약자의 입장이었으므로 무릎 꿇고 애원(?)하는 처지일 수밖에 없었다. 정부의 왼쪽, 오른쪽 주머닛돈 모두 정부 돈인데 왜 우리가 이 짓을 해야 하는지 푸념이 절로 나왔다. 마치 예전에 갚지 않은 외상값을 갚으라는 것처럼……

라) 타당성에 대한 논란

사업 타당성

여러 경제적 수치 모델을 활용하여 건설 전에 타당성을 검토하는 것은 필요한 각종 시설물의 규모와 건설비를 추정하고 좀 더 실행적인 사업계획을 수립할 수 있는 근거를 마련함에 있다. 이는 국가 입장에서 비용/편익 분석을 시행하는 것이며 경제성이란 용어를 사용하게 된다. 또한 건설 후 운영자가 시행할 전반적인 영업 운영상태를 시뮬레이션하여 운영자가 건설과정에서 발생할 각종 부채의 규모를 추정하고 수익을 얼마나 창출할 수 있을 것인가, 즉 사업자(운영자)의 입장에서 재무성을 확인한다.

이러한 계량화 작업을 통해 수치화하고 사업의 타당성을 평가하여 그 시행 여부를 결정한다. 정부는 법률상 대규모 사업을 착수하기 전에 타당성 조사를 시행하여 해당 사업의 착수 여부를 판단한다. 시행자 입장에서 타당성 조사라는 관문을 통과해야 사업을 지속할 근거와 명분을 획득하므로 타당성 조사는 목숨(?)을 걸 정도로 중요하다.

사업 준공 후 획득할 수 있는 변수와 상수는 타당성 조사 때 확인할 수 없음으로 예측치를 사용하게 되는 한계성을 갖게 된다. 수치 모델이 아무리 정교하더라도 향후 실제값과 괴리를 나타낼 수밖에 없다. 우리가 타당성 조사에 사용했던 각종 예측치에 대한 신뢰도가 현재 시점에서 어떠한 경향을 보이며 그 결과가 어떻게 나타나는지 확인하는 것은 새로운 계획을 수립할 경우를 대비하여 충분히 가치 있는 일일 것이다. 물론 상세한 사항은 객관적이고 전문적인 연구 분석이 필요할 것이라 보지만 여기서 논의하고자 하는 것은 기본계획을 수립 시 감안했던 주요 가정을 거칠게 나마 확인하는 것도 재미있는 일이라 생각한다.

논란의 아쉬움

개인적으로도 당시에 온몸으로 막아내야 했던 다양한 외부 공격이 합당한 것이었는지 확인하고도 싶었다. 고속철도 건설을 반대하거나 비난하는 이들이 그토록 금과옥조로 여기며 집요한 공격을 퍼부었던 그들의 가정과 논리가 과연 정확했는지 되묻고 싶은 마음은 졸장부의 소심함이라 할 수 있겠다.

노선 선정의 타당성이나 수송수요, 사업비와 경제성 등이 이 범주에 속한다 할 수 있다. 연구결과물이 제시한, 다시 말하면 수송능력과 투자 효율성 등 타당성에 대한 최적 대안을 사업의 기본목표로 설정하였다. 상당한 운영 경험을 축적한 현시점에서 이제 우리는 사업 초기의 의사결정이 내포하고 있을 수 있는 부정확성이나 오류의 수준을 확인하고 평가를 할 수 있을 것이다.

수송수요의 예측

수송수요 예측은 교통시설 건설 시 각종 시설물의 용량을 결정하는 가장 중요한 변수이다. 따라서 정확한 수송수요의 예측이 그 무엇보다 중요성을 갖게 되며 사업의 당위성 내지는 타당성을 부여하는 시금석이 된다. 즉 사업의 경제성과 재무성을 좌우하는 기본적인 지표이다.

현실적으로 과거에 예측했던 수송수요가 현재의 시점에서 어느 정도의 정확성 또는 추종성을 갖는지 확인하기 위해 전문적인 연구가 수반되어야 하나 지금까지의 수송실적을 과거 추정치와 비교하여 당시 예측한 수송수요가 현재의 어느 범위에 있는지 확인할 필요가 있다. O/D (Orientation/Destination) 표에 의한 구체적인 분석보다는 연간 수송실적을 간단히 비교하여 어느 정도 그 수준을 확인할 수 있을 것이다.

고속철도 건설 계획상의 향후 최종 수송능력은 건설 후 30년까지 일평균 52만 명으로 설정하였으며, 운영조건은 서울~부산 운행시간 1시간 56분을 기준(대전, 대구 정차기준)으로 설정하였다. 최소 운전시격(運轉時隔) 4분(설계 시격 3분)으로 운행하고, 이러한 수송수요를 충당하기 위해 KTX는 총 102편성이 필요할 것으로 추정하였다. 물론 운영단계에서는 수송환경, 즉 수송수요에 따라 여러 형태의 운영패턴이 만들어져 국민의 편의를 도모할 것이다.

일반적으로 새로운 건설사업을 도모할 경우 사업의 타당성을 확보하고자 하는 것이 사업 기획자의 인지상정이다. 따라서 도가 넘지 않는 수준에서 의도적으로 수송수요를 뻥튀기하고자 하는 유혹에 빠지기 쉽다. 이는 건설공사가 끝나 실제 운영을 해야 확인할 수 있는 수치로서 계획 수립 시 수송수요에 대한 정답이 여러 개일 수 있어 가끔 전문가들 사이에서도 토론이 논쟁으로 변질되어 얼굴 붉히는 경우가 허다하다.

가끔 도로의 경우에도 개통 후 일평균 자동차 통행량이 계획 대비 10%에도 미치지 못한다고 하는 비난성 기사를 보게 되는 이유이기도 하다. 마찬가지로 어느 지방정부의 철도사업에서 예측 수송수요와 개통 후 실제 수송실적의 괴리가 너무 크기 때문에 항상 적자운행에 허덕일 수밖에 없었다. 그리하여 우리는 화가 난 지방정부가 수송수요 예측 연구자를 상대로 소송전이 벌어지는 촌극을 바라보기도 했다. 시각에 따라 경부고속철도의 경우에도 학자들의 다양한 주장이 제시되었으며 일평균 최소 18만 명~최대 78만 명의 범위에서 서로 다른 학설(?)이 난무하였다. 이제는 어느 것이 정답인지 확인할 수 있는 시간이 되었다.

그러나 계획 당시에는 경부고속철도를 중심으로 조사연구가 진행되었으며 추후 호남고속철도, 수서고속철도 운영으로 인한 환경변화로 계획 당시의 예측치와 현재의 실적치를 일대일로 맵핑하기 불가능하지만 유사한 개념으로 비교·분석해서 당시 예측치와 현재 실적치의 경향을 확인할 수 있을 것으로 본다. 실제 정확한 분석은 고속선별 운행 자료의 분류 등 방대한 작업이 병행되어야 하므로 필자의 능력 밖임을 자인할 수밖에 없다. 고속철도 개통 20년이 되는 2024년도 일평균 23만 명 수준의 수송 실적을 유지하는 것으로 보아 계획 당시 예측한 수송수요를 어느 정도 추종하고 있는 것으로 보인다. 일 최대 31만 9천명을 수송한 기록이 있다는 사실은 주말이나 연휴에는 일부 미수송이 발생하고 있을 것으로 추정할 수 있다.

그럼에도 불구하고 이러한 분석 시도는 물론 상당한 논란을 야기할 수 있고 무모한 논쟁을 유발할 수 있는 위험성을 내포하고 있으나 이를 무릅쓰고 언급하고자 하는 이유는 문제 제기 차원에서 관심 있는 전문 연구자가 이를 수행해주도록 기대하기 때문이다.

최종 목표설정

철도사업의 타당성 조사에서 중요한 요소 중의 하나는 사업비이다. 사업 시행과정에서 겪었던 시행착오를 반영하여 98. 07. 기본계획 2차 변경을 시행하였으며 최종적으로 1, 2단계 구분건설로 1단계 92. 06.~04.

04, 2단계 04. 05.~10. 11.로 확정하였다. 총사업비는 10조 7,400억 원에서 18조 4,358억 원(1단계 12조 7,377억 원)으로 단계별 건설에 따른 사업비를 현실화하였다. 따라서 가장 기본적인 전제인 사업비의 증액분을 조사에 반영하여 타당성 분석을 재시행하였다.

수색역~서울역~광명역 구간과 대전, 대구 도심 구간은 사업비 절감을 위하여 기존선을 개량·활용하는 것으로 변경하였다. 논란이 되었던 경주구간은 화천리 노선으로 확정함에 따라 시·종착역 간 총연장은 430.7km에서 412km(1단계 409.8km)로 확정되었다. 이를 기본으로 정교하게 운행시간을 시뮬레이션한 결과 총 운행시간(대전, 대구 정차기준)은 124분에서 116분(1단계 개통 시 160분)으로 결정하였다. 이러한 운행시간은 향후 운영 시 수송능력과 운영수입, 보수유지 등 재무성 평가에 직접적인 영향을 주는 요소로서 이 또한 재산정하였다.

경제성 분석

정부 입장에서 사업의 타당성을 확인하는 절차이며 사업에 투입되는 비용과 이로 인해 얻어질 수 있는 편익을 산출하여 분석하는 것으로 기본계획을 변경할 때마다 매번 경제성 분석을 시행하였다. 경제성 분석에 동원되는 각종 기준을 어떻게 설정하고 적용하는가에 따라 그 결과가 상당히 달라질 수 있으므로 이 또한 끝없는 논쟁으로 이어지기도 했다. 그렇다고 문제를 제기하는 전문가의 의견이 정답이냐고 하였을 때 그 또한 자신 있게 'Yes'라고 답하지 못하였다. 일반적으로 시간가치는 교통시설 투자의 타당성을 평가하는 과정에서 중요한 편익 중의 하나이다.

그러나 이는 건설사업 종료 후 요금 정책과 밀접한 관계가 있으며 이용자가 지불하는 사용요금에 이미 편익이 포함되어 있어 이를 사후적으로 산출하기란 대단히 어렵다. 즉 기획 단계에서 평가하는 시간 절감 편익은 몇 가지 전제 조건에 의해 추정·산출하는 것으로 건설사업 종료 후 운영 단계에서는 운영실적으로 나타나므로 이를 구체적으로 분류 분석해야 하기 때문이다. 많은 논쟁(시간가치, 운행비, 화석연료에 대한 환경적 측면에서 유불리 등)이 있을 수 있어 관심 있는 전문가의 깊은 연구를 기대하며 여기서는 경제성에 관한 과거와 현재의 비교는 그 분석의 어려움으로 인해 생략하고 계획 당시의 경제성 분석에 대한 결과를 서술하고자 한다.

편익(Benefit)과 비용(Cost)

경제성 분석 중에서 편익은 고속철도를 운행하여 얻어지는 시간가치와 고속철도 운행으로 인하여 도로교통이 원활해짐으로써 얻어지는 차량의 운행비 절감 등이 포함되었다. 그러나 교통사고 감소 효과와 환경 개선 영향, 화물수송 시간 절감 등의 편익이 발생하나 계량화가 곤란하여 제외하였다. 비용은 건설비와 차량구입비 등 투자비와 운영유지관리비, 운영 시 필요한 추가 투자비 등을 감안하였고, 예비비는 총비용의 5%을 반영하였다.

- 83년 타당성 조사 : 내부수익률(IRR, Internal Rate of Return)이 15.7%로 타당성이 있는 것으로 판단
- 89년 기술조사 : 편익 / 비용 비율(B / C Ratio) 1.55, 내부수익률은 19.4% 경제성 양호
- 97년 보완연구 : 편익 / 비용 비율 1.21, 내부수익률은 12.7%로 분석

- 98년 2차 기본계획(단계적 건설방안) 변경 시 분석된 경제성 지표
  분석조건 사회적 할인율 11% 적용, 분석 기간 : 개통 후 30년(2006.~2036.)
  여객수요는 새마을호 요금의 1.3배 수요기준(2006년 256천명/일)
  편익/비용 비율 1.11 〉 1.0(1.0 이상이면 경제성 있음.)
  내부수익률 11.81% 〈 11%(실질 할인율)
  순 현재가치(NPV, Net Present Value) 2.1조 원 〉 0(0 이상이면 경제성 있음.)

경제성 분석 당시 여러 방안을 분석하였으나 개통 20년이 흐른 현시점에서도 이러한 분석이 맞는지를 검토하기 매우 어려운 것이 사실이다. 즉 재무성과 마찬가지로 당시에 가정했던 각종 변수들이 현재의 수치와 추종성 또는 상관관계를 유지하고 있는지 확인하는 것이 우선일 것이다. 이러한 작업은 그 어려움을 감수해가면서 확인하는 것은 필자로서는 어려운 일이며 정열을 가진 연구자가 있어 해보겠다면 열심히 응원하겠다.

재무성 분석

경부고속철도의 재무성 분석은 학술적으로도 만만치 않을 것으로 생각한다. 그동안에 많은 변화가 있어 KTX의 운영수입과 선로사용료 등 비용, 수익으로 단순 비교는 가능할 것으로 본다. 구체적인 재무적 수익률을 논하기보다 당시 재무성 분석에서 제시된 단년흑자와 누적흑자에 관련된 수치로 비교할 수 있을 것이다.

재무성 분석이라 함은 운영자 입장에서, 즉 철도공사 입장에서 투입되는 비용과 수입을 비교하여 사업의 수익성을 평가하는 것으로 차변(비용)

에는 건설비, 차량구입비, 차입이자, 감가상각비와 운영비 등이 포함되며 대변(수입)은 고속철도 운영 수입금이 해당된다.

건설 초기에 IMF 사태 이후 경제 상황과 감사원 감사 지적사항을 반영하고 투자재원에 대한 정부 지원은 기본계획안대로 45%(출연 35%, 융자 10%)를 유지하는 것으로 하여 교통개발연구원(현 한국교통연구원)에 의뢰하여 재무성 분석을 시행하였다.

재무성 분석에 중요한 변수인 여객요금은 당시 새마을호 요금(서울~부산 25,700원)의 1.3배인 33,410원을 가정하였으며, 당시 KDI 전망치를 활용하여 채권 이자율(8%)과 물가 변동률(3%), 환율(원/달러)은 1$당 1,140원으로 개통 이후의 분석기준을 설정하였다. 또한 1997년 이전까지 투입된 사업비는 1998년 1월 기준으로 할증 적용하였다.

각 대안별 재무성을 분석하였으나 단계적 건설, 개통이 운영자에게 가장 유리한 것으로 분석되었다. 즉 서울~대구까지 신선을 건설하여 부산까지 우선 개통하고, 대구~부산 2단계 구간을 계속 건설하여 2010년에 개통하는 것이 내부수익률이 7.52%로 양호한 것으로 평가되었다.

내부수익률이 어쩌고저쩌고 어려운 말로 포장하기보다는 언제부터 흑자가 생기고 빚을 다 갚게 되는지가 운영자에게는 더 중요하지 않겠는가. 개통 후 5년 차(2009년)부터 흑자를 시현하여 개통 후 7년 차(2011년)부터 누적흑자가 발생함으로써 본격적으로 건설부채 등을 상환할 수 있는 능력이 생기는 것이다. 모든 부채를 상환하고 스스로 자립하게 되는 기간은 개통 후 27년 정도 소요될 것으로 예측되었다.

앞의 예측치는 현재 성과와 상당히 일치하는 모습을 보여주고 있으나, 물론 그 성과에 대하여 논란의 여지가 있을 수 있다. 즉 고속철도의 수익이 증가한 것은 일반철도의 적자 폭 확대로 귀결된다고 볼 수 있는 근거가 어느 정도 있다고 말할 수 있다. 즉 고속철도의 수입이 늘어나는 동안에 일반철도의 적자 폭이 증가하였다. 그러나 이러한 적자가 고속철도 때문이라고 몰아붙일 수는 없지만, 일정 부분 기여했다는 점은 부인할 수 없다.

예측이란 것이 아무리 학술적인 이론을 동원하고 각종 사례와 분석기법을 적용하더라도 그 기간이 장기에 이를수록 어렵기 그지없다. 이는 분석에 필요한 각종 변수들이 예측대로 움직여준다면 수월하게 장래를 설계할 수 있겠지만 슈퍼컴퓨터로 불과 며칠 후의 일기예보도 정확하게 예측하기 어렵듯이 너무 많은 변수의 변화무쌍한 움직임은 분석자의 역량을 초월할 수 있기 때문이다.

4. 고속철도 노선 및 역위치 선정

1) 서언

고속철도는 가장 빠른 육상 교통수단이다. 최고 시속 300km로 운행되는 우리나라의 고속철도는 2004년 4월 개통되어 지역 간 통행시간을 크게 단축시켰으며 전국 대부분 지역을 반나절 생활권으로 변화시켰다. 고속철도는 도시 간, 지역 간 지리적 장벽을 극복하고 시·공간을 통합하여 문화생활, 도시생활 등이 가능하게 한다. 고속철도 노선의 시·종점과 중간역을 경유하는 지역은 이전과는 다른 공간 체계를 형성하게 되는 것이다. 이러한 배경에서 경부고속철도의 노선 계획과 역위치 선정에 대한 과정을 되돌아보고 현시점의 관점에서 보는 시사점과 교훈을 얻고자 한다.

2) 노선 선정을 위한 기술 기준

경부고속철도 건설은 우리나라 인구와 생산의 70% 정도가 집중되어있는 경부축의 수송 애로를 해결한다는 정책 목표로부터 출발하였다. 이 노선 축에 고속철도 노선과 역위치를 선정하기 위하여 고속철도의 기술과 열차 운영계획 등에 기반한 기술적인 지표가 결정되어야 했다.

(1) 최고속도
서울~부산 간 거리, 수송수요, 시간가치, 운행비용 등 측면에서 시속 300km 운행속도가 가장 경제적인 속도로 제시되었다.

(2) 경유지 : 중간역
중간역 정차 시간 1분 30초와 가속 소요 시간 2분 30초~3분, 감속 시간 2분 등을 감안하여 총 6분~6분 30초를 예상하여 중간역 사이 거리를 100km 범위로 하고 격역 정차를 전제로 역 간 거리는 최소 50km 이상으로 하여 서울~부산 간 4개의 중간역이 제안되었다.

(3) 선형 설계 기준
기존 철도의 설계 기준이 속도 대역의 공식으로 되어있기 때문에 여기에 고속철도 설계속도를 대입하여 적용하였다.

3) 노선 계획

(1) 초기 검토안

서울~부산 간 노선 계획에서 서울 - 대전 - 대구 축의 연결에는 큰 문제가 없었으나 대구~부산 구간에서는 3개의 노선으로 검토하였다.
- 중부 노선(대구~밀양~부산)
- 동부 노선(대구~경주~부산)
- 서부 노선(대구~창녕~부산)

이 3개 노선안을 검토한 결과 기존 철도의 동해남부선을 개량하고 포항, 경주, 울산 등과 연계할 수 있는 대구~경주~부산 동부 노선안으로 추진하였다.

(2) 최종 검토안

경부축을 연결하기 위한 여러 가지 대안 중 최종적으로 제1안 서울~대전~대구~부산을 연결하는 안과 제2안 서울~천안~대전~대구~경주~부산을 연결하는 안이 최종 검토안으로 제시되었다. 이 두 개 안은 국토균형발전의 측면에서 경부축에 집중된 철도, 도로, 항만 등 교통 인프라의 편중 문제와 경부축으로 인구 밀집, 산업 편중화, 환경파괴 가중의 문제점 등이 대두되었으나 기존 경부축의 교통 애로를 해소하는 것이 현안이므로 경부축으로 추진하되 제2안을 최종안으로 결정하였다.

4) 역위치 선정

기본 노선의 확정 과정에서 역의 위치를 어떤 지역으로 할 것인가는 각 지방자치단체나 주민들의 이해관계가 첨예하게 대립되는 미묘한 문제였다. 이 과정에서 고속전철 노선의 통과로 야기될 소음 및 환경공해 등을 우려해 고속전철 통과를 반대하는 지자체나 주민들도 있었지만, 대부분은 미래 지역사회 발전을 위해서는 고속전철의 역과 위치가 중요하다는 점을 잘 알고 있었다. 이러한 역위치를 둘러싼 논의는 노선 시발지인 수도권, 중간역인 천안, 대전, 대구, 경주, 도착지인 부산지역과 기타 남서울역 그리고 오송역 설치의 문제로 나누어 볼 수 있다.

(1) 수도권

건설 주무 부처인 교통부는 기존 서울역의 활용과 교통 수요의 분산처리를 위한 남서울역 신설을 추진하였으나, 서울시는 수도권 역을 지하로 건설하여 용산역과 양재역으로 하는 것이 타당하다는 주장을 피력하였다. 서울시와 교통부 간의 역사 위치를 둘러싼 논쟁은 경제기획원과 건설부까지 참여하여 수많은 의견을 조율한 끝에 서울역을 활용하되 기존 경부선 노선과 고속철도 신설노선이 마주치는 지점인 석수역 부근의 광명시 일직동 일원에 남서울역(현 광명역)을 신설하기로 결론지었다.

(2) 천안지역

천안지역의 최적 역위치 선정을 위한 기술조사 기관인 교통개발연구원은 기존 천안역, 장재리, 성촌동 등 3개의 후보지 중 기존 천안역과 장재리 대안을 정밀 평가하여 장재리가 역위치로 보다 우수한 것으로 결론 지었다.

(3) 대전지역

기존 대전역을 주장하는 대전시 동구 지역주민과 대전조차장 지역에 신설 역 설치를 주장하는 고속철도 역사 입지 선정 대전시민 대책 위원회 (일명 '고선대위') 간 대립과 논란이 있었으나 고선대위 측에서 투자비 절감을 위한 대전역 지상화 건설계획을 수용하여 입지 선정에 대한 논란은 일단락되었다고 여겨졌다. 그러나 1993년 11월 대전시 의회는 소음, 진동 및 도시 양분화 우려 등 도시발전 저해를 이유로 대전 통과노선 및 역사의 지하화를 건의하여 1995년 4월 25일 지하화로 건설계획이 수정되었으나 사업비의 증가와 소요 공기의 추가로, 지상으로 계획이 다시 변경될 수밖에 없었다.

(4) 대구지역

이 지역에 대한 예비평가는 동대구역, 대구역, 비산동, 효목동, 검단동 등 5곳의 후보지를 선정하여 실시되었다. 이 중 동대구역(지하) 대안이 가장 우수하다는 결론에 도달하였다. 그러나 투자비 절감을 위해 서울, 대전과 함께 이곳 동대구역도 지상 역으로 변경 확정하였다. 이후 1995년 4월 지역주민들이 소음, 진동 및 도시 양분화 우려 등 도시발전 저해를 이유로 지하화를 요구하여 다시 원점인 지하역사로 건설계획이 수정되었으나 대전지역의 경우와 같이 사업비의 증가와 소요 공기의 추가로 지상으로 계획이 다시 변경될 수밖에 없었다.

(5) 경주지역

당초 기본 노선이 경주 경유로 확정된 상황에서 형산강 서쪽을 경유하는 인접 노선을 세부노선으로 확정하였으나 교통개발연구원은 형산강 노선상의 북녘들을 최적 대안으로 제시하였고, 추진위는 1993년 6월 동국대 인접 구간 3.5km를 지하화하여 경주역을 북녘들에 신설하기로 결정하였다. 그러나 경주지역의 문화재 보호를 위한 노선변경 요구 등 노선과 역사 위치에 대한 논쟁이 끊이지 않고 제기되어 국무총리가 주재하는 관계부처 장관회의를 통해 경주 역사를 북녘들에서 남쪽으로 5km 떨어진 화천리에 설치하기로 결정하였다.

(6) 부산지역

이 지역에 대한 후보지는 부산역, 동래역, 부전역, 가야조차장 등 4개소였다. 교통개발연구원은 이들 4개 후보지 중 부산역(지하, 지상, 선상)과 부전역(지하) 대안을 정밀 평가한 결과 부산역(선상) 대안이 가장 우수하다고 평가하였다. 그러나 전문가 자문 회의와 수차례 걸친 설명회 등을 통해 추진위는 부산역(지상) 대안을 최적 대안으로 확정하였다.

(7) 남서울역(현 광명역)

서울~시흥 간 기존선로를 활용키로 결정함에 따라 경기도 광명시 일직동 일원 10만 3천 평(정거장 3만 7천 평, 주박 시설 4만 7천 평, 광장 및 역사 진입로 1만 9천 평)에 남서울역을 신설하기로 결정하였다.

(8) 오송역

1991년 충북도민은 경부고속전철 외에 장차 건설될 호남, 동서고속전철에서도 충북지역만 소외된다는 민원을 제기하고 지역 균형발전 차원에서 역설치를 강력히 요구하기에 이르렀다. 정부는 청주권의 인구가 100만 명이 될 때 오송역의 설치를 검토한다는 조건을 달아 노선을 변경하기로 결정하였으며, 이로 인하여 연장노선 4.0km 공사비 1천200억 원이 추가되었다. 1992년 6월 실시계획을 인가하고 부지면적은 역 주변 개발계획이 아직 확정되지 않은 점을 감안하여 당초 16만 평에서 13만 평으로 축소 조정하여 역 시설 부지만 확보토록 하여 초기 투자비 절감을 도모하였다.

5) 회고와 평가

(1) 기술력 부족이 노선 계획에 미친 영향
• 경제성과 효율성 측면

경부고속철도의 노선 계획 시 중요한 철도 공학적인 전제 조건은 고속열차가 목표 속도로 안전하게 운행될 수 있는 선형으로 계획되고 건설되는 것이다. 이때 적용되는 기술 기준을 어떻게 결정하는가에 따라 그 사업의 전체적인 공사비와 운영 유지비가 좌우된다.

〈표 1〉, 〈표 2〉와 같이 당시 적용했던 노선의 설계 기준은 경제성과 효율적인 측면을 소홀히 하였다. 예로써 선로 상선과 하선의 간격이 경부고속철도에서는 5.0m이나 프랑스 TGV 4.5m, 일본 신칸센 4.3m로 70cm에서 50cm 정도 크기 때문에 이는 서울~부산 간 약 410km 전 노선에

걸친 용지면적과 터널 교량 등 토목 구조물의 공사비가 크게 되어 건설비의 큰 증가 요인이 되었다.

〈표 1〉 고속철도 설계 기준 비교

구분	경부	호남	일본*	대만	독일*
설계속도(km/h)	350	350	320	350	330
운행속도(km/h)	300	300	275	300	300
선로중심간격(m)	5	4.8	4.3	4.5	4.5
최소곡선반경(m)	7,000	5,000	4,000	5,500	3,200
최급구배(%)	2.5	2.5	3.0	3.5	4.0

* 일본 : 도호쿠 신칸센, 독일 : 쾰른~프랑크푸르트

〈표 2〉 고속철도 터널 단면적 비교

구분	경부	호남	일본*	대만	독일*
차량 단면적	9.77	9.64	10.20	11.87	10.40
터널 단면적	107	95	60~63	90	92
차량/터널비	0.091	0.1086	0.1609	0.1318	0.1130

* 일본 : 도호쿠 신칸센, 독일 : 쾰른~프랑크푸르트

선로의 곡선부 설계에서도 최소곡선반경의 크기가 경부고속철도에서는 7,000m이나, 프랑스 TGV 6,000m, 일본 신칸센 4,000m이다. 무엇보다도 노선의 경사도에 대하여 경부는 최대 2.5%이나, 독일 ICE 4.0%, 프랑스 TGV 3.5%, 일본 신칸센 3.0%로 매우 완만한 경사도를 적용하였다(〈그림 1〉, 〈그림 2〉 참고). 이 결과 노선이 비교적 직선화, 평탄화된 형태가 되어 산지나 계곡, 호수 등 장애물을 우회하기가 어렵게 되어 많은 거대한 구조물과 장대한 터널의 건설로 공사비 증가가 불가피

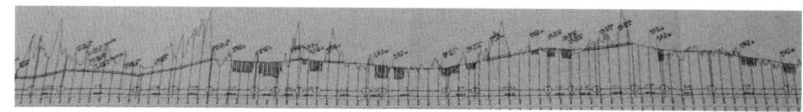

〈그림 1〉 경부고속철도 종단 선형

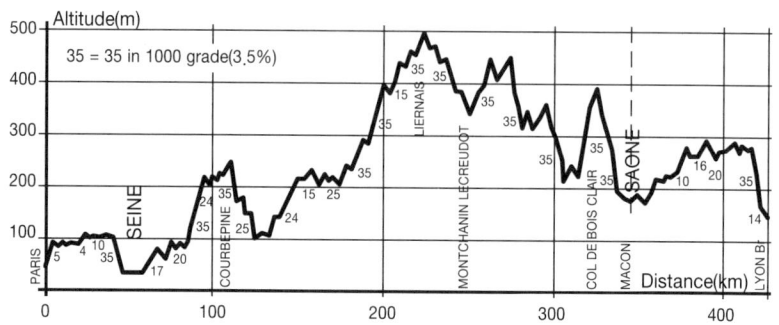

〈그림 2〉 프랑스 고속철도 TGV 동남선(1981년) 종단 선형

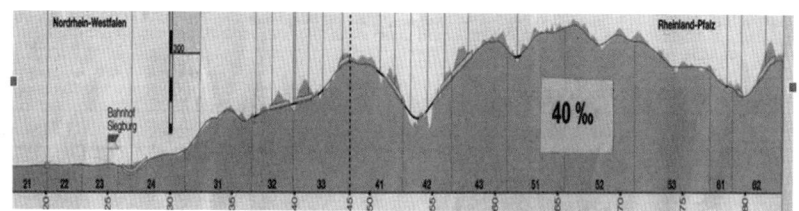

〈그림 3〉 고속철도 ICE 쾰른~프랑크푸르트(2001년) 종단 선형

하게 되었다.

• 국제 기술 기준과 안전율에 대한 이해 부족

국내 철도 기술진들은 당시 선형 설계에 대한 국제기준의 자세한 내용이나 공학적인 배경 지식이 부족한 상태에서 고속철도 선형설계 기준을 만들고 이를 적용한 결과 많은 시행착오를 범하였다. 고속철도의 상하선 간격이나 최소곡선반경을 과다하게 적용하고 선로의 구배를 완만하게 하

면 공사비가 증가하나, 승차감이나 유지관리 측면에서는 장점이 있다고 생각할 수 있다. 그러나 평면곡선 및 종곡선반경의 경우 이들을 너무 크게 하면 궤도부설시 선형의 정밀도를 유지하기 어려워서 오히려 고속열차의 안전운행에 문제를 일으킬 수 있게 된다.

이러한 결과는 국내 철도의 선형기준과 적용방법이 국제기준과는 차이가 있기 때문이었다. 국제기준에서는 선로에 운행되는 열차가 여객 전용인지 여객/화물 공용인지 또한 일반철도인지 고속철도인지 등에 따라 6개의 속도 대역으로 분류되며 이에 따라 표준열차 하중, 선형기준 등을 정하고 있다. 선로특성이 여객 전용의 경우 교량 설계에 큰 영향을 주는 표준열차 하중이 달라지나 경부고속철도 설계에서는 이를 구분하지 않고 여객/화물 공용의 큰 하중을 적용하였다.

〈표 3〉에서 보는 바와 같이 국내 철도 선형기준은 열차의 운행 특성을 반영하지 않고 단지 열차 속도만을 기준으로 정하여졌다. 또한 국내의 기준은 정부의 법령체계에서 상위의 위치인 규칙(장관 고시)으로 적용에 엄격하고 강제적이어서 외국의 경우와 같이 권고와 참고 등의 문구로 적용 시 융통성이 없다는 점도 간과할 수 없다. 예를 들면 속도 300km/h의 선로에서 곡선반경 구배 등 선형 기준값은 국내기준으로는 자갈 궤도인지 콘크리트 궤도인지에 따라 1개의 값만 정해지나 국제표준에서는 선로특성에 따라 지형여건을 감안하여 다양한 값의 설계가 가능하게 된다.

그동안 국내 철도 기술진들은 선형기준 적용 시 가능한 큰 값을 적용하는 것이 안전율이 커져 유리할 것이라는 생각으로 곡선반경은 크게, 구배는 완만하게, 완화곡선 길이 등은 가능한 한 길게 하는 관행에 익숙해 있었기 때문이었다. 국제표준인 유럽철도 선형기준(CEN)의 선로특성에 따른 분류와 국내의 설계 기준인 철도건설규칙의 속도 대역에 따른 분류는 〈표 4〉와 같다.

〈표 3〉 국내 철도 선형설계 기준(철도건설규칙); 설계속도만 반영한 구분
본선의 곡선반경은 설계속도에 따라 다음 표의 값 이상으로 하여야 한다.

구분 \ 설계속도(km/h)	350	300	250	200	150	120	V≤70
자갈 도상 궤도(m)	6,100	4,500	3,100	1,900	1,100	700	400
콘크리트 도상 궤도(m)	4,700	3,500	2,400	1,600	900	600	400

〈표 4〉 유럽철도 선형설계 기준(CEN); 설계속도와 선로특성을 반영한 구분

선로특성 Traffic Categories	여객·화물 혼용선로(일반철도) Mixed Traffic Lines			혼용선로 (고속철도) Mixed Traffic Lines	여객 전용(고속철도) High-speed Lines With Dedicated Passenger Traffic	
	I	IIa	IIb	III	IV	V
속도 (km/h)	80≤V ≤120	120≤V ≤160	160≤V ≤200	200≤V ≤300	V≤230 (or 250)	250≤V ≤300

6) 문화재 보호, 환경 등 이해관계자 사전협의 소홀

• 경주 경유 노선변경

경주 통과노선에 대한 문제가 표출되기 시작한 시점은 건설교통부가 1992년 6월 경주 도심을 지나가는 형산강 노선을 결정하고 도심에서

5km 떨어진 북녘들에 경주역사를 세우겠다고 발표한 때부터였다. 이후 4년간 문화계와 종교계, 학계를 중심으로 반대의 목소리가 끊이지 않았다. 고속철도가 지나가면 유물·유적에 대한 직간접적인 피해를 줄 뿐 아니라 경주의 성산인 남산의 경관을 해친다는 이유였다.

건교부와 공단은 1995년 10월 경주역사를 북녘들에서 이조리(도심 남쪽 10km)로 이전하는 안과 1996년 1월 도심 통과 지하화 구간을 3.5km에서 8.4km로 연장하는 안 그리고 같은 해 4월 합동 조사를 통해 역세권도 개발하지 않겠다는 안 등을 거듭 제안하였다. 그러나 이 제안은 경주 통과노선을 당초 계획대로 유지하되 가능한 범위에서 문화재 보호와 경주시 경관 보존을 위한 추진 방안을 제시한 것으로 문체부와 종교계, 학계 등의 노선변경 주장을 잠재우지는 못하였다.

팽팽히 대립하던 경주 노선 문제는 1996년 4월 말 국무총리실 주관으로 건교부, 문체부 합동 현장 조사가 진행되면서 해결의 실마리를 찾을 수 있게 되었다. 정부의 경주 경유 노선에 대한 기본적인 입장은 경유 노선에 대한 논란이 경부고속철도 개통 일정에 차질이 있어서는 안 되나 천년 문화유산을 간직하고 있는 경주고도 주변 경관과 매장 문화재의 훼손을 최소화하여야 하며, 경주 노선과 역사 위치는 경주는 물론 포항, 울산 등 인근 지역주민들의 교통 편리성도 함께 고려해야 한다는 것이었다.

이로부터 1997년 1월 새로운 경주 노선이 확정 발표되었다. 이 노선은 사업비도 다른 대안에 비하여 저렴하고 경주 문화재 및 남산 경관 보호가 가능한 화천리 노선이었다. 그러나 새로운 노선 결정에 따라 대구~부산 간의 공기 지연은 불가피하였다. 개통 지연에 대비하기 위하여 이 구간 기존 경부선 철도의 전철화 계획을 앞당겨 추진, 2001년까지 완공하여

2002년 서울~부산까지 고속차량의 운행이 가능한 계획을 수립하였다.

• **천성산 통과 문제**

경부고속철도 동대구~부산 간 13-3, 13-4공구에 있는 원효터널은 지상에 보전 가치가 높은 무제치늪, 밀밭늪 등 습지와 미타암, 대성암 등 암자가 다수 황폐해지고 도롱뇽이 사라져 버릴 것이라는 우려와 소음·진동으로 암자에서 수행하는 데 방해가 된다는 승려들의 극심한 민원으로 공사 중 2번이나 공사가 중단되는 곳이었다.

정치권에서는 이러한 갈등을 중재하기보다는 부산역 앞에서 단식 반대투쟁 중인 지율 승을 면담하는 등 오히려 사태를 악화시켰다. 결국, 공사가 많이 진척된 상태에서 대안 노선을 마련하는 것은 현실적으로 어려우므로 친환경적인 공법으로 터널 공사를 시행하는 조건으로 협의가 끝나 가까스로 공사를 재개하여 개통할 수 있었다. 개통 후 전문가들이 살펴본 천성산 상부 늪은 당초 문제를 제기했던 습지 훼손이나 도롱뇽 멸종 등은 이전과 비교 시 수위 변화가 없고 도롱뇽은 개체 수가 더 늘었다고 보고되고 있다.

이 교훈을 계기로 호남고속철도 계룡산 통과구간, 원주~강릉선 대관령 통과구간, 중앙선 도담~영천 복선전철 소백산 통과구간 터널 공사 시 사전에 환경단체와 협의체를 구성·운영하여 큰 갈등 없이 공사를 마칠 수 있었다.

• **노선 계획, 역사 건설 및 경유지 선정에 대한 평가**

이제 경부고속철도 노선 계획, 역사 건설 및 경유지 선정과정에서 아쉽고 미흡했던 문제를 되돌아보고자 한다. 광명역을 경유하는 노선의 종단구배 상향과 서울역을 비롯한 대전역, 부산역 등의 여객 동선 개선 등은 여전히 지금에 와서도 아쉬운 점들이다.

　광명역은 금천역에서 안양천을 통과하여 광명시 일직동 일대의 지하에 건설되었다. 이 구간 노선의 종단구배를 허용하는 최대치로 적용하면 현 광명역의 높이를 10~15m 높일 수 있고, 이 경우 광명역은 지상 역으로 건설되었을 것이다. 이에 따라 광명역의 지하 건설로 인한 안양천 범람과 배수 문제 해결을 위해 투입된 막대한 공사비 절감이 가능하게 되었을 것이다. 무엇보다도 이 구간 노선은 현재의 서해안 고속도로 높이와 비슷하게 되어 인근의 연장 10km에 달하는 일직터널 등 많은 터널을 줄일 수 있었을 것이다.

　서울역은 수도 서울을 대표하는 얼굴이며 600년의 역사와 문화를 품은 수도의 관문이다. 고속철도 건설 시점의 서울역은 1988년부터 민자역사로 건설되어 주차장 위치 등 판매시설과 여객 동선의 혼잡문제가 제기되어왔다. 당시의 설계 과정에서 역사적 상징성이 있어 보존이 필요한 기존 서울역사와 새로이 건설되는 역사와의 조화가 주요 이슈로 대두되었다. 그러나 새롭게 건설된 서울역사는 오랫동안 우리 눈에 익숙해 있던 근대 건축양식의 고풍스러운 기존 역사와 전혀 다른 스타일로 건설되었다.

　또한 역사 내부의 동선을 공항과 같이 1, 2층으로 분리하는 흐름을 도입하였으나, 철도 여객의 승하차는 공항과 같이 분리 통제하는 시스템이 아니므로 오히려 혼잡도가 가중되는 결과를 초래하였다. 물론 새로 건설된 역사는 내부의 장대한 콘크스(Concourse) 공간을 투명한 유리로 마감하여 확 트인 개방형으로 전환하였고 기존 역사의 어둡고 구석진 이미지를 탈피하여 깨끗하고 현대적인 이미지를 갖게 하였다. 그러나 새 서울역사는 고속철도 중앙역으로서 상징과 기능을 살리는 데 미흡하였다는 아쉬움이 있다.

대전역은 당시 대전 지하철1호선 건설공사가 시작되기 전이었으므로 현재의 대전역 홈에서 지하로 지하철 대전역 연결 통로를 개설하였으면 비교적 적은 공사비로 국철과 지하철 환승 동선이 단축되고 이용객들에게 매우 큰 편의를 제공하게 되었을 것이다. 이와 비슷한 사례가 부산역과 부산 지하철1호선 연결이다. 부산역의 경우는 고속철도 건설 전 부산 지하철이 이미 운행 중이었기 때문에 다소의 공사비 투입은 불가피하였다. 이 경우 현재의 동선과 같이 지상 홈에서 위층으로 다시 지상을 거쳐 지하로 이동하지 않고 홈에서 바로 지하 연결 통로를 이용, 지하철1호선으로 연결되는 통로를 개설하면 여객 동선은 대전역과 같이 개선될 수 있을 것이다.

경부고속철도의 노선과 경유지 결정 과정에서 국토의 균형발전과 역세권개발 등의 측면에서 여러 논의가 있었지만, 고속철도 개통 후의 현재 모습을 보면 일부 아쉽고 미흡한 점이 있더라도 고속열차가 운행되고 세월이 흐르면서 보완되고 발전되어 가는 멋들어진 현상을 볼 수 있다. 무엇보다도 고속철도 신선과 기존 일반철도를 통합 운영하고 건설을 1단계와 2단계로 나누어 추진한 것은 초기의 구상에서는 의도하지 않은 계획이었지만 결과적으로는 많은 유익함을 주었다고 생각한다.

경부고속철도가 건설된 지 20년이 지난 지금의 시점에서 경부고속철도 노선 계획과 경유지 선정에 대한 평가를 한다면 당시의 안목과 기술 수준을 감안할 때 결정적인 큰 실책은 없었다는 점이 다행이라 생각한다. 어느 면에서는 나름대로 의미 있는 판단과 현명한 결정을 하였기 때문이다.

5. 시험선 건설과 영업 시운전

1) 고속차량과 시설물 성능확인

시험선의 착공

오송에 중부공사사무소를 설치(92. 03.)하여 우선 시험선의 건설과 고속차량의 검증을 담당하도록 하였다. 여러 논란 끝에 경부고속철도 기공식은 시험선 건설구간인 아산지역(배방면)에서 거행(92. 06.)하였다. 시험선 구간은 천안~대전 7개 공구(총연장 57.2km)에서 동시 착공하여 노반은 국내기술로 건설하고, 고속차량 초기제작 2개 편성을 우선 도입하여 차량의 견인 / 제동, 차상 컴퓨터 등 설계 적합성과 차량 / 선로 간의 기술적 연계사항 및 안전성을 확인하기 위한 시험과 시운전을 시행할 계획이었다.

왜 시험선을 먼저 건설하는 전략을 취했을까? 시험선이라고 하더라도 본선과 별도로 건설하는 것이 아니라 본선 중의 일부 구간을 지정하여 선착공하고 추후 시험 및 시운전을 종료한 후 본선에 합류시키는 것이다. 300km/h의 속도는 대한민국 기술진 누구도 경험하지 못한 미지의 세계로 고난도의 물리적 현상이 발생할 것으로 어느 정도 예상하고 있었다. 실제 운행 경험이 없이 첨단기술의 고속철도를 도입함으로써 겪게 될 현상이 안전에 어떤 영향을 줄 것인지 확인·분석하고 그 해결책을 마련할 필요가 있었다.

왜 시험선 구간을 천안~대전 간 57.2km로 결정했을까? 시속 300km에서 일반제동과 비상제동의 성능을 시험할 수 있는 충분한 거리(제동거리 약 4km)가 필요하였다. 열차 제동 시 발생하는 회생 전력의 역송전 시 전력계통의 안정성 확인 등 다양한 기술적 요구사항을 확인할 수 있는 운행 거리가 요구되었다. 또한 이 구간에 교량, 터널 등 다양한 토목 구조물이 고르게 분포되어 있어 시험운행 중 획득한 각종 자료는 향후 구조물, 궤도, 신호 등의 설치에 도움을 줄 것이라는 기대도 담겨 있었다.

시험선 건설을 우선 추진한 것은 향후 건설사업에서 발생할 수 있는 모든 문제점을 사전에 도출하여 전 노선에 적용한다는 개념에서 출발하였으며, 이러한 전략은 기술적으로 상당히 유효한 것이었으나 기공식에 대하여 정치적으로 많은 논란을 촉발시켰다.

첫째, 건설 준비도 되지 않은 상황에서 '웬 기공식이냐!'라는 것이다. 이제 겨우 고속철도 건설 전담조직인 한국고속철도건설공단을 설립(92. 03.)하고, 그해 6월에 기공식을 거행하는 것은 당시 연말에 치를 제14대 대통령선거용으로 활용하기 위한 것이 아니냐는 정치권의 논란에 휩싸였다. 문제 제기의 내용은 고속철도 건설의 졸속 추진, 즉 기본노선만 확정되었지 환경·교통영향평가와 지방정부의 협의 등을 통해 확정 지을 세부노선이 미확정된 상태여서 예산 낭비를 초래할 수 있다는 것이었다. 또한 역사의 위치나 도심 통과 방식인 지상/지하화 미결정 등 실시설계가 완성되지 않은 점을 언론과 함께 집중 공격함으로써 향후 사업 전개가 순탄치 않음을 예고하였다.

둘째, 대규모의 방대한 고속철도 사업을 처음 추진함에 있어서 국민적 협조와 동의가 필수적이었다. 사업추진에 관련된 업무를 처리하기 위해 정부 내 조율과 협의에 매달리다 보니 대국민 홍보에 취약점을 노출하게 되었다. 물론 모든 국민의 신뢰를 얻어 사업을 착수할 수는 없으나, 최소한의 동의를 구하는 노력이 부족하였고, 홍보를 담당하는 공단 내의 조직이 부실하기 짝이 없었다. 300km/h라는 경이적인 속도에 국민의 환호를 받으며 시작하였다면 고속철도 건설에 참여한 모든 구성원이 좀 더 능률적인 업무를 수행하고 어깨를 으쓱거릴 수 있는 자부심으로 임무를 완수할 수 있었을 것이라 반추해 본다.

시험 및 시운전의 착수

고속열차 1호기가 시험선에 투입(98. 04.)된 이후 약 5년간 시속 40km에서 300km까지 단계별로 증속시키며 180종의 각종 시험 및 시운전을 통해 차량 성능과 안전에 대한 최종 검증 과정을 거치도록 하였다. 먼저 준공된 34.4Km의 시험선로에서 증속 시험을 거쳐 시속 200Km 주행(99. 10.)을 달성하였고, 지속적으로 시험선 연장이 증가함에 따라 그에 맞는 시험 및 시운전이 진행되었다. 시험선 총연장은 40Km로 증가됨에 따라 차량의 최고속도인 300Km/h 주행(2000. 06.)을 기록하였다. 재차 시험선 구간이 57.2Km로 확대되어 300Km/h에서 영업에 대비한 각종 시험 및 시운전을 시행(2003. 05.)할 수 있게 되었다.

시험 및 시운전의 목적은 예상되는 모든 안전 저해요소에 대한 위험도 분석(Hazard Analysis), 토목 구조물, 궤도, 신호 통신, 전차선 등 하부구조의 시공방법과 절차, 적용환경과 성능평가 등 관련 절차서를 사전에 마련하였다. 고속차량을 시험선에 반입하여 300km/h까지 시험 및 시운전을 시행함으로써 고속차량과 궤도, 신호, 전차선 간의 적합성을 분석·확인하는 과정이 필요하였다. 간단히 말하면 사전 모의고사를 통해 그 실력을 향상시켜 가자는 의미이다.

그렇다면 과연 시험선 구간에서 획득하고자 했던 자료들이 수집되었고 본선에 적용되었는가? 답은 '그렇다!'이다. 시공했던 구조물들의 동하중 특성, 궤도와 차륜의 적합성, 여러 요인에 의해 발생되는 차량 진동, 회생전력 등에 의한 전력전송의 평활성, 신호체계의 안정성 등 여러 가지 기술적인 문제점을 도출하여 다른 본선 구간의 설계시공에 반영하였다. 고속철도가 안전하게 영업속도(Commercial Speed)인 시속 300km로 운영할 수 있다는 믿음을 준 것은 시험선의 덕택이라고 말할 수 있겠다.

시운전의 의미

천신만고 끝에 시험선을 사용할 수 있게 되었다. '시험'은 계통별 동작 이상 유무를 확인하는 기술적 행위를 의미하고, '시운전'이라 함은 각 계통이 합쳐 시스템, 즉 고속열차가 모든 실제 영업 운행과 동일한 조건에서 정상적으로 안전하게 주행할 수 있는가를 검증하는 절차이다. 즉 영업 운행 시 발생할 수 있는 불완전 요소를 발굴하고 교정하는 과정이다.

'시험' 대상은 부품 레벨, '시운전' 대상은 전체 시스템 레벨을 의미하며 각종 정해진 기준과 절차에 따라 분석·검증을 시행한다. 말이 좋아 '시험 및 시운전'이지 계측 장비를 열차에 장착하고 그 비좁은 공간에서 쭈그리고 앉아 매일 46편성 모든 계측기를 뚫어져라 째려보는 것도 정말 인내심이 요구되는 과정이었다.

KTX 1호기는 선 제작하여 프랑스 TGV 선로에서 시험 및 시운전을 거쳐 한국으로 반입하고 2, 3호기(99. 10.)는 시험선으로 바로 반입하여 시험 및 시운전 준비를 하였다. 시제차 1, 2호기는 각각 4만 km를 주행하면서 성능을 평가하고 이러한 시험 및 시운전 과정이 완료되면 순차적으로 도입되는 후속편성은 각각 1만 km의 시운전을 시행하여 계약에서 요구되는 성능을 확인하는 과정을 거치게 된다. 각 편성은 시속 60km부터 단계별 증속 시험을 거쳐 최종 시속 300km의 주행성능을 확인하여 46개 전 편성을 순차적으로 인수하였다.

시험선 시승 행사

시운전의 복잡한 기술적 과정과 별도로 '시운전 개시'는 현재까지 부실공사의 대명사로서 언론을 도배하였던 모든 오욕을 일거에 정리하고 새로운 꿈과 비전을 국민들에게 선사하는 좋은 기회를 의미하였다. 시험선 건설을 담당하고 하고 있는 중부사무소 현장으로 대통령을 초청하여 시운전 고속열차의 시승 행사를 거행(99. 12.)함으로써 그동안의 힘겨웠던 무거운 짐을 내려놓는 위안의 계기가 되었다.

대통령의 시승 행사계획은 약 2개월 전부터 경호실과 일정을 협의하며 필요한 행사준비를 진행하였으나, 문제는 당일의 날씨였다. 고령인 대통령에게 겨울의 차가움과 변덕스러운 날씨는 잔칫집의 훼방꾼이 될 수 있어 실무자의 애를 태웠다. 일기예보에 목숨이 걸려 있는 공단 실무자는 가장 좋은 날씨가 언제일지 알아보기 위해 기상청, 공군, 기상관측 회사 등 대한민국의 기상예측 관련 모든 기관을 접촉하였지만 한 달 후의 특정 날짜의 날씨를 시간대별로 확인하기가 몹시 어려운 작업이란 것을 알게 되었다.

공단 직원들의 염원만큼 훌륭한 날씨는 아니었지만 걱정한 덕택에 행사를 진행할 할 수 있었다. 김대중 대통령에게 시승 시 간략한 건설사업에 대하여 보고하였으며 몇 가지 호기심(?) 섞인 질문이 오고 갔다. 시속

200km의 속도로 진동·소음 없이 미끄러지듯이 주행하는 모습을 보고 감탄하였다. 또한 흔들리지 않는다는 것을 시각적으로 알 수 있도록 유리컵에 물을 부어 책상 위에 놓아두는 모습을 연출하기도 하였다.

종합시험

시험선 구간에서 주로 차량 등 핵심기자재의 시험 및 시운전이 어느 정도 진행되면서 안전성을 확인하고 상부구조(고속차량)와 하부구조(선로, 신호, 전차선 등)의 인터페이스 적합성을 최종적으로 확인하게 된다. 고속철도를 구성하는 각각의 요소들, 즉 토목 구조물, 궤도, 차량, 전기 및 신호, 통신설비에 대하여 각각의 정적, 동적 시험을 거쳐 시스템 전체에 대한 종합시험을 시행하였다.

토목 분야는 고속차량의 300Km/h 주행 시 각 구조물의 거동과 소음, 진동, 풍압 등 전반적인 토목 구조물의 설계 안정성을 확인하였다. 궤도 시험에서는 고속열차 운행에 적합한 궤도 선형을 유지하고 있는지와 궤도재료의 이상 유무, 차량의 팬터그래프와 전차선의 동적 특성 등을 점검하였다. 이는 고속철도의 최종 성능확인 시험으로서 '고속철도'라는 시스템이 어떤 조건 하에서 안전하게 운행할 수 있는지를 확인하는 시험이라고 할 수 있다.

기술적 문제점 발생

공사가 진행됨에 따라 시험선 구간을 확장(화성~천안 간)하여 고속철도 시스템으로서의 300km/h의 주행 안전성을 지속적으로 검증하였다. 그러나 시속 270~300km 고속영역에서 후부 객차의 흔들림(Hunting

Movement)이 발생하여 이에 대한 해결책으로 Alstom사는 몇 가지 기술적인 방안을 제시하였다. 이를 적용하여 시운전을 하였지만 개선 기미가 보이지 않고 특히 동절기에 좀 더 심해지는 현상을 발견하였다. 당시 철도청에서는 이러한 흔들림 개선을 위해 '새로운 한국형 대차를 개발해야 한다.'는 답답한 주장을 하기도 하였다.

각종 기술자료를 면밀하게 검토하여 Alstom사는 궤도형상을 변경해야 한다는 대책을 제시하였다. 그러나 이미 Alstom사가 별도의 해결책을 갖고 있으면서 의도적으로 은근히 궤도의 문제라고 주장하였다. 예상대로 공단의 완강한 저항에 부딪히자 슬그머니 차륜의 경사각(Wheel Taper)을 1/40에서 1/20으로 변경하여 해결할 수 있다고 제안하였다. 당시 우리 기술진은 차륜 경사각과 열차 진동(고유진동수)의 물리적 현상은 교과서에서나 볼 수 있는 정도로 막연하게 이해하는 수준이고, 실제는 첫 경험이었다. 일단 1개 편성의 차륜을 구로 차량기지에서 삭정하여 Alstom사의 제안대로 경사각을 변경하고 시운전을 통해 진동특성을 확인하였다. 상당 기간 시험을 시행하여 ISO 승차감 기준을 만족시키는지 검증하였으며 이후 도입된 전 편성에 1/20 차륜형상(Wheel Contour)을 적용하여 진동 문제를 해결하였다.

고속열차가 주행할 때 궤도에 부설된 자갈이 비산(飛散)하는 현상이 발생하였다. 기존 철도에서도 발생하는 문제점으로 건설 초기에 많이 발생한다. 차량의 통과로 자갈 비산이 발생하는 것이므로 통상적으로 궤도의 통과 톤수가 100만 톤 이상이 되면 노반과 궤도가 어느 정도 안정화 단계에 접어들어 그 빈도가 현격히 줄어든다는 것이었다. 자갈이 객실 유리창을 뚫고 들어와 승객을 위협하거나 궤도 주변의 시설물을 훼손시키는 등 가끔 말썽을 일으켰다.

ㄹ) 영업 운행을 위한 전 구간 종합 시운전

1단계 고속철도 건설이 완료됨에 따라 각종 시설물에 대한 정적 시험, 동적 시험을 시행하여 그 성능을 확인하고, 속도별로 통합시험(Interface Test)을 시행하는 등 종합 시운전을 통해 운행 적합성을 확인한다. 물론 이는 시험선 구간에서 시행했던 중요 시험을 전 구간에 대하여 반복 시행함을 의미한다. 여기에 추가하여 고속철도를 운행할 기존선 구간의 시설물(철도청 담당 구간)의 운행 적합성도 포함된다. 또한 고속철도를 운영하게 될 기관사, 열차 승무원 등 관련 조직도 영업 열차 운행과 같은 방식으로 운영하여 영업 전 시뮬레이션을 완성한다.

운전사무소, 열차사무소, 전기 / 시설 사무소, 차량기지 등 실제 운영조직을 가동하여 약 3개월간 Man-Machine-Facility Interface를 숙달시켜 영업에 대비하였다. Interface 숙달기간 동안에 화재, 탈선 등 모의사고 훈련을 시행하여 응급조치 능력을 배양하고 휴대용 간편 메뉴얼을 제작·배포하여 운행 준비에 만전을 기하였다.

사소하기는 하나 중요한 기술사항을 시운전 과정에서 소홀히 하여 KTX 개통 초기에 어려움 자초하였다. 다름 아닌 출입문과 화장실의 운영 상태이다. 시운전 시 실제 운영상황과 동일하게 시운전을 하여 성능을 확인하여야 했음에도 불구하고, 정거장 2분 정차 시 실제로 승객의 출입이 없다 하더라도 출입문의 개폐 동작을 절차대로 시행했어야 했다. 즉 열차 출입문의 특성을 쉽게 파악할 기회를 상실하여 개통 초기 출입문 문짝의 기밀 유지를 위해 많은 인력을 투입하여 조정하여야 했다.

  화장실도 비슷한 사건이 발생하였다. 객실에 실제 승객을 태우지는 않으나 좌석마다 약 60kg의 쇳덩이(웨이트)를 실어 승객을 대신하였다. 그런데 그 쇳덩이는 운행 중에 화장실을 사용하지 않아 화장실 출입문, 오물통의 용량과 수거 주기 등 운영 적합성을 확인할 수 없었다. 그러나 이를 무시한 덕택에 개통 초기에 오물 수거 문제로 열차를 교체해야 하는 상황을 자주 겪어야 했다. 시운전 점검 항목에 있음에도 불구하고 사소하기 때문에 소홀히 한 대가를 개통 후에 톡톡히 치렀다.

6. 고속철도와 벡텔(Bechtel)사의 인연

벡텔(Bechtel사)와 만남

  계획 당시 한국철도는 150km/h급의 차량제조, 운영기술을 보유하고 있었으나 혁명적인 속도인 300km/h에 대해서 경험이 전무한 상태였다. 고속철도에 대한 기술적인 문제는 당해 고속철도 공급국의 지원을 받을 계획이었으므로 혹시 모를 기술적 횡포를 효과적으로 견제할 수 있는 방안도 강구할 필요가 있었다. 따라서 대형 프로젝트의 실행을 위한 사업관리 기법의 도입과 차량 선정 시 평가와 협상 등 국제기준에 적합한 조직력 확보를 위해 해외 전문회사의 지원을 받기로 결정하고 국제경쟁입찰에 부치게 되었다.

  당시 입찰 회사는 벡텔(Bchtel International)사, 파슨스(PARSONS)사의 합작법인인 한미 파슨스 등 5개 업체가 참여하였는데 국내 전문가로 구성된 심사위원회의의 심의를 거쳐 5개 입찰사 중에서 철도를 중심으로 성장한 배경을 갖고 있고 해외시장에서 사업관리의 좋은 평판과 능력을 보유한 벡텔사를 선정·추천하였다.

공단은 벡텔사와 여러 차례의 협상을 거쳐 사업관리 자문용역계약(Agreement for Project Management Advisory Services)을 체결(93. 01.)하고 공정에 따라 사업관리 전문가를 상주시켜 공단의 사업관리를 지원하도록 하였다. 벡텔사는 세계적인 건설회사이기는 하나, 고속철도 건설 경험은 없는 회사를 왜 선정하였는지 외부로부터 상당한 공격을 받았다. 이는 당시 '기술'에만 초점을 맞추다 보니 '사업관리'의 중요성을 인식하지 못한 측면이 있었다. 벡텔사 인력 중 일부는 고속철도 건설에 참여한 경험이 있기는 하나 대부분 사업관리 전문가들이었다. 이들의 주된 임무는 기술적인 지원보다는 차량도입 계약 관련 업무에 관한 사항과 사업관리 시스템의 구축 업무를 지원하는 것이었다.

Bechtel의 업무

초기에 투입된 벡텔사 인력은 '경부고속철도 차량 등 핵심기자재 도입'을 위한 제의요청서(RFP, Request For Proposal) 안의 작성, 제의서 접수, 평가, 협상에 이르는 전 과정을 자문으로 참여하였고, 추후 이들은 공단 직원과 함께 공동 협상팀을 구성하였다. 협상안과 계약서 안은 우선 한글로 작성하고 항목별 협의를 거쳐 영문화하였다. 이 과정에서 계약적으로 구속되는 조항이 발생되지 않도록 문서오류를 최소화하였다. 벡텔은 이미 전 세계에 구축된 지사망을 보유하고 있어 우리가 요청하는 고속철도에 관련된 정보의 획득을 용이하게 하였다. 차량 가격에 대한 자료와 열차사고 등 안전에 관한 유용한 정보는 차량 기종선정에 많은 도움이 되었다.

　참고로 '경부고속철도 차량 등 핵심기자재 도입 계약'의 공용어는 영어이며, 작성한 각종 자료는 추후 계약문서의 일부가 되기 때문에 계약적 측면에 우리가 일반적으로 생각하고 쓰는 영어가 다른 의미로 해석될 여지가 있는지 영문 계약서에 대한 법리적 검토가 필요하였다. 일례를 들면 '회전식 의자를 고려하여야만 한다.'는 의무조항이 'Swiveling Seats shall be considered…….' 영문으로 작성하였으나 이는 '회전식 의자를 고려할 수도 있다.'라고 해석된다는 것이다. 즉 'be considered' 때문에 Shall → Maybe의 의미로 돌변해버려 추후 수정공문을 발송하는 해프닝이 있었다.

　'오랫동안 함께 일을 하게 되면 눈빛만 봐도 무엇을 말하는지 알 수 있다.'는 이야기는 필자의 경험상 사실이다. 벡텔사의 기술이전 전문가는 한글을 구사하지 못하고 그 상대자인 공단 직원은 영어 회화가 능숙하지 않은 어색한 조합으로 이 두 사람은 열심히 토론하고 있었다. 즉 기술이전을 받는 부품에 대한 구매 효율성에 관한 문제였다.

　벡텔 전문가는 수요도 많지 않은데 막대한 설비투자와 교육훈련비용을 감수하면서 굳이 기술이전을 받아 국산화할 필요가 없다는 주장이었고, 공단 전문가는 그렇다 하더라도 국산화가 필요한 이유는 '해외 부품 공급자의 횡포를 견딜 수 없다.'라는 상반된 입장에서 난상 토론 중이었다. 그것도 미국 GM사 디젤엔진의 고무 연료 씰(Rubber Fuel Seal)과 일본 A.T.S.(열차 자동정지장치) 부품의 공급 행태 등 현장 사례를 들어가면서……. 그런데 한 사람은 영어로, 그 상대자는 한글로 완벽에 가까운 의

사소통을 하는 것이었다. 이를 옆에서 본 사람들은 왈, "굳이 영어를 애써서 배울 필요가 없네!" 하며 신기하게 여겼다.

입찰 제의서 요청서에 따라 제의자가 제출한 제의서를 평가하기 위해 국내 전문가, 국외 전문가, 공단 담당자 등 3개 그룹으로 구분하여 각각 개별평가를 시행한 후 이를 합산하여 그 평균값으로 순위를 매겨 제의서의 공정한 평가를 도모하였다. 이 규칙은 우선협상 대상자 선정을 완료할 때까지 적용하여 평가하였으며, 이는 3개국의 순위를 매겨 '우선협상 대상자'의 지위를 부여함으로써 치열한 경쟁을 유도하는 전략의 일환이었다.

문화관습이 비슷한 동양인들과 협상을 하여도 잘못 이해하는 경우가 있는데 서양인들과 협상도 사소한 오해로 협상이 어렵게 되는 상황이 종종 발생한다. 이런 경우 벡텔의 지원을 받아 해결하고 계약문서를 우리 측에서 작성, 제시하는 것으로 하였다. 이는 계약서 초안을 먼저 작성하여 제시하면 협상을 우리의 입장에서 유리하게 이끌어 갈 수 있다. 왜냐하면 우리 측의 의도를 문건 전체에 녹여 넣을 수 있으며 이미 작성된 문건을 대규모 수정을 하더라도 그 형식을 유지할 수 있고 또 큰 오류가 아니라면 인간의 나태함으로 편안하게 수정하여 정리해버리기 때문이다.

사업관리(Project Management)

국내건설 업체가 실제 건설 업무에 사업관리 시스템을 구축하여 적용하기 시작한 것은 원자력발전소 건설사업에 참여하면서부터이다. 그나마 일부 공정관리나 사업비 관리 등 하위 모듈에 부분 참여하는 수준으로 겨우 사업관리에 눈을 뜨게 되었다. 원전건설 등 대형 건설공사가 늘어남에 따라 건설업체는 사업관리의 중요성을 인식하게 되었고 초대형 건설공사인 고속철도 분야에서도 자연스럽게 그 도입의 필요성을 인식하게 되었다.

공단은 벡텔사와 사업관리 자문 계약을 체결하고 본격적인 사업관리 시스템의 구축에 돌입하였다. 새 시스템의 도입에 따른 조직 내 저항을 설득하면서 필요한 전산망을 구축하고 업무에 필요한 각종 절차서를 개발하여 부서 또는 담당자들의 책임과 권한을 분명하게 정의하였다.

대규모의 복잡다단한 공정이 존재하는 건설사업에 있어서 가장 중요한 사항은 각 주요 공정마다 오류 없이 주어진 목표를 달성하는 것이다. 건설 초기에 '사업관리 개념'보다는 공정을 관리한다는 기존의 틀을 벗어나지 못하였다. 사업관리 측면에서 고려하여야 할 사항, 즉 주어진 사업비 내(사업비 관리)에서 정해진 시간(공정관리) 내에 요구되는 품질을 확보(품질관리)하면서 주어진 목표(사업관리)를 완수하는 것이다. 즉 사업관리는 사업비의 조정, 공정 간의 조율 등을 통해 사전에 문제점을 도출하고, 설계에서 요구하는 품질을 지속적으로 유지하는 경보시스템(Warning System)이라 할 수 있다. 예를 들어 사업비 관리에 포함되는 계약관리 모듈의 효율성에 대하여 논의해보겠다. 건설 계획상 총 계약 건수는 초기에 약 2만여 건 정도였으며 동일한 수의 계약행위가 발생하게 된다. 따라서 사업관리 측면에서 공종별, 시기별, 공구별, 기술 특성별로 같은 것을 분류하여 계약체결 건수를 약 600건 정도로 감소시켜 건설사업을 추진하였다. 기존 관행대로 업무를 추진할 경우 1,000원짜리 공사나 1,000억짜리 공사에 투입되는 계약행정의 노력은 동일하므로 담당자들은 업무의 바닷속에서 허우적댈 가능성이 커지게 된다. 즉 계약관리의 기본적인 목표는 통폐합을 통해 계약행정의 수요를 축소하여 계약단위 간의 충돌을 예방하고 책임소재를 명확히 함으로써 공정준수를 도모하는 것이다. 공단의 모든 계약단위를 재분류한 과정에서 과거 업무처리 방식을 고집했던 일부 구성원의 불만과 알력으로 혼선이 초래되기도 하였다. 예를 들면 전력, 신호, 통신 제어케이블 매설공사는 분야별로 개별 발주하였으나 동일공사 현장일 경우 하나의 계약단위로 묶어 일괄 발주하도록 하였다.

사업관리조직으로 변신

원활한 사업관리를 위해 건설조직 자체가 일반적인 계급 조직(Hierarchy Organization)이 아닌 매트릭스 조직(Matrix Organization)으로 구성하여 상하좌우의 원활한 의사소통을 도모하여야 한다. 그러나 우리 스스로 상하 관계의 의사소통에만 익숙해 있는 터라 도입 초기에 어려움이 있었다. 일부 조직 구성원은 새로운 시스템을 이해하지 못하고 업무충돌로 감정싸움으로 번지기도 하였다. 지금은 전 구성원이 '철도공단'이란 조직은 기본적으로 사업관리를 수행할 임무를 갖고 있다는 인식만으로도 대단히 발전한 것이라고 평가할 수 있다.

또 이러한 복잡한 프로세스는 수작업으로 실행하기가 불가능하며 전산화가 필수적이다. 정확한 업무수행을 위해 업무별 프로세스를 정의하는 절차서의 개발과 적용이 뒤따라야 한다. 사업관리 체계의 구축은 제3대 류상렬 이사장 재임 기간으로 거슬러 올라간다. 당시 잦은 사업계획 변경과 사업비의 증가, 부실공사 논란 등으로 어려움에 처해 있던 고속철도공단은 이를 돌파, 해결하기 위해 사업관리 시스템의 도입과 정착이 절실하였다. 약 60명의 공단 직원과 벡텔의 전문가들이 공동으로 전담반을 구성하여 약 1년에 걸쳐 우리의 독자적인 사업관리 시스템을 개발하기로 하였다. 전담반의 인력은 각 본부로부터 핵심인력을 파견받았기 때문에 해당 본부는 1년 동안 만성적인 직원 부족에 시달렸고, 회의 때 매번 이를 토로하였다.

정부 중앙부처는 대체로 과 단위에서 최소한 1개 이상의 법령을 관리한다. 공무원들은 이 법령이 자신의 밥줄이라고 생각하고 그 법령의 수호를 위해 목숨(?)을 걸고 최선을 다 하기 때문에 과별로 엄격한 벽이 존재하게 될 가능성이 크다. 따라서 수평적이며 통합적인 사고를 필요로 하는 업무 또는 상황이 발생하였을 경우 스스로 해법을 찾기보다 내 주장만을 하다가 타인에 의해 강제로 조정되는 경우를 초래하기도 한다. 공단도 공무원 조직과 유사한 형태를 유지하고 있었으므로 아무리 능력이 있는 유능한 구성원이라 하더라도 전체적인 사업계획, 문제점 도출과 치유방안 마련 등을 체계적으로 관리하기 어려웠다.

사업관리는 크게 사업비 모듈, 공정 모듈, 품질관리 모듈 등 3개 분야로 되어있다. 사업비 모듈에는 사업비 관리, 계약관리, 구매관리 등 서브 모듈로 구성되어 있으며, 공정 모듈은 토목, 궤도, 전기, 차량 등의 서브 모듈로, 품질관리 모듈에는 설계관리, 도면관리, 문서관리 등으로 구성되었다.

사업관리 시스템의 정착으로 예를 들면, 당시 기획예산처 예산담당 부서와 다음 연도 예산 협의를 수월하게 진행할 수 있었다. 당시 경제기획원 담당 과장이 해외 유학 시 사업관리를 공부하여 상당한 내공을 갖춘 인물(과장 반장식)로 사업비 관리와 공정관리 요약서, 현안 사항 보고서(CAIR, Critical Action Items Report)와 연도별 현금흐름표(Cash Flow)를 설명하여 1조 8천억 원이나 되는 사업비 예산을 단 세 시간 만에 협의를 완료하였다.

물론 이는 사업비에 한정된 것이고 직원들의 후생복지에 관한 관리비 예산은 한 달 내내 설명하고 읍소하며 그 필요성을 설득해야 하는 지난한 과정을 거쳐야 다음 연도 살림을 할 수 있다. 속된 말로 관리비 예산은 그 역사성을 갖고 있어 정부차원에서 '전년 대비 몇 % 증'이라고 결정되면 '빼박'이 된다. "제발 그러지 말고 2%만 추가로 증액시켜주세요."라고 입이 마르고 손이 발이 되도록 싹싹 빌고 빌어보지만, 칼날을 잡고 있는 입장에서는 무시하는 경우가 다반사였다. 꼭 자기 주머닛돈 주는 양 어찌나 아까워하는지…….

보험에 대한 개념 차이

어느 날 갑자기 벡텔사로부터 받은 보험에 관련된 문서는 건설사업을 바라보는 시각의 차이를 느끼게 하였다. 장기간에 걸쳐 고속철도 건설사업이 추진되므로 건설과정에서 발생할 수 있는 각종 재해로부터 이미 완성된 구조물이 정상 기능을 유지할 수 있도록 보호되어야 이 사업을 성공적으로 완수할 수 있다는 것이다. 혹시나 해서 보험회사에 자문을 부탁하여 그 의견을 청취하였다.

그가 조사한 바로는 시간을 다투는 재난복구와 같이 특별한 경우 정부가 시행하는 건설공사에 보험을 드는 경우가 있기는 하다는 것이다. 그러나 고속철도 사업의 경우는 그 사업 범위가 전국에 걸쳐 있고, 우리의 경우 정부 자체가 보험의 기능을 갖고 있으므로 인명구조 등 화급을 다투는 사업이 아닌 이상 굳이 완공된 시설물에 대한 보험은 필요 없을 것이라고 자문을 해주었다.

　벡텔 관계자와 이 문제를 협의하면서 왜 이러한 보험문제를 제기하였느냐고 설명을 요구하였다. 그는 공단에서 고속철도 건설사업을 정부로부터 위임받아 건설하고 있으므로 사업 준공 후 모든 철도 시설물을 완벽한 상태로 정부에 인계해야 할 책임이 있다는 것이다. 시설물의 훼손 또는 망실 등의 경우 예산 외의 추가·수정비용이 발생할 수 있어 이를 포함하기 위해서 제안하였다는 것이다. 아무것도 아닌 것처럼 보이나 사업의 궁극적인 목표를 달성하기 위해 한 번쯤은 우리가 검토는 할 필요가 있을 것 같다고 생각하고 그냥 웃고 지나갔다.

제2장
설계와 착공 후의 아쉬움

제2장 설계와 착공 후의 아쉬움

1. 고속철도 설계와 시공

1) 사업 초기 국내 철도 현황

경부고속철도 사업은 1992년 6월 첫 삽을 뜬 이후 2004년 4월 1일 1단계 구간이 개통되었다. 단군 이래 최대의 국책사업으로 한국철도 역사상 가장 획기적인 철도사업이었다. 하지만 기술조사가 시작된 1990년 무렵에는 고속철도건설을 위한 기술기반, 특히 철도 기술 수준이 매우 미약한 실정이었다. 고속철도는 고속의 열차 운행에 따른 구조물의 공진 현상과 터널 내의 공기압 변화, 궤도에 발생하는 고주파 진동의 문제 등 그간의 일반철도에서 경험하지 못한 여러 가지 복잡한 동역학적 현상을 이해하고 대처하여야 하는 기술이다. 건설 후 시속 300km의 열차의 안전 운행을 담보하기 위해서 요구되는 엄격한 규정과 품질을 만족시켜야 한다.

외국 선진 철도에서는 장기간 체계적인 기술개발과 고속철도 전 단계인 시속 160~200km 영역의 속도에 대한 많은 운행 경험을 토대로 고속철도를 개발, 완성하였다. 그러나 우리의 경우는 이러한 과정이 없이 시속 100km 내외의 기술에서 시속 300km의 고속철도를 도입함으로 피할 수 없는 한계와 어려움 속에 있게 된 것이었다. 이러한 상황에서 고속철도 건설사업의 추진을 위해 선진 철도국의 기술을 전면적으로 도입하는 것이 순리였을 것이다.

그러나 이 경우 국내에서 시행되는 경부고속철도와 같은 대단위 건설사업에서 자칫 사업의 주도권이 외국 업체에 맡겨지고 우리 건설 업체는 단순한 하청자의 역할로 넘어갈 수 있다는 강한 우려가 국내 토목 분야 기술진을 중심으로 제기되었다. 많은 논의과정을 거쳐 고속철도 차량을 포함한 신호 전차선 등 핵심기술(Core System)만을 도입하고 노반 궤도 건축 등 기반시설 등은 국내기술로 추진토록 결정하였다.

이제 경부고속철도 1단계 사업이 끝난 지 20여 년이 되어가는 시점에서 기반시설 분야 설계와 시공과정을 뒤돌아보고 이를 통하여 향후 사업을 위한 교훈과 시사점을 얻고자 한다.

ㄹ) 그간의 경과

(1) 경부고속철도 건설 배경

고속철도가 국내에 소개된 것은 1963년 개통을 1년 앞둔 일본 도쿄~오사카 간의 신칸센 시험운행에 동승했던 우리나라 철도기술자들에 의해서였다. 당시 일본철도시설협회 초청으로 일본을 방문했던 이들(철도청 보선과장 신유섭, 조사주임 권기안, 계원 김정옥)은 귀국 후 정부에 보고서를 제출하였으며 이들의 신칸센 경험이 우리에게 고속철도의 기술을 처음으로 소개하게 된 계기가 되었다. 그러나 당시는 1969년 개통한 우리나라 최초 고속도로인 경인고속도로도 착공 전이었으므로 고속철도는 훗날을 위한 검토과제로 남겨놓을 수밖에 없었다.

이후 10년이 지난 1970년대 초부터 서울~부산 간 고속철도건설에 대한 논의가 시작되었다. 우리나라의 고속철도 도입논의는 1960년~1970년대의 고도 경제성장과 자동차로 인한 높은 사회적 비용이라는 사회·경제적 환경 속에서 시작한 것으로 철도교통 분야에서도 속도향상을 꾸준히 한 노력이 바탕이 되었다고 할 수 있다.

그간의 고속철도 도입 필요성 논의 경위를 되돌아보면 〈표 5〉에서와 같이 해외조사단과 국내 연구진의 노력이 기초가 되었다. 1973년 철도차관 도입과 관련하여 세계은행(IBRD)은 서울~부산 간 수송 애로에 대한 장기대책을 마련하기 위해 프랑스와 일본의 기술연구원에 연구를 의뢰하였고, 이들은 경부축에 새로운 철도건설을 제의하였다. 이후, 1978년 한국과학기술연구원(KIST) 연구, 1983년 한국-미국-덴마크와의 공동 타당성 조사 등 수차례에 걸친 연구·조사 등을 통하여 경부고속철도의 필요성이 건의되었다.

이 조사에서 도출된 결론은 서울~부산 간 교통 수요는 계속 증가하여 1980년대 말에는 경부선 수송 능력이 한계에 도달하므로 서울~부산 간 여객 전용 고속전철 건설은 경제적 측면이나 재무적 측면에서 볼 때 타당성이 있다고 판단하였다. 이에 따라 1980년대에는 기존 철도의 개량으로 수송수요의 증가에 대처하는 한편, 장기적인 관점에서 고속전철 건설의 추진이 바람직하다고 건의하였다. 이때 고속전철의 운행 최고속도는 시속 240km, 최소곡선반경 4,000m, 최급구배 35‰, 투자비는 2조 6천26억 원으로 추산된다는 내용이었다.

그 이후 고속전철 건설사업의 추진 결정은 무려 13년 동안 여러 논의과정 속에서 1987년 제13대 대통령 선거에서 노태우 후보가 대통령에 당선되고 제6공화국이 출범하면서 마무리되었다. 고속전철 건설을 위한 기술조사 시행 방침이 결정된 이후 1989년 5월 교통부에서 경부고속전철 건설계획을 수립하여 관계 부처 장관의 협조 및 국무총리의 재가를 얻어 대통령에게 보고하고 기본 방침을 결정하였다.

당시의 기본계획은 소요자금 약 3조 5천억 원(국고지원), 서울~부산 간 약 380km 복선 신선 건설, 운행속도 평균 시속 200km 이상, 건설 기간 7년(1991년 8월 착공, 1998년 7월 완공)으로 이를 위한 추진계획 및 운영계획이 수립되었다. 본격적인 기술조사는 고속철도 도입 타당성에 근거하여 경부 간 고속철도건설에 필요한 제반 기술조사를 시행하는 것으로 1989년 7월 15일부터 1991년 2월까지 진행되었다.

이 조사에는 한국교통개발연구원 및 미국 루이스버저 등 6개사가 참여하여 교통 수요 및 경제성 분석, 노선, 역위치 선정 및 대안 검토, 외국 고속철도의 성능 및 기술 수준, 차량 형식선정을 위한 입찰 제의서(안) 작성, 고속철도 운영계획과 투자계획 및 재원 조달 대책, 토목·전기·신호 등 각 분야별 기본설계가 주요 내용으로 제시되었다. 경부고속전철 기술조사 용역을 바탕으로 기본계획이 수립되어 1990년 6월 15일 경부고속전철 건설사업 기본계획 및 경유 노선이 확정 발표되었다.

〈표 5〉 경부고속철도 필요성 논의 경위

1973. 12. ~1974. 6.	○ 경부축에 새로운 철도시설 건의(세계은행 IBRD) • 조사단 : 프랑스 국철 조사단 + 일본 해외 철도 기술협력회
1978. 11. ~1981. 6.	○ 경부축에 새로운 철도시설 제안 • 용역 시행 : 한국과학기술연구원(교통부 주관) • 과제명 : '대량화물 수송체제 개선 및 교통투자 최적화 방안 연구'
1981. 6.	○ 서울~대전 간(160km) 고속전철건설계획(86.~89.) 반영 • 제5차 경제사회발전 5개년계획(82.~86.)
1983. 3. ~1984. 11.	○ 서울~부산 장기교통 투자 및 고속철도 타당성 조사 • 용역기관 : 미국 루이스버저사, 덴마크 캠프삭스, 국토개발연구원, 현대엔지니어링 • 용역 결과 : 1990년 초까지 경부축의 철도 및 고속도로 한계용량 도달 예상, 새로운 교통시설 확충은 장기적으로 철도 중심이 경제성이 높고 고속철도 건설이 유리

(2) 설계 기준 및 실시설계

경부고속철도는 1989년 5월 최종적인 건설 추진방침이 결정된 후 철도청 주관으로 기술조사가 시행되었으며 총사업비로 5조 8천462억 원, 설계 최고속도 시속 350km, 공사 기간 7년 등으로 계획되었다. 1991년 3월 항공 사진 측량을 시작으로 6월에는 전 구간을 14개 설계 공구로 나누어 실시설계를 발주하였다. 고속철도의 설계와 시공 경험이 없는 우리 기술에 대한 우려와 논란 속에도 기반시설 부분은 국내 기술진에 의해 시행하기로 방침을 정하였다. 이를 위하여 대한토목학회와 강구조학회 등 국내 전문가를 총동원하였다.

실시설계를 위한 건설규칙, 설계 기준, 시방서 등 작성은 대한토목학회를 중심으로 국내 대학교수와 유수한 출연 연구원 등 국내 전문가를 총동원하였지만 역부족이었다. 무엇보다도 그때까지는 국내 학계에서 철도에 대한 관심이 별로 없었을 뿐 아니라 철도기술 전문가를 배출할 역량도 갖추지 못하였기에 오히려 철도청의 실무진에게 배워 가면서 과제를 수행해야 하는 실정이었다. 당시 작성된 주요 기술기준은 다음과 같다.

- 최소곡선반경 등 선형 설계 기준
- 표준 열차 하중
- 교량 동특성 해석 기준
- 터널 압력파 관련 기준
- 기타 표준 단면 등 관련 기준

• 건설규칙

고속철도 선로의 기본 골격이 되는 궤간, 최소곡선반경, 최급구배, 건축한계, 궤도 중심 간격, 시공기준 면 등을 정하였다.

• 설계 기준

기존 철도의 설계 기준과 국제철도연맹(UIC)의 기준 및 프랑스, 독일, 일본 등의 고속철도 기준을 참고하여 작성하였다.

• 표준시방서 · 표준도 작성

대한토목학회와 강구조학회 등 국내 기술진이 중심이 되었으나 추후 교량 동특성은 미국 버클리대 펜젠(Joseph Penzien) 교수, 터널 안정성 검토는 영국 런던대학의 엘런 바디(Alan Vardy) 교수, 일본 철도 전문가 마에다(前田) 박사 등 외국의 전문가가 참여하여 보완하였다.

• 실시설계

실시설계를 시행하기 위한 고속철도 설계 기준, 건설규칙 및 표준시방서 등을 토대로 하여 서울~부산 전 구간을 14개 구간으로 나누어 실시설계를 시행하였다.

(3) 공사 시행

• 1992년 6월 30일 착공

1992년 6월 30일 시험선 구간을 제외하고는 실시설계가 진행 중인 상태에서 시험선 구간 착공이 강행되었다. 역사 위치 등도 논란이 있고 대전·대구역 등도 지상이냐 지하냐 하는 문제도 결정되지 않은 상태라서 논란이 있었으나 고속철도를 착공한 1992년은 노태우 정부의 말기로 그 해 12월 시행될 대통령 선거와 관련하여 고속철도건설을 차기 정부로 이양하자는 주장이 제기되던 시기였다.

어느 면에서 노태우 정부 마지막 해인 1992년을 넘어 새 정부로 바뀌면 고속철도 사업은 또 다른 논의를 거쳐 언제 어떻게 추진될 수 있을지 알 수 없는 상황이었다. 당시 야권에서는 고속철도건설을 강하게 반대하고 있었으며 새로운 정권을 담당할 가능성이 큰 여당의 김영삼 대통령 후보와 참모들도 고속철도건설에 부정적이거나 소극적이었다.

만약 고속철도건설 추진 여부를 원점부터 다시 논의하여 몇 년을 더 허비해야 한다면 이 사업의 추진동력은 급격히 소진되고 그간 추진해 왔던 여러 준비와 행정절차 등이 자칫 물거품이 될 수도 있다는 우려가 매우 큰 상황이었다. 이러한 상황에서 고속철도건설에 대한 새로운 논의와 문제 제기를 잠재우고 이 사업을 확실하게 추진하기 위해서는 무엇보다도 당초 계획대로 착공을 거행하는 것이 중요하다고 생각하였다.

결과적으로 고속철도 건설공사를 위한 사전 준비가 부족하였고 고속차량의 선정도 완료되지 않은 상황에서 1992년 6월 30일 시험선 구간이 착공되었다. 이후에는 설계 보완, 문화재 문제, 지역 민원 등으로 인한 계획 변경 때문에 공사 진척은 정체될 수밖에 없었다. 이로 인한 여론의 부정적인 시각은 당시 사업추진에 수많은 혼란을 가중시켰다.

• 시험선 건설

고속철도는 시속 300km 이상의 고속차량이 운행될 뿐 아니라 국내에서 최초로 건설되는 첨단기술이어서 전 노선에 걸쳐 충분한 성능 및 안전에 대한 시험을 거칠 필요가 있었기 때문에 시험선 건설을 추진하였다. 이 시험선 구간은 터널, 교량, 토공 등 시험에 필요한 지형이 고르게 분포되어 있고 서울에서 비교적 근거리에 있으면서 이 구간에 대도시가 없어 시험운행 과정에서 발생할 소음, 진동 등의 영향을 적게 받는 등 제반 여건상 이점이 많은 지역이다. 전체 구간 중 천안~대전 간 7개 공구 57.2km를 시험선 구간으로 정하고 이 중 4개 공구 39.6km를 우선 착공하였다.

3) 설계오류와 시공현장의 혼선

(1) 설계의 문제

우리나라에서 처음으로 건설되는 경부고속철도 건설사업은 공사 규모나 내용 측면에서 단군 이래 최대의 건설사업이었다. 그러나 당시 국내 건설환경이나 철도 기술진의 역량은 매우 미흡한 수준이었으며 사업추진을 위한 준비 기간도 부족한 상태였다. 더욱이 고속철도 차량과 관련한 주요 기술 특성 등에 대한 정보나 자료가 충분치 못한 상태에서 설계를 추진하게 되었다. 미흡한 기술 역량과 준비 부족 상태에서 추진된 설계는 추후 고속철도 차량 공여국의 자료와 외국 전문 기술진에 의한 수정과 보완을 거치면서 고속철도의 기술적 안정성과 신뢰성을 확보하는 과정이 필요하게 되었다.

경부고속철도 노반 시설의 공사 발주를 위한 실시설계는 기술조사 시 작성한 설계 기준(교통개발연구원) 및 표준시방서(대한토목학회)를 적용하여 1991년 6월부터 1998년 8월까지 서울~부산 간을 14개 공구로 나누어 진행하였다. 이중 천안~대전 간 57.2km를 시험선 구간으로 선정하여 1992년 공사가 착수될 수 있도록 제4, 5공구에 대한 실시설계를 우

〈표 6〉 차량 선정과 노반 설계 추진현황

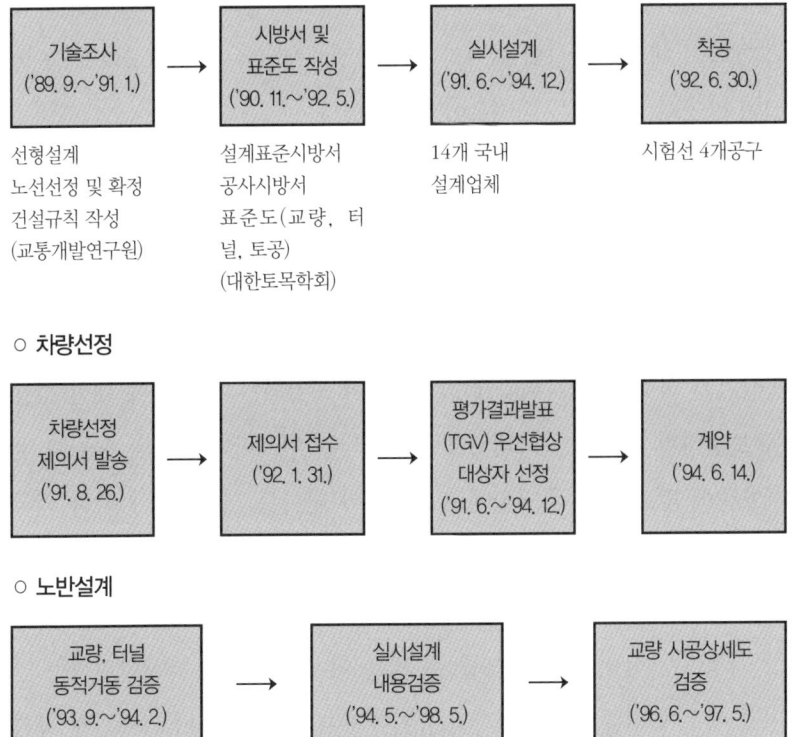

선 시행하였다. 전기 분야는 송·변전설비 6개 구역, 전차선로 2개 구역, 배전설비 3개 구역, 원격제어 설비 1개 구역으로 나누어 실시설계를 시행하였다.

실시설계는 국내 설계 용역업체가 분야별 전문 기술자를 책임자로 하여 주 과업을 수행하도록 하고 외국인 전문가 자문과 기술정보를 활용하며 차량 공급 국가의 전문 기술자를 참여시켜 신기술 채택을 기대하였다. 그러나 〈표 6〉의 차량 선정과 노반 설계 추진현황과 같이 실시설계 발주 시기인 1991년 중반에서야 고속차량 선정을 위한 제의서(RFP)가 일본, 프랑스, 독일에 발송되었으며 시험선 착공 시점인 1992년 6월을 넘어 1994년 6월에서야 프랑스 고속차량인 TGV 컨소시엄과 고속전철 공급 계약이 체결되어 사업 초기의 설계 과정에서 고속철도 차량의 기술 특성이 반영되는 데 많은 어려움이 발생하였다.

(2) 설계 보완과 시공현장의 혼선

이러한 상황에서 시험선 착공을 위한 준비는 서둘렀고 이 구간의 설계가 완료되어 공사가 시작되었다. 그러나 고속철도의 차량 등 핵심기술의 공급자가 착공 2년 후 뒤늦게 결정되면서 도입되는 차량 등에 대한 성능을 보장하기 위해서는 국내기술로 건설되는 인프라의 설계와 시공이 국제표준에 맞고 운영의 기술에 부합되어야 한다는 계약조건에 따라 외국 전문가의 검증이 필요하게 되었다.

1993년 8월 프랑스 TGV가 우선 협상 대상으로 선정되었지만, 최종협상 과정에서 불리한 영향을 줄 수 있는 어떠한 문제도 발생하여서는 안 되기 때문에 최종계약 체결까지는 기다려야 했다. 그러나 그때까지 공사

현장에서는 불확실한 공사도면에 의해 공사가 진행되고 있어 공식적인 최종계약 체결까지 기다릴 수 없었고 하루라도 빠르게 기존 설계를 검증하고 보완, 수정하는 것이 필요하였다.

이에 따라 프랑스 철도로부터는 고속철도 설계 기준만 받았다. 설계검증 작업에서 프랑스 철도 기술진은 배제하였고 국내 기술진이 주축이 되고 외국 전문가팀이 지원하였으며. 교량 구조물에 대해서는 미국 버클리대학의 조셉 펜젠(Joseph Penzein) 박사팀이, 터널에 대해서는 영국 런던대학의 엘런 바디(Alan Vardy) 박사팀과 일본철도의 마에다(前田) 박사팀이 참여하였다.

기존 설계에서는 고속차량의 동특성 현상 검토나 구체적인 제원이 없이 재래 철도에서 수행하는 설계기법인 표준열차 하중 속도에 대한 할증계수를 더해서 설계를 수행하였다. 프랑스 TGV 차량의 구체적인 제원 및 주요 성능자료로 경부고속철도 구조물의 고속주행 동특성을 검토한 결과, 터널의 경우 터널 내공 단면에 여유가 있어 열차 내 승객에게 영향을 주는 공기압 변동 및 미 기압파에는 큰 문제가 없었다.

그러나 교량의 경우 PC Beam과 라멘 형식의 교량은 상판 수직 가속도 및 상판 단부 꺾임 각 등이 허용 기준값을 초과하여 고속주행에 따른 안정성이 문제가 되었다. 또한 새로운 설계 기준인 장대레일 종방향 축력에 대하여 교각의 보완 설계가 필요하였다.

1994년 6월 프랑스 TGV가 경부고속철도 차량으로 공식 선정되어 코어 시스템(Core System)과 노반, 궤도, 건축 등과의 기술적인 연계성 확보를 위한 검증 작업이 본격적으로 시작되었다. 이때부터는 고속철도의 설계, 건설 및 TGV의 운영 경험이 풍부한 프랑스 철도의 시스트라사와 전면적인 협업이 시작되었다. 시스트라사의 프랑스 철도 기술진은 공사가 진행되고 있던 시험선 구간의 세부설계에 대해서 검증하였다.

1994년 9월부터 1995년 5월까지 비교적 짧은 기간에 약 26억 원 비용으로 수행한 이 검증 작업 결과 기존 설계의 문제점을 소극적으로 보완하기보다는 대대적인 수정 작업이 필요하다는 것을 알게 되었다. 따라서 시스트라사와는 1996년 5월부터 1998년 12월까지 약 206억 원 상당의 추가 계약을 체결하여 시험선 이외 나머지 구간의 실시설계 검증과 고속철도 설계, 공사, 유지관리 시방서 작성, PC Box 시공 상세도 작성, 강 합성교 개념설계, 건축, 궤도 등의 기술지원까지 포함된 용역 과업을 수행하도록 하였다

시스트라사의 설계 검증 작업은 대부분 프랑스 본사에서 수행되고 성과물은 국내 설계 업체의 기술진과 공사 현장에 배부되었다. 이 때문에 프랑스 시스트라사의 설계 성과물은 국내 철도 기술진이 이해하기 곤란한 부분들이 많이 발생하였는데, 그 사유는 당시 국제표준으로 적용되고 있던 유럽 철도의 설계 기준 등이 국내에는 익숙하지 않았고 무엇보다도 프랑스 고속철도의 경험에서 축적된 기술과 실무 관행 등에 대한 이해가 부족했기 때문이었다. 특히 당시 국내 철도의 콘크리트 구조물 설계는 소위 '허용응력 설계법'으로 콘크리트 구조물의 파괴 한계에 대한 안전율을 매우 보수적으로 적용하는 설계 기준을 적용하고 있었으나 유럽 표준의 설계는 콘크리트 구조물의 파괴 한계에 대해서 실제의 상태에 보다 과학적으로 접근하여 설계하는 '강도설계법'을 적용하고 있었다. 이러한 문제점들은 시스트라 기술진의 국내 상주를 늘리고 국내 기술진과 독일 철도의 DEC 등 외국 감리단 및 사업관리를 수행하고 있던 미국 백텔사 기

술진들의 합동회의 및 기술검토 등을 통해 하나하나 해결해 나갔다. 또한 시스트라사 작성 도면의 정확한 이해를 돕기 위해 현장에서 시스트라 기술자가 작성한 도면에 따라 직접 철근조립을 시행하기도 하였다.

설계검증 결과 공사 진행에 중요한 교량 설계 문제가 매우 곤혹스러웠다. 설계를 위한 기본적인 전제 조건과 기술사항이 달라지면서 거의 재설계에 가까운 수정 작업이 필요하였고 따라서 일부 구간의 공사도 일시 중지하게 되었다. 교량 형식에서 경간장 구성과 상부의 단면 형식이 시속 300km 고속열차 주행에 따른 교량의 동특성 해석과 장대레일 축력 등이 고려되지 않았기 때문에 전면적인 재설계를 하게 되었다(설계 보완 주요 내용 〈표 7〉).

설계 보완이 시작되면서 시공현장에서는 공사 구간 내 교량별 수정된 설계 도면이 제출되면 그에 따라 몇 개월씩 기다려 부분별로 찔끔찔끔 공사를 이어가야 했고, 설계 보완 전 공정이 빠르게 진행된 교량 구조물의 일부는 철거가 수반되는 결과를 초래하게 되었다.

〈표 7〉 프랑스 기술진의 설계검증 결과 보완한 주요 내용

구분	보완 내용	비고
선형	- 종곡선, 평면곡선, 완화곡선 - 건넘선 및 분기기 설치 위치 - 신축이음 설치 위치 - 정차장 내 선로 중심 간격	고속철도 기준에 적합한지 여부 검토
교량	- 표준 교량구조 검토 등 상세설계 검증 - 특수교량 구조 검토 등 상세설계 검증 - 시공 상세도 검증 - 장대레일 축력 - PC Box 설계 관련 사항 - 부속 설비(받침, 방수, 접지, 신축이음, 클립커플러, 전차선 기초, 공동구, 방음벽 기초)	상세설계 검토

구분	보완 내용	비고
토공	- 토공 강화 노반 - 토공 어프로치 블록 - 토공 구조물 형상, 배수 형식, 절·성토 경사도	기준 제공 및 상세설계 검토
터널	- 터널 라이닝 콘크리트 강도 : 240kg/cm² 　(당초 210kg/cm²) - 터널 보조 도상 콘크리트 균열방지 와이어 매쉬 사용	기준 제공
정거장	- 분기기 설치 기준 - 레일 신축 설치 기준 - 정거장 내 최급구배 - 정거장 형상과 배치, 승강장 길이, 분기기 위치	정거장 설계의 적합성 검토
시방서	- 교량(BPEL, BAEL) - 토공의 절·성토 - 터널 - PC Box 가설 공법(MSS, FSM) - 파일 기초, 확대 기초 - UIC, EURO, NORM	프랑스 TGV 노선 건설에 적용된 설계 공사시방서 제공
유지보수 지침서	- 교량 받침(탄성, 포트) - 리지드 커플러 - 클립 커플러 - 신축이음 - 방수	교량 부속 설비에 대한 유지보수 지침서 작성

(3) 설계 보완을 통하여 얻은 성과

　시스트라사에 의한 실시설계 검증에서 경부고속철도 교량의 대표적인 구조물 형식인 PC Box 교량에 대한 표준화 설계와 시공 상세도 재작성 용역이 수행되었다. 서울~부산 경부고속철도의 실시설계 총 용역비가 대략 900억 원 정도였는데 시스트라사의 용역비는 시험선 이외 구간의 실시설계 검토와 PC Box 상세도 작성 및 기타 등으로 총 206억 원이 필요하였다. 이미 설계 발주된 과업의 일부 성과물을 검증하는 데 206억 원을 추가로 지출하여야 한다는 것은 매우 곤혹스러운 상황이었다.

　그러나 시스트라사의 제안은 매우 의미 있는 내용을 포함하고 있었다.

유럽 철도의 설계 기준과 기술 경험을 바탕으로 제시한 설계 내용은 고속철도 교량 구조물의 세부설계 도면에서 많은 양의 철근을 감소시키면서 결과적으로 약 5% 정도 공사비 절감 효과를 얻을 수 있다는 것이다. 또한 이를 통하여 재료비 절감뿐 아니라 철근 가공 작업의 기계화(공장 조립) 등으로 획기적인 공정 단축도 가능하였다.

그 밖에도 시스트라사는 프랑스 철도 자회사로 그들의 공식적인 설계 결과물은 국내외적으로 품질과 성능에 대한 프랑스 철도의 보증으로 이해됨으로써 경부고속철도의 대외적인 신인도를 획득할 수 있는 방안이 될 수도 있었다. 무엇보다도 잠재 능력이 우수한 국내 기술진의 역량을 향상시켜 향후 고속철도 기술 자립과 해외 진출을 도모하는 계기로 삼고자 하였다.

이러한 과업 추진과정에서 국내 기술진은 프랑스 기술진이 제시하는 기술을 맹목적으로 도입하지 않고 외국 감리단, Bechtel사 기술진과의 합동회의와 기술검토를 통해 충분한 논의를 거쳐 수용하였고 이를 통하여 대부분의 기술을 이전받을 수 있었다. 따라서 그 이후 우리 기술로도 충분히 설계가 가능한 토공, 터널 등의 설계검증과 시스트라사의 과업 범위에 포함되지 않은 대부분의 상세설계 보완 작업은 국내 기술진에 의해 수행되었다.

4) 초기 혼선의 주요 요인

(1) 사전 준비 부족과 외국 기술도입에 소극적

경부고속철도는 당시 국내의 다른 대형 건설공사와 마찬가지로 사전

준비가 부족한 상황에서 시작되었다. 고속철도 핵심기술을 반영하기 위해서는 차량 선정 때까지 기다려야 하지만 착공 일정에 따라 설계와 시공이 추진된 것이다. 또한 국내 철도기술을 최대한 활용하고 우리기술의 자립을 위하여 외국기술 도입에 소극적이었던 측면도 있었다. 이에 대한 일부의 우려와 문제 제기에 대하여는 고속철도 차량이 선정된 후 그 기술을 반영하여 보완하여도 큰 문제가 없다고 생각한 것이다.

(2) 고속철도 기술에 대한 오해

당시의 설계는 그때까지 해온 일반철도의 설계 개념에 일부 외국 고속철도 기술자료를 참고하여 수행하였기 때문에 차량 선정 후 외국 기술진의 검토 결과에 따라 전면적인 수정 작업이 필요하게 되었다. 이로 인하여 그때까지 완료된 설계도서에 의거 시공이 진행되고 있던 현장은 커다란 혼란과 지장을 줄 수밖에 없었다. 설계의 수정 보완 작업에서 가장 큰 영향을 준 사항은 노선의 약 30% 정도를 점하고 있는 교량 구조물의 재설계였다.

시속 300km로 주행하는 고속차량을 지지하는 교량 구조물에서 가장 중요한 설계하중과 동적 해석에 대하여 국내 철도 기술진의 이해가 부족하였다. 특히 당시 국내 철도의 콘크리트 구조물 설계는 소위 '허용응력 설계법'으로 콘크리트 구조물의 파괴 한계에 대한 안전율을 매우 보수적으로 적용하는 설계 기준을 적용하고 있었으나 유럽 표준의 설계는 콘크리트 구조물의 파괴 한계에 대해서 실제의 상태에 보다 과학적으로 접근하여 설계하는 강도설계법을 적용하고 있었다.

그 결과 교량의 강성은 부족한 반면, 과대한 철근 사용으로 철근조립과 콘크리트 타설이 어렵게 되어 공기 지연과 콘크리트 품질 저하가 초래되었다. PC 빔으로 설계된 교량 상부는 PC Box형으로 변경하고, 정차장 구간의 라멘교는 부족한 단면을 키워서 재설계하여야 했고, 고속열차 제동력과 장대레일 축력 해석 결과 교량의 종 방향 저항력 부족으로 교각에 대하여도 재설계가 필요하게 되었다.

당시의 시공 상황은 착공 후 2년 정도의 기간이 경과한 시점이었기 때문에 대부분의 교량 상부 시공은 아직 착수 전이었으나, 하부구조인 교각은 어느 정도 진행되었고 일부 교량의 교각은 완성된 상태였다. 따라서 설계 도면의 수정 작업이 중점이었던 교량 상부와는 달리 교각 등 하부 구조물은 철거 보강 등 이미 시공된 구조물의 변경이 불가피하였다. 그러나 부실시공이 아닌 구조물을 발주처의 설계오류 사유로 이미 시공된 구조물을 철거 등 보강한다는 것은 현실적으로 많은 문제점을 안고 있기 때문에 교각과 교대에 수평력 분산 장치를 설치하는 등 차선의 방안도 채택하였다.

- **공사비 및 공기 산정의 오류**

고속철도 사업이 본격적으로 진행되면서 1990년 6월 확정 발표된 경부고속철도 건설사업 계획은 사업비, 건설 기간, 재원 조달 등의 분야에 걸쳐 전반적인 수정이 불가피하였다. 이때의 건설 투자비는 1989년부터 1990년 초에 걸쳐 5조 8,462억으로 산출되었는데, 당시에는 고속철도건설에 관한 자료가 없어 기존 철도 건설비에 일정 비율을 할증하여 산출했기 때문이었다. 즉 노반공사는 그 시점에서 최근에 건설했던 전라선, 안산선 건설단가의 140%~150%를 적용했고, 궤도공사는 일반철도의 장대레일 공사비를 적용했으며, 신호·통신 설비는 신칸센, TGV, ICE의 평균단가를 적용하였다.

 1989년 불변가격으로 산출됐던 공사비는 그 후 실시설계가 완료되고 1992년 6월 시험선 구간이 착공되면서 실제적인 건설비를 반영하여 1993년 가격으로 추정 재산정한 결과 총사업비는 기본계획 사업비의 두 배가 넘는 약 12조 1,743억 원으로 산정되었다. 이 중에서 추정오차 보정 및 물가 상승분 반영이 전체 사업비 증가분의 81.8%였고 초기 건설계획에서 고려되지 않았던 오송역, 경주지역, 양산지구 우회 노선 등 물량 증가에 의한 사업비 증가는 18.2%를 차지하였다. 이에 따라 사업비 절감을 위해 대전·대구역의 지상화, 교량 상판을 PC Box에서 PC Beam으로 변경, 안양~서울역~수색 간 지하 신선 건설이 기존 철도 노선 활용으로 계획을 변경하는 등 사업 내용도 일부 수정하였다. 그 결과 총사업비는 12조 1,743억 원에서 10조 7,400억 원으로 절감될 수 있었다.

 건설 기간도 1991년 8월 착공 7년 후 1998년 완공이었지만 착공일 자체가 1992년 6월로 지연되었고 착공 후 2년간 투자도 천안~대전 간 시험선 구간에 집중되어서 전 구간을 1998년에 준공시킨다는 것은 절대 공기에도 부족한 기간으로 물리적으로 불가능한 공정이었다. 절대 공기를 7년으로 산정하면 시험선 추진 이외의 구간에서 1994년부터 본격적인 공사를 시행한다고 보아 최종 완공연도를 2002년까지 연장하게 되었다. 절대 공기 7년의 산정 근거는 노반공사 4~5년, 궤도부설 1년, 전력·신호·통신설비 등의 공사 1년이 소요되는 것으로 보았기 때문이었다.

(3) 주요 계획의 변경
- 대전·대구역 통과 방식 변경

교통개발 연구원의 타당성 조사 보고서에 기초하여 1990년 6월 경부 고속철도의 기본 노선 계획 시 대전·대구의 도시 통과구간과 정거장은 지하에 설치하는 방안이 제시되었다. 그러나 1993년 6월 14일 1차 사업 계획 수정안에서 공사비 절감 등을 사유로 지하 건설계획은 지상 건설로 방침이 변경되었다. 그 후 대전·대구역 통과구간에 대한 해당 지자체와 의회를 비롯한 지역주민들의 강력한 요구에 따라 1995년 4월 25일 기본 계획이 지하 건설로 재차 수정되었다.

당초에 지하 노선으로 계획한 사유는 기존선 병행 시 극심한 굴곡으로 열차 고속주행이 저해되고 도시 구간의 도로 입체교차의 어려움과 도시경관 저해 및 소음, 진동 등 환경 문제 유발, 주거 밀집 지역에 과대한 지장물 편입 등을 감안한 것이었다. 지상 노선으로의 변경 사유는 공사비 절감으로 총 4,335억의 절감이 가능한 것으로 보았다.

또한 지상화의 경우 시공의 용이, 공사 기간 단축, 기존 철도와의 연계성과 환승 용이, 방재, 환경 유지, 시설비 및 운영·유지 보수비 저렴 그리고 사고 발생 시 복구가 용이하다는 장점을 감안한 것이었다. 대전·대구 도심 통과구간의 계획 변경이 지하에서 지상으로 다시 지하로 변경됨으로써 공기의 지연 및 투자비 상승 등의 문제 외에도 계획 변경에 대한 신뢰도 때문에 경부고속철도 건설공사는 2중, 3중의 시련에 봉착하였다.

- **경주 경유 노선변경**

경주 통과노선은 1992년 6월 경주 도심을 지나가는 형산강 노선으로 도심에서 5km 떨어진 북녘들에 경주 역사를 건설하는 계획이었다. 그러나 고속철도가 지나가면 유물·유적에 대한 직간접적인 피해를 줄 뿐 아니라 경주의 성산인 남산의 경관을 해친다는 목소리가 4년간 문화계와 종교계, 학계를 중심으로 끊이지 않았다.

건교부와 공단은 경주 역사를 북녘들에서 도심 남쪽 10km로 이전하는 안과 도심 통과 지하화 구간을 3.5km에서 8.4km로 연장하는 안 그리고 역세권도 개발하지 않겠다는 안 등을 제안하였다. 그러나 이 제안은 경주 통과노선을 당초 계획대로 유지하되 가능한 범위에서 문화재 보호와 경주시 경관 보존을 위한 추진 방안을 제시한 것으로 문체부와 종교계, 학계 등의 노선변경 주장을 잠재우지는 못하였다.

결국은 1997년 1월 경주 노선은 변경되었다. 이 노선은 경주 문화재 및 남산 경관 보호가 가능한 화천리 노선이었다. 그러나 새로운 노선 결정에 따라 대구~부산 간의 공기 지연은 불가피하였다.

• 상리터널 구간 노선변경

경부고속철도 건설공사 제2공구 상리터널 구간의 기술조사 및 최종 보고서에는 도면(1:5000)에 삼보광산이 표기되어 있었으나 삼보광산에 대한 구체적인 언급이 없었다. 기본노선 축만 설정하는 기술조사에서는 삼보광산 폐광 현황조사를 실시할 수 없었던 것이 현실이었다. 그 후 결국 실시설계 과정에서 현지답사, 조사 및 검토를 통해 폐광으로 밝혀져 노선변경에 대한 검토작업이 시행되었고 최초 기술조사 노선으로 통과하는 경우 폐갱도와 인접하여 터널 안전성 문제가 제기되었다. 결국, 기본노선을 좌측으로 약 30m 이동하여 최소 이격거리를 확보한 후 공사를 진행하는 방안으로 결정되었다.

이 구간은 1995년 5월 8일 (주)신한, 한보건설(주), 한국중공업 등 3개 업체의 공동 도급으로 공사가 착공되었다. 그러나 당시 국정감사에서 휴·폐광 문제가 제기되어 시행한 전국 휴·폐광 실태조사에서 상리터널 구간의 상하부와 측면에 총 길이 25km, 용적 50만 m³에 이르는 거미줄 같은 공동이 있으며, 이 공동은 1956년부터 근 40여 년간 아연 채굴로 발생한 삼보광산의 휴 광산 폐갱도로 보고되었다. 이러한 문제점에 대하여 이 구간 터널 안정성에 대한 대책으로 독일의 키르츠케(Kirschke) 교수팀에 의해 폐광 도면과 암석의 시각적 관찰을 통한 일부 구간 보강 대책이 제시되었으나 보강 방안과 보강 후의 안전성에 대한 논란은 계속되었다.

이러한 계속된 논란을 잠재우기 위하여 한국고속철도건설공단은 1996년 10월 19일 이 구간 노선을 변경하기로 결정하고 상리터널 통과구간 신노선 선정을 위한 용역을 시행하여 1997년 3월 14일 상리터널 구간 우회 변경 노선을 확정하였다. 이 시점에서 상리터널 공사는 전체 연장 2.1Km 가운데 폐갱도에 지장이 없는 부산 방향 298m가 이미 굴착 완료된 상태였으므로 노선변경으로 인한 매몰 비용과 2년 이상의 공사 기간을 허비하는 등의 문제가 발생하였다.

(4) 공사관리(감리체제) 및 공사 품질 문제
- 공사관리(감리체제)

우리나라 감리제도는 1962년 건축 분야에 도입되었으나, 대부분의 공공 건설공사에는 공무원이 직접 감독 업무를 수행하는 직 감독체계로 운영되고 있었다. 그 후 건설산업의 활성화로 건설공사 규모가 증대하여 감독 공무원의 기술 능력과 인력 부족 등으로 인한 부실공사를 방지하기 위하여 1990년 1월부터 민간 감리전문 회사를 신설 육성하여 감리업무를 수행하기 위한 시공 감리제도를 도입하였다.

그러나 공공 건설사업에 감리제도가 그 이후 즉시 적용된 것은 아니었다. 1992년 7월 신행주대교 붕괴 등 건설공사의 부실이 사회문제로 대두되면서 1994년 1월부터 50억 원 이상 공공 건설공사에 대해 감리원에게 실질적인 권한을 부여하는 전면 책임감리 제도를 도입하였다. 따라서 1992년 6월 착공된 경부고속철도 건설공사는 우리나라의 감리제도가 도입되기 전이었다.

그러나 1993년 6월 시험선 구간 궁현터널에서 터널 라이닝 속에 이물질 등을 넣어 시공하는 등 부실공사 사례가 〈MBC〉 TV에 방영되어 큰 물의를 일으키게 되었다. 이에 따라 당해 연도인 1993년 9월에 국내 공공 건설사업에서는 최초로 고속철도 공사에 전면 책임감리가 도입되었다. 발주 초기의 감리제도는 정상적인 업무로 자리 잡기까지 혼란과 시행착오가 많았으며 무엇보다도 감리사의 감리원 자질 문제, 시공사의 품질의식 결여와 소홀한 시공의 관행 등의 여러 어려움을 극복해야만 했다.

- 공사 품질 문제

경부고속철도 건설공사가 어느 정도 자리를 잡아가는 시기인 1996년 8월부터 1998년 1월까지 1, 2차에 걸쳐 미국 안전진단 전문업체 WJE에 의하여 안전점검을 시행하였다. 당시 삼풍백화점과 성수대교 붕괴 등으로 국내 건설공사에 대한 국민의 불신감이 팽배한 상황에서 국내 최대 건설사업인 경부고속철도 건설에 대한 국민의 관심은 지대할 수밖에 없었다. 특히 계속적인 설계변경과 이에 따른 구조 보강 및 재시공 등은 고속철도 구조물의 안전에 대한 의구심을 갖게 하였으므로 이에 대한 불신감을 해소하고 국민의 신뢰를 확보하는 것이 필요한 시점이었다. 전체 공정률은 8.3% 정도였으나 천안~대전 간 시험선 구간의 공정률은 60%에 달해 있는 상태였다.

　점검대상 구조물은 1992년 6월 착공 이후부터 1996년 4월까지 시공한 서울~천안 간 1개 공구(2-1공구)와 천안~대전 간 시험선 전 구간으로 총연장 61km에 걸친 1,012개소의 구조물이었다. 점검결과, 적잖은 우려와 예상과는 달리 고속열차의 안전 운행에 문제가 될 수 있는 구조 안전성 등 중대한 결함은 발견되지 않았고 콘크리트 강도 시험 결과도 이상이 없는 것으로 조사되었다. 물론 일부 부재에서는 부분 재시공 필요성 등의 지적사항이 있었다.

　그러나 지적사항 대부분은 구조물의 표면 마무리 미흡, 미세 균열, 시공 이음부 상태 부적절 등이었으며, 이는 시공 중 주의 부족 등 당시 국내 건설업체의 공사 관행상 흔히 발생할 수 있는 일이었다. 문제는 국제적인 건설 품질기준과 외국 기술진의 관점에서 보면 이들 모두가 부실시공으로 볼 수 있었고 당시의 언론도 이를 부각하여 전체 조사대상의 70%가 결함이 있는 것으로 보도한 것이었다.

　이와 같은 결과가 도출된 데에는 설계도서나 시방서가 완전히 준비되지 않은 상태에서 착공하였고 공사 진행 중 교량 설계의 골격이 변경되는 등 혼선과 고속철도 기술이 부족한 국내 업체의 시공, 감리 등이 주요 원인이었다. 또한 공사 착공 후 여러 요인으로 수차례의 공사 중단을 반복함으로 공기 준수가 시공의 중요한 요인이 되었고 품질관리를 소홀히 하는 등 그간의 국내 건설공사의 시공 관행이 원인의 하나였다.

　이에 대하여 점검결과 제시된 각종 결함 사항과 문제점은 면밀히 검토되고 정리하여 반복적으로 동일한 결함이 발생하지 않도록 개선하였다. 또한 공사의 안전성 확보를 위한 품질관리와 현장 점검 업무가 더욱 강화되었고 공사 기술지원 및 감리강화 차원의 높은 안전성을 확보하는 계기가 되었다.

　WJE 안전점검결과는 당시의 관행으로는 문제가 제기되지 않았던 건설공사의 품질에 대하여 용납하지 않는 획기적인 개선의 계기가 되었으며 이를 통하여 고속철도 구조물의 우수한 품질을 확보할 수 있었고 철저한 시공의 교훈이 되었다. 다시 말하면 미국 안전점검 전문회사인 WJE의 안전점검 시행은 그간 국내 건설업계의 공사 품질관리 관행을 개선하고 시공 수준을 높였으며 공사 감리 감독체계를 선진국형으로 개선하는 전화위복의 계기가 되었다. 또한 이로부터 경부고속철도 건설공사가 본격적인 궤도에 오르는 발판이 마련될 수 있었다.

5) 성과와 교훈 및 시사점

(1) 시행착오를 통하여 얻은 성과

　1단계 경부고속철도 사업은 이러한 혼선과 어려움 속에서도 이를 극복하고 마침내 마무리되었다. 그동안 이 사업의 모든 과정을 통하여 얻은 성과는 고속철도건설에 대한 자신감, 기술인력 양성 및 독자적인 기술 자립을 들 수 있다. 고속열차의 시속 300km 운행을 위한 선로의 선형요건과 구조물의 동특성에 대하여 이를 해석하고 대응하는 고속철도 설계 기술을 축적하게 되었으며 시공의 효율성과 정밀성, 고품질 실현을 위한 공법개량, 기계화, 자동화 등을 현장에 도입 실용화하였다. 특히 인력에만 의존해왔던 종래의 궤도공사를 대형장비에 의한 전면적인 기계화 시공으로 정밀한 품질확보와 공기 단축을 가능하게 하였으며 주요 자재의 국산화를 위한 새로운 국내 생산설비 설치와 국제적인 규격에 맞는 엄격한 품질관리 등으로 프랑스 TGV 측의 고속열차 운행조건을 성공적으로 만족시킬 수 있었다.

그간의 국내 철도사업은 철도 노선 확충을 목적으로 시행한 단일 건설공사의 경험이 대부분이었으나, 경부고속철도 건설은 대규모 건설공사와 차량, 전력, 신호, 통신 등과 같은 시스템의 제작, 구매, 설치 이외에도 차관도입, 채권발행 등 재원 조달 업무가 혼합된 종합적인 사업관리의 사업이었다. 공단은 미국 Bechtel사와 공동 수행한 사업관리를 통하여 선진 사업관리 기법을 전수받아 종합사업 관리 시스템을 개발, 운용하기에 이르렀으며 2001년 12월부터 독자적인 사업관리 업무를 수행하였다.

이로부터 그동안 축적된 기술과 경험을 바탕으로 독자적인 사업관리 체계를 구축하고 전문인력 양성과 대형 철도사업에 관한 사업관리 역량을 확보하게 되었고 이에 따라 중국 고속철도건설 사업 등 해외 철도사업 진출을 위한 국제경쟁력을 갖추게 되었다. 무엇보다도 공단의 종합사업관리 시스템을 바탕으로 고속철도 사업에 대한 자신감과 대형 철도사업을 효율적으로 추진할 수 있게 되었다.

경부고속철도 초기 단계의 국내건설 현장의 실정을 뒤돌아보면 건설공사의 품질관리에 대한 구체적이고 실효성 있는 규정이나 제도가 미비했을 뿐 아니라 건설공사의 감리제도 또한 정착되지 못했고 공사 참여자들의 품질관리 의식 수준도 매우 미흡한 실정이었다. 고속철도 건설공사를 통한 품질 개선의 성과는 계량화되는 사항과 비계량화 사항으로 나누어 볼 수 있다.

계량화될 수 있는 사항으로는 공사 감리 및 사업관리 절차의 문서화 등

제도개선이었다. 이는 건설공사 품질관리에 대한 기본적인 골격으로부터 시공과정의 단계마다 세부적인 절차를 규정화한 것이다. 이러한 규정과 절차서는 유럽 철도 등 모든 선진국에서 적용되고 있는 국제규정에 맞게 정하여 제정되었다.

비계량화 사항으로는 공사 참여자에 대한 품질 의식을 고취하기 위하여 주기적인 교육을 시행하고 품질 문제의 사례를 분석하여 개선 방안을 도출하여 모든 공구에 전파하는 등 재발 방지에 역점을 둔 노력이었다. 공사 과정에서의 철저한 품질관리와 이를 위한 치밀한 검사, 이들을 확실하게 수행하게 하는 조직 그리고 품질의 결과물을 실현할 수 있게 하는 설비의 확보 등이 경부고속철도 공사의 우수한 품질 달성의 요체였다고 할 수 있다.

이를 통하여 건설공사의 품질관리에 대한 의식이 개선되었으며 품질확보에 대한 자신감을 갖게 된 것이 큰 성과이다. 무엇보다도 고속철도 건설공사에 참여한 모든 건설사가 이러한 시공과정으로부터 품질확보에 대한 지식과 기술을 축적하게 되었고 부실시공에 대한 강력한 조치 등 쓰라린 경험에서 귀중한 교훈을 얻게 되었다. 결과적으로 고속철도의 건설공사는 국내 다른 건설 현장의 품질 수준과 관행도 바뀌게 하는 계기가 되었다.

경부고속철도 건설사업에서 축적한 기술과 경험은 단순히 기술자료 등을 통하여 습득한 것이 아니고 사업추진 과정에서 겪은 수많은 시행착오와 혼선을 극복하고 해결하면서 얻은 귀중한 자산이다. 이에 더하여 한국형 고속차량을 개발하여 선진국 수준의 기술 자립을 달성할 수 있게 되었다. 따라서 고속철도 사업의 해외 진출을 위한 기반이 세워졌고, 특히 대만 고속철도 건설사업은 노반 시공에 외국의 건설사가 공사에 참여할 수 있는 국제입찰로 진행되었는데 국내 건설사 중 경부고속철도 공사에 참여한 건설사들이 고속철도 시공실적을 인정받아 3개의 공구를 수주하는 성과를 얻었다.

또한 중국 고속철도 사업 참여를 위해 1999년부터 중국 철도 관계자들을 초청하여 고속철도 현장 방문 기회를 제공하는 한편, 중국의 고속철도 관련 행사에 적극적으로 참여하는 등 한·중 협력을 증진하였다. 중국은 꾸준히 공단의 사업관리 분야에 많은 관심을 표명해 왔으며 이후에 한국철도시설공단과 국내 설계사가 공동으로 중국 고속철도 사업의 감리에 참여하여 수백억의 수주 성과를 얻을 수 있었다.

(2) 향후 사업을 위한 교훈

1단계 고속철도 건설 초기 과정에서 국내 건설업계의 고질적인 공사품질 관행에 의한 부실공사의 우려와 국내 철도 기술진에 대한 불신의 분위기를 부정할 수 없다. 이러한 우려와 불신을 해소하기 위하여 고속철도 공사는 안전하고 튼튼한 구조물을 시공하는 것이 가장 중요한 목표가 되었다. 공사 준공 후 고속열차의 시속 300km 속도 운행 결과 구조물의 동적 거동은 매우 안정적이었으며 전체적인 품질 수준도 승객의 승차감이 유럽 고속철도보다 우수하다는 평가를 받았다. 그러나 경제성과 효율성의 측면에 소홀하였다는 점이 아쉽게 볼 수 있는 측면이다.

향후 사업에서는 1단계 공사 과정에서 적용한 너무 보수적인 기술을 그대로 답습해서는 안 되며 지나치게 안전율을 크게 하여 과대한 설계를 하지 말고 더 효율적이고 경제적인 구조물을 자신있게 건설하여야 한다. 또한 앞으로 계속되는 고속철도 상업 운행 결과를 예의 주시하면서 운영 과정에서 예상되는 다양한 보완사항을 설계에 반영해야 한다. 더 나아가 방재에 대한 강화된 사회적 요구사항을 반영하여 방재 시설의 확충과 강화되는 환경 기준의 적용 등을 적극 수용해야 할 것이다.

(3) 사업 추진상의 시사점

경부고속철도 건설은 사업추진 정책과 방향에서 매우 중요한 시사점이 있다. 이 사업은 한계에 달한 경부축의 교통 수요를 해결하기 위하여 추진하였으며 이에 대하여 큰 성과를 달성하였다. 그러나 사업추진 정책과 방향은 고속철도를 하루빨리 완료하는 것만 목표로 하지 않고 우리의 기술을 자립시키고 철도 전문가를 양성하며 국내 철도산업이 국제적인 역량을 갖추도록 하는 것이었다.

고속철도 건설사업에서 먼저 시험선을 건설하고 이 구간에서 시운전을 통한 경험 축적과 기술 습득이 한국형 고속열차 개발의 밑거름이 되었으며 많은 철도 전문가를 양성하는 데도 큰 기여를 하였다. 시험선 건설과 운영은 고속철도 원천기술을 갖고 있는 유럽, 일본 등 고속철도 차량 개발국 이외에는 그 사례가 많지 않다. 경부고속철도 건설사업은 한국철도의 기술력을 일거에 선진국 수준으로 향상시켰으며 관련 산업의 역량과 경쟁력도 국제적인 수준으로 높이는 발판을 마련하게 된 사업이었다. 나아가 우리의 철도가 국제시장에서 새로운 강자로 부상하는 계기가 되었고 우리나라의 위상도 높아지게 한 성공적인 스토리가 된 것이다.

외국 철도에서 우리나라의 경부고속철도 사업을 보는 시각은 건설 초기 단계에서는 부정적으로 인식하는 편이 많았으나, 1단계 개통 이후에는 수많은 어려움과 시련을 극복하고 마침내 성공적인 상업 운행의 성과를 달성했다는 점에서 높은 평가를 하고 있다. 무엇보다도 고속철도의 기술을 단순히 도입한 것이 아니라 이를 이해하고 적용함으로써 독자적인 기술로 자립하였고 이제는 철도 강국으로 부상하였다는 점이다.

21세기 국제 철도시장에서 한국철도는 최근의 기술을 적용한 고속철도 건설 경험이 있고 실질적인 핵심기술을 축적하였기 때문에 상당한 경쟁력을 갖추었다고 평가받고 있다. 우리가 겪은 시행착오는 오히려 이를 매우 중요한 자산으로 생각하는 많은 신흥국 철도에서 경부고속철도를 가장 성공적인 고속철도건설 사례로 벤치마킹하게 되었다.

6) WJE 안전점검의 논란들

'꿈의 고속철도건설! 첫 삽을 뜨다'

1992년 6월 30일 오전 10시 30분 충남 아산시 배방읍 장재리 현장에서는 당시 노태우 대통령을 비롯한 정관계 내외귀빈이 참석한 가운데 경부고속철도 건설 기공식이 거행되었다. 인천 신공항 건설과 더불어 단군 이래 최대의 국책사업으로 일컫는 경부고속철도 건설공사의 역사적인 착공을 알리는 첫 삽을 뜨게 된 것이다.

그동안 많은 사회적 찬반논란으로 반신반의하던 경부고속철도 건설사업이 '21세기 꿈의 고속철도 시대를 연다.'라는 국민적 여망을 안고 힘찬 출발을 알리게 된 것이다.

그러나 우여곡절 끝에 착공된 고속철도 사업이 시종일관 순탄하게 진행된 것은 아니었다.

공사 착공 후 4년이 지나 시험선 공사가 한창 진행되고 있는 시기에 부실공사에 대한 논란이 일기 시작한 것이다. 성수대교, 삼풍백화점의 붕괴사고와 연관하여 고속철도에 대한 안전성에 대해서 강한 의구심을 제기하였고, 급기야는 경부고속철도의 타당성까지 문제 삼는 등 부정적인 보도가 연일 언론지상을 도배하다시피 했다. 그야말로 경부고속철도 건설사업이 애물단지로 전락하는 위기가 닥쳐온 것이다.

한국고속철도건설공단은 부실공사 논란을 해소하여 국민적 신뢰를 회복하는 것이 급선무라는 판단 하에 1992년 6월 착공하여 1996년 4월까지 시공된 구조물에 대하여 전반적인 안전점검을 시행키로 하였다. 당시 수행된 안전점검결과를 토대로 부실공사논란의 실체적 진실과 문제점 및 그 극복과정을 돌아보고자 한다.

건설 초기에 있었던 논란들

경부고속철도 건설사업은 사업 초기부터 상당한 문제점들이 대두되어 그렇지 않아도 건설에 반대하는 입장을 가진 측들로부터 날카로운 지적의 대상이 되고 있었다.

1992년 6월 10일 고속철도건설 추진위원회에서는 경부고속철도의 기본노선을 확정하여 발표하였으나, 세부노선의 결정은 교통·환경영향평가 등을 감안하여 추후 시행하는 것으로 미뤄져 있었다. 노반 실시설계가 진행 중인 상태에서 역사 위치나 대전·대구역의 지상·지하화 문제 등이 확정되지 않은 채 시험선 구간의 노반공사가 착공되었으니, 이는 사실 정치 논리에서 비롯된 것으로 곧 다가올 공사 중의 혼란이 예견된 일이었다.

이 무렵은 1992년 12월 18일 대통령 선거를 앞두고 각 후보자 간의 정치적 경쟁 속에서 고속철도건설의 백지화 주장이 공약으로 제시되기도 하였고, 정권교체기와 맞물려 다음 정권으로 미루자는 주장도 빈번히 제기되고 있는 시기였다. 그러나 당초 시험선 착공을 1992년 6월에 하겠다는 정부방침에 따라 천안~대전 간 시험선 구간 7개 공구 중 공구별 시공업체가 선정된 4개 공구를 우선 착공키로 한 것이다.

그러나 지금 와서 돌이켜 보면 한편으로는 다행한 정책 결정이었다는 생각도 하게 된다. 그 당시에 착수하지 못하고 미루었더라면 새로운 정권에서 재논의하여 시행 여부를 결정하느라 상당한 시간이 소요되었거나 사업 자체가 표류할 수도 있었을 것이니 말이다.

이렇게 착공된 공사 현장에서는 설계도서가 미비한 관계로 시공업체들이 완벽한 설계도가 없이 표준도로 대체하여 시공하거나 시공과정에서 설계변경을 해가며 공사를 하는 일이 자주 일어났다. 교량 구조물에 대한 빈번한 설계변경과 재시공, 시공된 구조물에 대한 구조 보강 등 여러 가지 잡음이 발생하게 되었고 점차 부실공사 논란이 일기 시작한 것이다.

당시의 사회적 분위기와 언론의 질타

사실, 부실시공 문제가 처음 언론에 터진 것은 착공 1년 후인 1993년 6월로 충북 청원에 있는 궁현터널이었다. 현장에서 터널 굴착 시 생긴 여굴부를 콘크리트가 아닌 나뭇가지로 메웠는데 바로 그 부분을 시공한 작업자가 나중에 작업반장과 트러블이 생기자 언론에 제보한 것이었다. 궁현터널 공사의 시공사는 한국중공업이었는데, 터널 공사의 하도급은 '경동'이란 회사가 굴착을 담당하였고, 굴착 후 공극을 메우는 숏크리트 작업은 다른 회사가 시공하였는데 굴착속도가 워낙 빠르다 보니 숏크리트 업체가 대충대충 하고 넘어가 생긴 일이었다.

이 일이 있은 후 현장에서는 일반 건설 현장에서 흔히 있을 수 있는 콘크리트 표면의 흠결 같은 작은 결함이 커다란 '부실'로 확대 포장되고, 경부고속철도 건설공사 자체가 원점에서 부정당하는 상황에 이르게 되었다. 공단이나 시공현장에 종사하는 관련 기술자들은 나름대로 사명감을 가지고 완벽한 시공을 위해 최선의 노력을 하고 있었으나 점점 거세지는 비판의 여론과 따가운 질책의 시선을 피할 수가 없게 되었다. 특히 당시는 1994년 10월에 발생한 성수대교 붕괴사고, 1995년 4월의 대구 지하철공사장 가스 폭발사고, 1995년 6월 삼풍백화점 붕괴 등 사상 유례없는 인명과 재산피해를 가져온 대형 참사가 연이어 발생한 시기여서 고속철도건설현장에 대한 국민적 시선이 집중될 수밖에 없는 상황이었다.

결국 고속철도 공사 현장에서 발생된 잡음들은 '총체적 부실'이란 언론의 질타와 비판적 보도로 확대되기 시작했고 고속철도건설을 바라보는 모든 이들에게 부정적인 영향을 가져올 수밖에 없는 상황이 되고 말았다. 그 당시 고속철도건설공단에 근무하던 직원들은 외부 출장 시 가슴에 단 회사 배지를 떼고 다녀야 할 정도로 매서운 여론을 의식했어야 했다.

한편 1996년 3월에 새로 부임한 공단 이사장은 이와 같은 부실공사의 논란을 의식해서 그런지 부임 초부터 공사품질관리에 강한 집착을 가지고 직접 현장을 독려하고 고속철도 공사의 품질 문제를 부각시키기 시작했다.

일례로 현장의 콘크리트용 모래, 자갈 적치장을 불시에 방문하여 직접 채취한 골재를 시험소에 보내 품질시험을 한 일이 있었는데, 그 결과 미흡한 사항이 발견되어 관계자에 대하여 혹독한 질책과 함께 인사 조치까지 단행한 적도 있었다. 신임 이사장이 법대를 졸업한 고위 사무직 관료 출신으로만 인식했던 현장 실무자들이 현장에서 쩔쩔매는 일이 다반사였다. 사실 이사장은 공고 토목과 출신으로 건설부 재직 시절 품질시험소 근무 경력도 있어 공사재료에 관한한 전문가 수준의 지식을 가지고 있었던 것이다.

당시 이사장은 공사품질은 물론 안전문제에 대해서도 각별한 관심을 가지고 있었다. 공정이 30%나 진척된 경기도 화성의 상리터널 노선 중에 폐광이 발견되어 관계전문가들이 검토한바, 폐광을 보완하면 안전에 문제가 없다는 의견이 있었음에도 이를 받아들이지 않고 노선을 통째로 변경한 일, 경간 25m인 교량 하나를 규정 강도 미달이라고 상판을 모두 걷어내고 재시공하기도 한 일은 공사안전과 품질을 최우선으로 강조하여 내린 처사로 지금도 유명한 일화로 등장하곤 한다.

이렇듯 신임 이사장의 강력한 품질관리에 대한 드라이브와 함께 신문, TV 등 주요 언론에서 보도되는 뉴스들은 고속철도가 '고철덩어리'란 말이 나올 정도로 국민들에 대한 신뢰도가 땅에 떨어져 온 나라가 고속철도 부실공사 문제로 심한 몸살을 앓게 되었다.

시설물에 대한 전면적 안전점검 시행

고속철도건설공단에서는 이처럼 빗발치는 비난과 비판에 대하여 우선 시급한 일은 공정을 위주로 한 공사의 연속적인 진행보다는 부실공사에 대한 불신해소와 고속철도건설공사에 대한 국민적 신뢰 확보가 무엇보다 중요하다는 인식을 하게 되었다.

그리고 이를 위해서는 부실공사에 대한 비난과 상황을 진솔하게 수용하고 현상을 정확히 파악한 후 대책을 내놓아야 하며, 신뢰성 있는 전문기관의 점검을 통한 실체적 확인과 적정한 조치가 필요하다는 결론에 이르게 되었다. 결국 1992년 6월 공사 착공 이후부터 1996년 4월 26일까지 시공된 경부고속철도의 모든 구조물에 대하여 대대적인 안전점검을 실시하는 방침을 결정하게 되었다.

이 무렵 고속철도 전체 공정률은 8.3%였으나 천안~대전 시험선 구간의 공정률은 약 60%에 달하고 있었다.[2] 공단에서는 객관성과 신뢰성 확보를 위하여 외국의 고속철도설계 및 감리, 사업관리를 수행할 수 있는 업체에 의뢰하여 조사와 평가를 받도록 했다. 당시 경부고속철도 건설에 참여하고 있던 미국의 Bechtel사, 프랑스의 SYSTRA(구 SOFREAAIL)사, 독일의 DEC사와 구조물안전진단 전문업체인 미국의 WJE사, FKC사 등 5개사를 선정하여 안전점검용역 제의요청서(RFP)를 발송하였다.

그중 4개사로부터 제의서가 제출되었으며 공단에서는 각계의 전문가들로 심사위원회를 구성하여 심사한 결과 미국의 WJE사를 최적격업체로 선정하였다. 미국에 본사를 둔 WJE(Wiss, Janney, Elster Associates Inc.)사는 1956년에 설립된 이래 세계 각국에서 총 4만여 건의 안전진단과 보수보강 실적을 보유한 국제적으로 명성이 있는 회사였다.

WJE사의 안전점검 결과

WJE사의 안전점검은 1992년 6월 착공 이후부터 1996년 4월 26일

---

[2] 한국고속철도건설공단, 《경부고속철도건설사》(2006) p.243 참조

까지 시공한 서울~천안 간 1개 공구(2-1공구) 및 천안~대전 간 시험선 전 구간을 대상으로 하였다. 대상 구간의 총연장은 61km로 그 중 교량이 37개에 32.5km, 터널이 15개에 14.7km, 토공과 암거가 90개에 13.8km에 달하였으며 1, 2차로 나누어 안전점검이 수행되었다.

1997년 4월 16일 발표된 1차 안전진단결과에 의하면, 조사 대상 중 5개 교량의 경우 부위별로 부분 재시공이 필요한 것으로 나타났고, 35개 교량에 적용된 레일형식의 교좌 장치가 부적절하며, 4개소는 콘크리트 공극 등이 지적되었다.[3] 점검결과를 종합하면, 총 점검 1,012개소 중 부분 재시공 39개소, 보수 필요 177개소, 현지 시정 351개소, 추가조사 148개소, 보수 불필요 297개소로 나타났다.

1차 점검 이후 추가 정밀조사를 실시한 결과, 최종적으로 현지 시정이 200개소(20%), 경미한 보수를 요하는 개소가 190개소(19%), 부분 재시공을 요하는 개소가 39개소(4%)였으며, 보수가 불필요한 개소는 583개소(57%)로 보고되었다.

이중 현지 시정(200개소)과 보수(190개소)는 표면마무리 개선, 건조수축에 의한 미세균열, 곰보, 시공 이음 상태 부적절 등으로 시공 중 주의 부족으로 발생할 수 있는 경미한 결함으로 구조 안전에는 문제가 없는 사항이었으며, 부분 재시공(39개소) 중 35개소는 레일형식의 교좌 장치로 향후 유지관리 측면에서 교체를 권고한 것이고, 나머지 교량 상판 4개소는 패칭 보수가 요구된다는 수준이었다.

이처럼 점검결과는 많은 우려와 예상과는 달리, 고속열차의 안전 운행

----

3) 한국고속철도건설공단, 《경부고속철도건설사》(2006) p. 244 참조

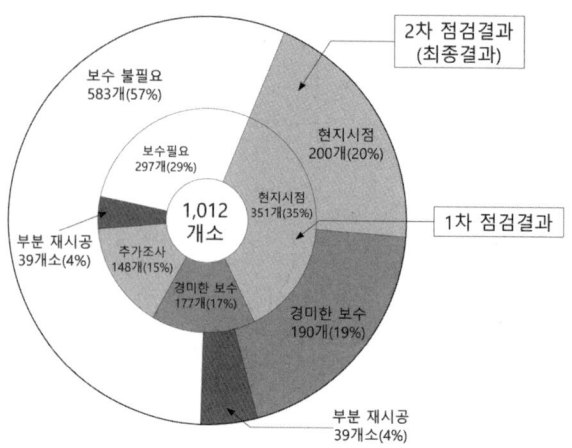

출처 : 2000. 7. 한국고속철도건설공단, 《경부고속철도 건설사》
〈그림 4〉 WJE 안전점검 결과

에 문제가 될 수 있는 구조 안전성 등 중대한 결함은 발견되지 않았고, 콘크리트 강도 시험 결과도 이상이 없는 것으로 조사되었다. 물론 일부 부재에서는 부분 재시공 필요성 등의 지적사항이 있었으나, 지적사항 대부분은 구조물의 표면마무리 미흡, 미세균열, 시공 이음부 상태 부적절 등이었으며, 이는 시공 중 주의 부족 등 당시 국내 건설 업체의 공사 관행상 흔히 발생할 수 있는 일들이었다.

그러나 문제는 국제적인 건설 품질기준과 외국 기술진의 관점에서 보아 이들 모두를 미흡한 시공으로 지적한 것이라는 점이다. 이 결과를 두고 언론에서는 그 사안이 경미하여 현지 시정하거나 추가 조사 대상까지 합하여 전체의 70%가 결함이 있는 것으로 침소봉대하여 기사로 보도하였던 것이다.

당시 WJE사의 두 차례에 걸쳐 수행된 안전점검결과에 대하여 논란이 가시지 않자 이를 수행한 WJE 전문가가 공단에 의견서를 보내 왔다. 그의 결론적 의견은 "전체 구조물은 튼튼하고 충분한 강도를 가지고 있으며 조밀한 철근의 배열상태 및 규격의 정확성은 미국의 건설수준과 대등하다. 다만, 점검대상 1,012개소 중 39개소는 향후 유지관리를 위해 보완이 필요하다."는 정도였다.

다음은 WJE사로부터 공단에 보내온 의견서 내용이다.

"언론에서 저희의 보고서를 기초로, 고속철도 구조물의 70% 이상에 결함이 있다고 보도했다는 소식을 접한 바 있습니다. 그러한 보도는 매우 유감스러운 일이며, 이는 저희의 지적내용을 잘못 해석한 것이라고 생각합니다.

(중략)

전반적으로 시공품질이 훌륭했습니다. 구조물은 매우 튼튼하며, 충분한 강도를 갖고 있습니다. 구조물 규격의 정확도와 조밀한 철근의 배열상태로 미국건설업계에서의 경험과 비교할 때 동등 이상의 수준이었습니다. 다만, 콘크리트 배합, 타설 및 마감 작업의 개선이 필요합니다."

가) 부실공사 논란의 종식

1차 WJE사의 안전점검 결과 발표 직후에 보도된 기사 내용은 국민들의 안전에 대한 오해와 질책을 증폭시키기에 충분했고, 이로 인한 후유증은 상당 기간 지속되어 고속철도건설에 종사하는 모든 기술자로서는 여간 곤혹스러운 일이 아니었다.

당시 언론에 보도된 기사 제목들을 보면 "무성의한 시공", "대충대충 감리 여전", "경부고속철도 부실시공 세계 망신", "안전점검 하나 마나", "생사 교차로에 선 '애물' 고속철도" 등등 이루 말할 수 없는 질책들이었다.

그러한 언론의 무차별적인 악성 보도는 성수대교와 삼풍백화점 붕괴를 겪은 국민들에게 분노를 자아내게 했고, 공사에 관여된 기술자들은 연일 보도되는 가판 신문, TV, 방송이 나올 때마다 얼굴을 묻고 다닐 수밖에 없는 노릇이었다.

이러한 언론들의 보도 공세에 더하여 공단 이사장의 품질확보 노력은 한층 더 강화되어 갔다. 당시 부장급 이상 간부들이 참석하는 고속철도건설공단의 업무회의에서는 회의시간 내내 품질 문제로 담당 간부들에 대한 질책과 훈계가 이어졌으며, 참석한 간부들은 몸 둘 바를 몰라 하다가 질책의 화살이 옆 사람에게 가면 속으로 안도하는 속내를 보이기도 하였다. 이사장 일행이 현장 순시하는 날이면 본사에 있는 간부들은 오늘은 현장에서 또 무슨 일이 일어나 혼쭐이 나고 있는지 촉각을 곤두세우고 원거리에서 귀사하는 이사장이 퇴근하기 전까지 안절부절못하며 늦은 밤까지 사무실을 지키곤 하던 일은 참으로 견디기 힘든 일이었다.

그러나 WJE 안전점검은 결과적으로 경부고속철도 건설공사가 '부실공사의 대명사'란 오명을 벗는 데 획기적인 기여를 한 것은 사실이라 하겠다. 여러 논란이 되었던 사항들에 대해서 아무리 변명해도 국민들 대다수가 믿지 않는 상황에서 "대부분의 시공이 선진국 수준에 이르며, 그동안의 시공에 크게 문제될 것이 없다."고 한 미국의 전문기관인 WJE사가 내린 판정으로 모든 논란이 일단락을 내리게 된 것이다.

 WJE사 점검 완료 후 지적된 교량을 공개하고 일반인들이 직접 육안으로 부실 여부를 확인토록 함으로써 잘못 이해된 '부실의 현장'에 대한 시각을 바꾸어주는 중요한 대국민 홍보자료로 활용함으로써 경부고속철도 부실공사에 대한 논란은 서서히 가라앉게 되었다.

안전점검 그 후

 어쨌든 당시의 상황으로서는 현장에 나타난 작은 크랙 하나까지 무시할 수 없는 엄중한 분위기였으므로 안전점검 결과 도출된 결함 사항에 대해서는 당연히 철저한 보수가 이루어져야만 했다. 결함 사항들은 각 유형별로 WJE사에서 제시한 시방기준에 따라 보수작업이 시행되었으며 이때 보수한 부분이 기존 구조물과 완전 일체가 되도록 함은 물론이었다.

 보수공사 절차도 엄격히 하였는데 먼저 시공사가 보수계획서를 작성하면 이를 외국감리단의 기술진이 검토하고 다시 외부전문가에 의한 기술자문을 받은 후 최종적으로 공단의 승인을 득한 다음 보수공사가 착수되도록 하였다. 한편으로 이와 같이 이루어지는 재시공 또는 보수작업은 전체 공기에 미치는 영향이 최소화될 수 있게 단기간에 집중적으로 시행되도록 하였다.

 보수작업 현장에는 공단, 감리단, 시공사별로 보수전담자를 지정 배치하였다. 또한 보수전담자 중 22명을 선발하여 1997년 6월 11일부터 6월 22일까지 미국 WJE사에 파견하여 보수교육을 이수한 후 업무를 수행토록 하였다. 보수기간 동안은 WJE사 기술자 2명이 직접 현장에 상주하여 기술지도와 확인·점검을 함으로써 대국민과 언론에 대한 공단의 품질확보 노력을 확실히 인식시키도록 하였다. 이러한 보수공사는 1997년 7월 1일 시작하여 1998년 12월 31일에 완벽히 마무리되었다.

당시 공단에서는 상임이사급이 지휘하는 품질본부를 운용하고 각 지방사무소에도 품질관리부를 두어 전 공구에 대한 품질 안전상의 문제점을 도출하여 분석하고 개선방안을 제시토록 하였다. 공사감독자와 수급업체 관계자에 대해서도 안전관리 기법 등의 주기적인 교육을 시행하여 자율 안전관리체계의 기틀을 확실히 다져나갔다.

이외에도 공종별 시공, 안전관리, 사고분석 및 사고사례집을 발간하여 전파·교육함으로써 동종사고의 재발 방지, 그리고 사고 다발공구에 대한 집중관리를 통해 전 종사원에 대한 안전의식을 고취하고, 위해요소를 사전에 예방하는 등 품질관리와 안전관리에 획기적인 전환점을 맞이하게 되었다. 이러한 인식은 경부고속철도가 완전히 개통될 때까지 뿌리 깊게 작용하였으며 이후에도 철도건설을 담당하는 기술자들에게 면면히 이어져 오고 있다.

이야기를 마치며

돌이켜 보면 고속철도건설공사 부실 논란은 설계도서와 시방서가 완벽히 준비되지 않은 상태에서 착공에 돌입한 것이 가장 큰 원인이 되지 않았나 생각된다. 이에 따라 공사 진행 중에 교량설계의 근간이 변경되고 설계변경이 발생하는 등 여러 가지 문제점이 발생될 수밖에 없었으니 말이다.

또한 고속철도건설 경험이 없는 국내 기술진에 의해 설계, 감리, 시공이 시행되다 보니 고속철도에서 요구되는 안전성, 난이성, 정밀성에 대한 인식이 부족하였고, 여러 가지 국내 상황에 따른 공사 중단으로 공기에 쫓겨 품질 문제에 소홀했던 점, 국내 건설공사의 관행에 안주하려는 건설현장의 분위기, 특히 언론의 성급하고 선정적인 문제부각 위주의 보도와 이에 따른 냉담한 사회적 분위기 등이 복합적으로 작용한 것이 논란의 원인이라 하겠다.

착공 후 4년 만에 불어 닥친 부실공사 논란은 온 국민의 중요한 관심사였으며, 건설을 담당하는 관계자들에게는 여간 고통스러운 일이 아니었다. 이러한 논란과 질타를 해소하고 공사추진을 정상화하는 데에는 많은 기간과 비용, 관계자들의 노력이 소요되었다. 이러한 부실공사논란은 결국 WJE사의 안전점검결과를 토대로 대국민 이해를 구함으로써 일단락된 것이다.

어쨌든 고속철도건설에 관여된 기술자들에게는 "완벽한 품질관리와 철저한 시공만이 국민의 신뢰를 얻을 수 있다."라는 값비싼 교훈을 얻게 되었고 눈물 나는 시련을 극복함으로써 경부고속철도 건설사업은 비로소 정상궤도에 오르게 되었다.

당시 WJE 안전점검업무를 직접 담당했던 정재민 부장의 술회를 소개한다.

"WJE 안전점검은 우리가 가지고 있던 전통적인 장인정신과 시공관행 및 절차를 되돌아보는 계기가 되었다. 점검결과에 대해 당시 이해관계가 있는 우리 업체들은 흔쾌히 수용하려 들지 않았고, 외부의 압력 또한 굉장히 심했다. 그러나 이를 통해서 대한민국 토목공사의 시공품질 및 안전관리 수준을 한 단계 업그레이드시켰다는 것은 부인할 수 없는 사실이다.

예를 들면 WJE 점검팀은 국내 시공 관행상 문제 삼지 않았던 콘크리트 표면처리, 미세균열에 대해서도 엄격한 기준을 적용, 시정을 요구하였고 라멘교량의 교좌 장치가 레일 받침으로 시공된 것을 내구성 저하 등 안전상 문제가 크다는 이유로 패드 받침으로 전면 교체토록 요구하였다. 당시 우리 업체들은 사소한 결함은 콘크리트 타설 시 구조 안전성에 문제가 없다면 어느 정도 허용되는 것이고, 교량 받침은 기존 철도에서 흔히 써오던 것으로 당장 안전에 문제가 없으니 교체는 불필요하다는 입장을 표명하였다.

공단에서는 고속철도 구조물의 수명(100년)을 감안할 때 장기적인 안전확보가 필요하며, 개통 후 열차 운행 중에 시설을 보수·보강하는 것보다는 사소한 결함도 조기에 발견하여 적절한 조치를 취함으로써 향후 유지관리에 바람직함을 설득하고 시정시키는 데 많은 어려움을 겪었다. 결국 우리가 가지고 있던 잘못된 시공관행을 개선하고 이에 관련된 시공방법 등을 투명성 있게 절차화함으로써 국내 토목공사의 안전 및 품질 향상에 크게 기여하게 되었다.

외국인 점검자들이 망치를 들고 콘크리트를 두들기는 모습을 처음 보았을 때 왜 구조물을 타격해서 파손시키는지 의구심이 들기도 하였으나, 공단 품질 부서 직원들이 직접 이 같은 방법으로 점검하여 청음을 통해 콘크리트 타설 시 발생하는 곰보, 재료 분리 등 결함을 찾아내는 등 점검 방법을 정립하기도 하였다. 이후 시공과정에서는 콘크리트용 자갈을 세척하여 사용하고 콘크리트용 시멘트, 모래, 자갈 등 재료의 온도관리를 위하여 재료 보관창고를 별도로 만들었다. 또한 하절기에는 얼음물을 사용하여 콘크리트를 생산하는 등 콘크리트 품질관리를 위한 모든 수단과 방법을 동원하게 되었다.

또한 콘크리트에 발생한 결함의 보수방법 및 절차를 명확하게 숙달시키기 위하여 공단, 감리단, 시공사 직원 등 20여 명을 선발하여 WJE 본사에 파견하고, 보수기술 전수 교육을 하였으며 보수시방서 및 절차서를 작성하여 실제 보수공사에 적용토록 하였다.

이러한 일련의 과정 중에 WJE사에서 경부고속철도 점검결과를 외부 강연 중 공개하여 지적을 받고 사과하는 일도 발생하기도 하였으나, 추가 정밀점검을 마치고 WJE사에서는 "경부고속철도 구조물의 규격과 철근 조립능력은 미국과 같은 수준이며, 시공상태는 양호하나 콘크리트 타설과 마감하는 기능공의 기술향상이 필요하다."는 평가에 대한 결론을 내리게 되었다.

WJE 점검은 당시 실무자로 생각해보면, 보수가 불필요한 사소한 결함까지 대단한 결함으로 부풀려 곤혹스러운 점도 있었지만, 점검결과에서 도출된 지적사항에 대한 보수공사를 시행하는 과정에서 적지 않은 노하우를 터득하게 되었고, 이후 철도건설현장의 품질관리에 대한 기준설정에 많은 도움이 되었고, 고속철도 건설공사의 품질관리에 대한 자신감을 얻게 되었다. 그 결과 세계에서 5번째로 고속철도를 성공적으로 건설하고 운영하는 나라가 되었으며, 우리의 기술력을 바탕으로 많은 해외 철도 건설사업에 진출하는 계기가 되지 않았나 생각한다."

2. 궤도 기술의 발전

1) 국제궤도자문단(SITAC)

(1) 설립 배경

경부고속철도 사업은 건설사업 전체를 해외에 일괄 발주하는 방식이 아닌 고속철도의 핵심기술인 차량, 전차선, 신호 등은 외국에서 도입하고 노반, 궤도, 건축, 전기시설 등 기반 시설은 국내기술로 건설하는 방안으로 추진되었다. 그러나 고속철도 사업의 특성상 차량 등 핵심기술과 기반 시설의 상호연계성의 문제는 사업의 성패에 큰 영향을 주는 중대한 사안이었다. 무엇보다도 핵심기술의 공급자 측에서는 고속차량 등 핵심기술의 성능보증에 대해서 기반 시설의 책임 사항과 이에 대한 구체적인 이행조건을 계약서에 포함하도록 요구하였다.

국제적인 표준 계약서 범위 내에서 최종 조정된 기반 시설의 책임 사항은 대부분 궤도 분야의 내용으로 궤도의 시공품질과 선형 정밀도 그리고 주요 자재의 내구성 등에 관한 내용이었다. 당시 국내의 궤도 기술 수준으로는 이러한 요구사항을 만족시키기 어렵기 때문에 궤도 기술은 외국 기술진 주도하에 주요 자재는 수입하며 시공도 외국 업체에 발주해야 한다는 패배적이고 부정적인 시각이 있었다. 또한 그 당시 시속 100km 정도의 철도 기술에 머물러 있던 국내 기술진에게 시속 300km의 기술을 맡기는 것은 너무 큰 위험이 될 수 있고 이로부터 전체 사업이 흔들릴 수도 있다는 의견도 제시되고 있었다.

그러나 이렇게 궤도 분야의 모든 주도권이 외국 기술과 업체에 넘어가면 고속차량의 성능에 관한 하자가 발생했을 때 모든 책임을 궤도의 문제로 전가하여도 효과적인 대응이 어렵게 된다. 경우에 따라서는 자칫 경부고속철도 사업이 외국 기술에 좌우될 우려도 있었다. 무엇보다도 고속철도 사업을 통하여 국내 궤도 기술의 획기적인 발전과 자립의 계기를 마련하고자 하는 많은 철도 기술진들의 기대를 저버리는 것이었다.

이에 대하여 국내 기술진의 역량을 키우고 프랑스 TGV 측과 대등한 기술 수준을 확보하여 그들의 과도한 요구나 부당한 문제 제기에 대응할 수 있는 방안을 모색할 필요가 있었다. 이를 위하여 한국 고속철도를 전적으로 지원해줄 국제적인 권위와 기술 경험이 풍부한 궤도 전문가를 섭외하여 국제궤도자문단(SITAC, Special International Track Advisory Committee)을 구성하게 되었다.

(2) 구성과 역할

국제궤도자문단은 프랑스철도(SNCF)의 몽타뉴어(S. Montagne)와 독일철도(DB)의 케스(G. Kass) 등 유럽 철도기관 현역 전문가와 네덜란드 델프트 공대 에스벨드(C. Esveld), 오스트리아 그라스 공대 리스버거(K. Riessberger) 등의 교수진 그리고 일본철도총합연구소 궤도 연구실장을 역임한 사또 요시히코(佐藤 吉彦) 등 총 5명으로 구성하였다. 자문단 회의는 각자의 본국에서 수시로 자문 안에 대한 검토 의견을 제시하고 1년에 한 번은 국내에 모여 3~4일 정도 회의를 시행하는 방식으로 운영하였다.

이들은 당시 유럽과 일본의 고속철도 기술개발과 속도향상 과정에서 중요한 역할을 담당하였던 전문가로서 국제적인 명성을 갖고 있던 사람들이었다. 무엇보다도 이들 전문가 사이가 개인적으로 친분이 돈독하여 경부고속철도 사업에서 객관적이고 중립적인 판단과 조언을 하며 한국의 고속철도가 성공할 수 있도록 최대한 지원하기로 서로 간에 합의하였다. 특히 핵심기술이 프랑스 TGV의 기술을 기반으로 하는 시스템이기 때문에 프랑스철도 전문가의 역할과 의견이 중요하였다. 해당 전문가인 S. Montagne가 이 사업에서 우리의 입장과 사업추진 방향을 이해하고 한국에서 최초로 건설되는 고속철도가 우수한 품질과 성능을 갖춘 철도가 되도록 최선의 지원을 하겠다는 메시지를 보내왔다.

이후 사업추진 과정에서 프랑스 TGV 관계자와 궤도 분야의 미팅 시에 자문단의 조언과 중요한 자료제공 등으로 고속철도 기술에 대하여 핵심기술 공여자와 큰 기술 수준의 차이에도 불구하고 대등한 입장에서 우리의 의견을 반영할 수 있었다. 이러한 분위기와 궤도자문단의 적극적인 지원에 따라 경부고속철도에서는 프랑스 TGV 측의 희망대로 프랑스 고속철도의 궤도를 그대로 따라가지 않고 이를 더욱 보강한 우리의 독자적인 궤도구조를 설계하고 시공할 수 있었다.

〈사진 1〉 국제자문단 관련 국내 일간지 기사 (1999. 5. 17.)

〈사진 2〉 국제자문단 현장 방문 선형 검토 회의(1994. 1.)

(3) 주요 성과

국제궤도자문단은 고속철도의 궤도에서 갖추어야 하는 기술규격, 구조기준, 품질관리, 부설공법, 유지관리 등에 대한 주요 기술규정과 세부내용에 대한 자료를 제공해 주었다. 또한 이 자료들은 한국 실정에 맞도록 수정·보완되었고 점차 사업이 안정되어 감에 따라 궤도 자재의 구매 시방서, 제작 시방서, 특별 시방서, 상세도면 작성 등 품질 요건을 만족시킬 수 있는 구체적인 기술에 대해서도 많은 조언을 해 주었다. 특히 고속철도 선형의 주요 요소인 종곡선반경, 완화곡선 길이, 궤도 선형검측에 대한 개선안 등 고속차량의 시속 300km 운행에 필수적인 궤도 기술의 전수로 고속철도 사업의 성공적인 성과를 달성하는 데 크게 기여하였다. 국제궤도자문 회의는 1994년 이후 경부고속철도 1단계 개통까지 10여 년 동안 계속되어 고속철도의 중요기술에 관한 기술검토와 자료제공 및 해설 등의 지원으로 국내 기술진의 역량이 크게 향상될 수 있었다.

고속차량의 시험선 시운전 동안에도 국내 기술진에 의해 시공된 궤도에 대하여 특별한 문제가 없으며 1단계 개통 전 발생한 고속차량 흔들림

〈사진 3〉 국제자문단 1단계 개통행사 참석 (2004. 4. 1.)

〈사진 4〉 국제자문단 2단계 사업 자문회의 (2005. 7. 30.)

현상에서도 프랑스 TGV 측이 제기하였던 궤도 선형 등의 문제도 국내 궤도검측차의 검·교정과 검측 자료의 분석·검증 등을 통하여 궤도품질에 책임이 없다는 것을 입증하여 무난히 해결하였다. 특히 고속철도 궤도의 UIC 레일 국산화에 크게 기여하였다. 그 당시 고속철도의 UIC 레일을 제작할 수 있는 나라는 많지 않았고 레일의 국내 생산에 대한 해외 철강 업체의 압력도 있었다.

사실 고속차량의 안전에 가장 중요한 UIC 레일을 경험이나 실적이 없는 국내기술로 제작하여 사용하는 데 반대한 것은 나름대로 타당성이 있는 지적이었다. 자문단에서는 이러한 반대의견을 갖고 있던 사람들을 설득하는 데 유용한 논리를 제시하여 주었다. 레일의 품질을 좌우하는 철강 소재에 있어서 우리나라는 포항제철(POSCO)에서 매우 우수한 품질의 철강을 생산하고 있었고, 레일을 제작할 수 있는 국내 업체로 강원산업과 현대제철 등은 상당한 규모의 기업으로 자동화된 제작 설비와 정밀 검사 장비를 도입하면 충분히 생산이 가능하다는 판단이었다.

무엇보다도 이렇게 주요 궤도 자재의 국산화는 고속철도 건설과정뿐 아니라 개통 후 운영·유지관리 단계에서도 우리 철도에 매우 중대한 영향을 끼치게 된다는 점을 인식하게 하였다.

리) 고속철도 궤도 설계

(1) 고속철도 궤도구조

고속철도의 궤도를 구성하는 주요 자재는 레일이며 경부고속철도에서는 프랑스 TGV 측의 강력한 요청과 고속철도에 적용하는 레일에 대한 국제적인 추세 등을 감안하여 프랑스 고속철도 궤도와 같이 UIC 레일을 채택하였으나, 그 외의 궤도 자재인 침목, 체결장치 등을 포함한 궤도구조는 프랑스 고속철도와 다른 구조로 설계하였다. 당시 유럽 고속철도와 일본 고속철도의 궤도구조 장단점과 보수 실적 등을 참고하여 경부고속철도에 적용할 6개의 궤도구조 모델을 선정하였다.

이 6개의 모델을 대상으로 기존 경부선 철도에 시험부설을 시행하고 비록 시속 100km의 속도이지만 각종 성능에 관한 평가를 하였다. 이러한 시험부설의 결과와 국제궤도자문단의 검토를 거쳐서 가장 우수한 성능의 궤도구조를 선정, 설계를 진행하였다. 따라서 경부고속철도에서는 프랑스, 독일, 일본의 고속철도 궤도와는 다른 독자적인 우수한 궤도구조로 설계 시공하였다.

(2) 궤도 자재 국산화와 품질관리

궤도 자재는 고속철도에서 요구되는 고강도의 자재로서 엄격한 품질기준을 만족시키기 위하여 고속철도 기술기준에 따른 국제수준의 규격을 도입하였으나 이를 규격서의 수준대로 제작하기 위해서는 현대화된 제작 설비의 도입이 필요하였다. 당시의 국내 궤도 자재 제작업체는 연간 발주되는 총 물량에 비하여 너무 많은 업체가 난립하여 있었고 대부분의 규모도 영세하여 현대화된 설비를 도입하기에 어려움이 있었다.

낙후된 제작 설비와 기술 수준으로 그 당시 국내 업체의 역량으로 제작된 궤도 자재는 정밀성이 떨어지고 품질의 변동성도 매우 큰 제품을 생산, 납품하고 있었다. 이러한 문제점을 해결하기 위해서는 정밀성이 담보되는 현대화된 설비와 검사 장비 그리고 품질 변동성을 최소화할 수 있는 자동화 설비를 갖추는 것이 중요하였다. 고속열차의 시속 300km 안전 운행에 절대적인 역할을 해야 하는 국내 제작 궤도 자재의 품질을 확신할 수 없다면 성공적인 사업목표를 위해서 이들을 품질이 보증되는 선진 철도의 업체로부터 수입해야 하지 않느냐는 의견도 제시되었다.

이들 궤도 자재의 총 소요 비용은 전체 사업비 비중에서 볼 때 적은 금액으로 이 정도의 비용 때문에 전체 사업에 위험을 줄 필요가 없다는 논리가 설득력을 얻는 실정이었다. 특히 고속철도 UIC 레일은 사업 초기부터 외국의 메이저 철강 업체들이 한국에 수출 가능성을 타진하여 왔고 이들의 영업 전략상 국산화 반대에 대한 유무형의 압력을 안전에 대한 우려로 포장하여 강하게 가하여 왔었다. 그러나 궤도 자재의 국산화, 즉 국내 생산은 향후 고속철도 운영 과정에서 기술 자립과 유지보수 등의 문제와 연계하여 포기할 수 없는 과제였다.

이에 따라 고속철도 궤도 자재 제작 설비기준을 작성하여 공지하면서 경부고속철도 궤도 자재 제작 설비의 사전심사를 통과한 업체만 입찰에 참가할 수 있는 궤도 자재 입찰 참가 사전심사 제도를 시행하였다. 또한 경부고속철도 전체 사업 물량을 장기 계약 일괄 발주로 다년간 안정적인 공급을 할 수 있게 하여 초기 투자비 회수에 대한 업체의 우려를 해소하였다. 매년 예산 범위 내에서만 발주하는 그때까지의 단년도 단기 계약에서 한번 수주하면 수년간 계속 일할 수 있는 중장기 계약방식을 채택하여 추진하였다.

이러한 자재 입찰제도에 대한 부정적인 의견도 있었지만, 결과적으로 많은 영세한 업체가 난립하고 있던 국내 업계의 실정을 감안할 때 이러한 문제를 해결하기 위한 불가피한 선택이었다. 또한 궤도 자갈에 사용되는 원석의 품질이 매우 엄격하여서 국내의 곳곳을 수소문하여 시험한 결과 겨우 2개소에서만 품질기준에 만족할 수 있었다. 여기에서 파쇄한 자갈원석을 가공하여 고속철도 기준에 맞도록 입도와 형상을 제작하여야 하는 데 따른 새로운 설비 도입이 필요하였다. 궤도 자재 제작 설비 심사에는 궤도공사 감리업무에 참여하고 있던 프랑스 시스트라사의 분야별 철도 전문가들을 활용하였다.

새로운 공장 건축과 설비 도입 등이 완료된 후 초기 단계의 국산 궤도 자재는 외국감리단의 엄격한 검사과정을 거쳐 최종 생산되었지만, 초기 생산제품 중 무작위로 선정한 제품을 프랑스 철도재료 시험소에 의뢰하여 시험한 결과 모두가 우수한 성적으로 합격하였다. 궤도 자재의 국내 생산이 가능하게 되면서 전체적인 궤도 자재비는 당초 예상보다 절감이 되었는데, 이는 궤도 자재의 단년도 계약을 중장기 계약으로 변경한 효과도 있었다. 또한 고속철도에 공급하기 위해서 도입한 설비는 이후 일반철도의 제작에도 활용되어 우리나라 전체 궤도 자재의 수준이 한 단계 높아지는 계기가 되었다.

3) 궤도부설 공사

고속철도 궤도공사는 요구되는 강도와 품질기준을 만족시키기 위하여 품질 변동성이 적고 정밀성이 확보되는 공법과 목표 공기를 준수하기 위하여 대단위 물량을 감당할 수 있는 대형장비를 사용하여 시공하여야 한다. 그동안 국내 궤도공사는 소형 운반 장비와 대규모 인력을 동원한 인력의존형 공법으로 공사를 수행하여 왔다.

따라서 대형 궤도 장비와 기관차, 화차를 동원한 재료수송 등이 조합된 시공계획과 실행은 매우 치밀한 사전준비가 필요하였다. 특히 고속철도 열차의 안전과 운행속도를 감당하기 위해서는 우수한 궤도 선형품질의 확보가 절대적인 조건이어서 이 분야의 시공에는 프랑스 고속철도의 시공 경험이 있는 장비 조작자에 의해서 시공하도록 하였다.

도상 자갈은 침목 하면에서 35cm 이상의 두께로 포설하고 조밀하게 다짐 작업을 시행해야 하며 이 과정에서 1회의 도상 자갈 포설 두께는 8cm를 초과하지 않아야 한다. 그러므로 최종 작업의 완료까지 총 6~7회 도상 자갈 포설 및 다짐 작업을 해야 한다. 완성된 궤도의 고저 틀림은 2mm 이내의 정밀도를 만족시켜야 한다.

통상 하루의 궤도공정은 완성궤도 기준으로 1일 약 700m의 공정률을 달성하였다. 여기에 소요되는 궤도 자갈은 1일 약 3,000m^3로서 자갈 화차 기준 약 100량 정도의 자갈을 수송하였다. 고속철도 궤도는 전 구간의 레일을 용접하여 하나의 긴 레일로 부설되는 장대레일 구조이다. 이러한 장대레일 구조의 궤도는 매우 세심한 준비와 절차를 지켜 시공하지 않으면 시공 중에도 궤도 좌굴이 발생하는 등의 문제 이외에 최종 완성된 궤도의 선형품질에도 악영향을 미치므로 엄격한 시공절차를 지켜야 했다.

(1) 궤도공사

- 궤도 기지

고속철도 궤도공사는 짧은 공기 내에 긴 연장의 공사를 시행해야 하고 엄격한 시공 정밀도를 유지하기 위하여 여러 단계의 시공절차에 따라 공사를 진행해야 한다. 따라서 그동안 인력 시공에 의존해왔던 국내 궤도공사 관행으로는 이러한 문제를 해결할 수 없기 때문에 전면 기계화 시공이 불가피하였다. 여기에 소요되는 많은 궤도공사용 중장비와 대량의 재료를 신속히 운반해야 하는 수송 장비가 필요하고 이를 운용 유치할 수 있는 장소, 즉 궤도 기지의 건설이 선행돼야 했다.

궤도 기지는 건설 기간에는 건설을 위한 장비 반입과 재료의 사전 적치 등 공사를 위한 목적의 궤도부설 전진기지로 사용되며, 건설 후에는 보수를 위한 기지로 활용되기 때문에 기존 철도와 고속철도의 본선과 연결되도록 계획하였다. 궤도 기지는 궤도 장비의 유치, 검수 및 급유와 궤도재료 적치 시설을 갖춘 규모 약 2만 평 면적의 주 기지와 일부 장비의 유치, 간단한 검수, 정비만을 할 수 있는 규모 약 4천 평 면적의 보조기지로 나누어 건설하였다.

1단계 구간에는 오송, 영동, 약목의 주기지 3개소와 화성, 천안, 고모의 보조기지 3개소를 건설하였으며 개통 후 고속철도의 효율적인 유지·보수를 담당하고 이를 위한 장비의 유치, 검수, 정비 및 보수재료 적치 등의 작업을 원활하게 하기 위해서 이들 기지 간격은 약 40km 정도 되도록 배치하였다.

- **주요 시공 장비**

전면 기계화 시공을 하는 궤도공사용 장비는 궤도 장비, 공사용 범용 건설장비, 철도수송 장비로 분류할 수 있다. 궤도 장비는 건설공사에 사용되지만, 준공 후 유지관리 작업에도 사용되기 때문에 향후 고속철도 유지관리 업무를 누가 어떻게 하느냐에 따라 장비의 취득 소유가 달라진다.

일단은 발주처인 한국고속철도건설공단에서 취득 소유하고 시공사에 대여하여 장비의 운용 등은 전적으로 시공사에서 담당하도록 하였다. 철도수송 장비인 기관차, 화차 등은 시공사에서 확보하기 곤란할 뿐 아니라 기관사의 확보, 운전 취급 업무 등을 하는 것도 무리가 있으므로 이들 장비도 발주처인 공단에서 확보, 취득하고 운용도 공단에서 전담하였다. 궤도공사용 범용 건설장비는 건설사에서 확보하여 운용하도록 하였다.

(2) 궤도공사 특수 공법
- 궤도 선형 작업

궤도공사의 궤도 다짐 작업은 설계 시 정해진 소정의 높이까지 궤도를 들어 올려 정확하게 궤도를 위치시키고 자갈을 보충하여 다짐 작업을 수행하는 것이다. 고속철도 궤도부설에 사용된 궤도 다짐 장비는 다짐 작업뿐만 아니라 선형조정과 선형검측 작업도 수행할 수 있는 첨단장비로써 자동 연속작업과 레이저 유도장치 등의 설비가 장착되어 있어 높은 작업 효율과 정밀 작업이 가능한 장비이다.

이 레이저 유도장치는 작업 중 장비의 전방에 레이저를 발사하면 추적용 카메라가 이를 수신하면서 궤도 다짐 장비를 정확한 위치로 유도하는 장치이며 궤도 선형조정 작업을 보다 정밀하게 시행할 수 있도록 한다. 이 장비의 자동선형 안내장치(AGC, Automatic Guiding Computer)는 컬러 모니터 및 키보드와 특별히 개발된 전산 프로그램이 장착된 산업용 컴퓨터 시스템으로 궤도 선형 및 다짐 작업을 원활하게 수행할 수 있는 장치이다.

이 장치의 주된 기능은 목표 선형이 설계에 따라 입력된 경우 이를 다짐 장비에 바로 지시하며 현재의 궤도 위치에 대한 목표 선형을 알 수 없는 경우는 전자보조 장치로 실제 궤도 위치를 검측하여 다짐 작업을 할 수 있도록 궤도 선형에 대한 모든 요소를 종합하여 조정하는 역할을 한다.

• 장대레일

  기존의 궤도는 1개 길이 20~25m의 레일을 이음매판과 볼트로 연결하여 부설하였으나 고속철도 궤도에서는 이들 레일을 용접하여 레일 이음매부를 제거한 연속 레일을 구성한 장대레일을 부설하였다. 이러한 장대레일 궤도는 고속열차의 운행에 필수적인 요건일 뿐 아니라 승객들의 승차감 확보와 레일 이음부의 손상 방지 및 궤도 유지·보수비 절감 등의 효과를 가져오게 된다.

  장대레일의 원리는 레일이 온도 변화에 따라 발생하는 신축 현상이 긴 연장의 레일 중앙부에서는 힘의 균형으로 이동량이 없게 된다는 이론에 따라 이러한 균형이 깨지는 양쪽 끝부분, 즉 단부 약 100m 구간에서만 신축이음매라는 특수장치를 설치하여 신축량을 처리하도록 하고 있다. 장대레일의 역학적인 이론은 1900년대 초에 성립되어 최근에는 선진외국 철도에서 고속철도 이외에 일반철도에서도 널리 사용되고 있는 기술이며, 경부고속철도에서는 전 구간에 장대레일을 부설하도록 하였다.

  경부고속철도 궤도공사에서는 오송궤도기지에서 25m의 정척레일 12개를 플래시버트 전기용접으로 300m의 용접 레일로 제작한 후 장대레일 운반 특수 화차로 공사 현장으로 운반하여 테르밋 현장 용접으로 연결한다. 따라서 고속철도 궤도에서는 원칙적으로 분기기의 포인트와 크로싱을 제외한 궤도 전 구간을 1개의 용접된 레일의 장대레일로 부설할 수 있으나 특수교량 등 부득이 장대레일 부설이 곤란한 개소가 발생하기도 한다.

• 고속철도용 분기기

고속철도용 분기기는 직선 측의 열차 통과 시에 시속 300km 속도가 제한받지 않고 운행되어야 하며 분기 측의 통과 속도도 후속 열차에 지장이 없는 범위에서 필요한 속도가 유지되어야 한다. 따라서 기존 철도의 분기기와 달리 분기기 내의 레일 이음매는 용접하고 크로싱 부분의 결선부는 가동 크로싱을 채용하여 결선부를 제거하였다.

또한 기존 철도의 분기기 선형 설계와는 달리 직선에서 분기되는 구간의 선형에 완화곡선이 설치되는 선형을 채택하여 분기 통과 시에도 승차감이 유지되도록 하였다. 고속철도용 분기기에는 텅레일 전환 시 기본 레일과 접촉을 확인할 수 있는 텅레일 접촉검지장치, 겨울철 결빙으로 인한 전환 장애를 해결할 수 있는 동결융해장치, 열차 주행 중 도중 전환을 방지할 수 있는 텅레일 자동 잠금장치 등 안전장치들이 설치되어 있다. 일반적으로 고속철도용 분기기는 분기되는 각도가 작게 되어 분기 측이 큰 곡선반경으로 설계되며 이에 따라 분기기 번호가 크고 길이도 길어지게 된다.

- **궤도 검측 시스템**

고속철도 궤도는 고속열차가 좋은 승차감으로 안전하게 운행되기 위한 충분한 강도와 엄격한 기준의 선형 상태를 유지하여야 한다. 기존 철도에서는 궤도 선형 상태를 파악하기 위해 궤도검측차를 운용하고 있으나, 측정된 자료는 단순히 10m 현의 특정 파장의 진폭만을 수집하여 사용하고 있었다.

고속열차의 시속 300km 속도에서는 장파장 대역의 궤도 선형틀림이 중요하고 안전과 승차감을 확보하기 위해서는 전체적인 궤도 선형품질에 대한 분석과 평가 등이 필요하다. 이를 위하여 궤도검측차에서 측정한 원자료로부터 30m 장파장의 궤도 선형틀림 값을 산출하고 궤도 선형의 품질을 평가하기 위한 궤도 선형틀림의 통계적인 값으로 궤도품질지수(TQI)를 계산하는 시스템을 구축하여 활용하였다.

3. 경부고속철도 2단계 콘크리트궤도 침목 균열조사

2009년 정초에 국토부로부터 경부고속철도 2단계, 대구시 수성구 가천동에서 울산시 울주군 두동면 일대(281.100~346.939km)에서 궤도 침목에 균열이 발생하여 그 원인을 규명하기 위하여 국토부 장관 지시로 조사단을 구성하고 있다며 참여해 달라는 요청을 받고 처음 접하게 되었다.

이때는 2004년부터 경부고속철도 1단계 서울~대구 간을 성공적으로 개통하고, 대구~부산 구간은 기존 경부선을 사용하고 있었을 시기이다. 특히 1단계 공사를 통해 산전수전을 다 경험한 터라 침목 궤도에 균열이 발생했다는 뉴스는 생소하게 느껴졌기 때문에 기꺼이 참여하게 되었다.

2009년 2월 16일 합동조사단이 구성된 후 첫 회의가 열린 후 총 11차에 걸친 회의와 9번에 걸친 현장조사 그리고 침목 제조공장, 레미콘을 비롯한 콘크리트 품질조사, 각종 궤도 부품기업을 방문·조사하는 등 광범위한 활동이 5월 29일까지 약 100일간 이루어진 후 보고서작성과 기자회견을 통해 조사내용을 전 국민께 보고함으로써 마무리되었다.

1) 조사단구성과 조사내용

조사단은 조사와 분석해야 할 내용을 바탕으로 현장상세조사팀 4인,

실내모델시험팀 2인, 보수보강대안마련팀 3인과 위원장 1인 등 총 10명의 각 분야 전문가로 구성되었으며 이외에도 전문위원으로 현장조사지원 7인, 신뢰성 분석 1인, 시험분석 4인, 대안 및 수치해석에 3인의 고급인력과 도면분석, 견적, 보고서작성 등에 2인 등 총 17명이 추가로 불철주야 참여하였고, 비파괴조사는 외부용역으로 수행하였다.

(1) 현장조사팀의 조사내용

조사내용은 크게 균열 발생 상태조사, 침수량 조사, 매립 전 파손조사, 현장 인발시험, 침목 제작공장 품질검사, 비파괴조사 등으로 구성되어 있다. 조사 대상은 토공 구간, 교량, 터널 구간에 대해 균열 발생 위치를 기준으로 6개 구간 약 390m에 대해 시행되었다.

(2) 실내모형시험팀

발생된 현장의 현상을 시험실에서 재현한 후 온도 하강에 따른 동결시험을 실시하여 충전재료의 종류와 침수량 등이 변함에 따른 동결 현상이 침목 파괴에 미치는 영향을 점검하고, 동결 콘크리트의 재료특성을 파악하는 데 주력하였다.

또 인발시험을 통해 침목 자체와 침목을 슬래브에 매입한 시험체의 인발강도를 측정하여 안전성을 검토하고 실제 분석에 참고하고자 하였다.

(3) 보수 · 보강팀

설계도서의 내용을 분석 · 정리하여 각종 조사와 분석에 필요한 기초정보를 제공하고, 각종재료의 사양을 검토함과 동시에 그 적정성을 판단하였고 현장조사와 시험자료에 따른 2, 3차원 수치해석을 수행하여 이론과 실제 나타난 현상의 상관성을 점검하여 파손에 따른 거동을 예측하는 모형을 찾고자 하였다.

또한 해외에서 발생한 유사파손사례를 조사하고 기술적인 문제를 비교 분석하여 보수·보강공법을 찾는 데 참고하도록 하였다. 결국 관련 자료와 조사내용 그리고 실내 모형시험 및 수치모형을 통한 검증과 분석을 통해 보수·보강 대안을 제시함으로써 마무리되었다.

이상의 업무들은 1909년 2월 16일부터 5월 29일까지 총 11차에 걸친 합동조사단 회의와 1차의 자문회의를 거쳐 최종마무리 되었으며, 9차에 걸친 현장조사 및 침목 등 부품제조회사 방문을 통해 실시되었다.

2) 침목 설계 및 제작

침목 관련 관계기관은 다음과 같이 구성되어 있었다.
- 발주자 : 한국철도시설공단
- 설계사 : (주)한국철도기술공사
- 시공사 : (주)삼표 E&C
- 시공감리사 : (주)한국철도기술공사
- 침목 제작사 : 천원레일(유)
- 검측 검사사 : (주)한국철도기술공사

이상 6개 기관이 각각 그 역할을 수행하도록 과업이 명시되어 있었고, 그 외에 매립 전 재료공급 업체로 다음 업체들이 제작, 납품하였다.

- 매립전 : (주)차돌(사출성형과 조립 후 납품)
- Pa-6 : E-Polymers(매립 전 원자재)
- PE-form : 무등화성(매립 전 내 충전제)

이상과 같이 9개 이상의 기관이 층층을 이루어 상호 관련 하에 침목을 제작·설치하다 보니 현장에서 정교한 품질관리와 점검이 매우 중요한 현장이었다.

3) 균열조사

한창 궤도공사가 진행 중에 부설된 침목에서 균열이 나타난 것을 발견한 것은 한겨울 추위가 극성을 부리는 1월부터였다. 따라서 2월 16일 과업에 착수한 조사단은 무엇보다 우선 현장을 그다음 날 방문하여 실태 파악에 나섰다.

총 조사구간은 49.3km(왕복 98.6km)로서 터널 구간이 왕복 50.8km로서 51.5%를 차지하고, 토공부가 25.9km로 26.3%였으며, 교량부가 21.9km로 22.2%를 차지했다.

해당 구간의 철도 침목 수와 균열 수는 다음과 같다.

구분	연장(km)	침목 수(개)	균열 수(개소)
터널	50.8	78,230	0
토공	25.9	39,882	304
교량	21.9	35,282	28

이상의 자료에서 알 수 있는 바와 같이 비교적 비·눈의 영향이 거의 없

는 터널 구간에서는 균열이 발생하지 않았으며, 구조적으로 안정된 교량 구간에서는 전체 침목의 0.08%에 해당하는 구간에서 균열이 나타났다.

토공 구간에서는 304개소, 0.76% 구간에서 균열이 관측되었다. 이에 사고원인을 보다 면밀히 검토하기 위하여 중점조사구간을 6개 구역으로 나누어 총연장 390m에 대한 집중 조사와 분석이 이루어졌다.

이때 조사내용은 다음과 같은 분야가 포함되었다.

- 균열패턴 외관 조사
- 구간별 침수량 조사
- 침수량 빈도분석
- 침수량과 균열 간의 상관성 조사
- 침목의 코아 채취 내부균열조사
- 침목의 비파괴 압축강도 조사
- 공장 침목 및 현장부설 침목의 인발력 조사
- 기존 침목 건전성 평가를 위한 비파괴시험

4) 균열과 침목 피괴 원인 진단과정

앞에서 열거한 절차를 거치면서 조사단은 크게 두 가지 측면에서 원인진단에 접근하였다. 첫째는 부실공사 가능성을 점검하여 설계와 시공실적을 상세히 점검하였으며, 둘째는 현장에서 발생하는 각종 자연현상이 침목에 미치는 영향을 파악하는 것이다.

이를 위하여
- 설계 및 시공 관련 각종 자료 분석

- 침목 생산과정 및 품질 점검
- 현장 비파괴조사
- 현장조건을 고려한 실내 모델시험
- 파악된 각종 원인에 대한 설계 및 시공상의 문제점 분석 등을 상세히 점검하였다.

현장조사팀은
- 균열상태 조사
- 침수량 조사
- 매립 전 파손조사
- 현장 인발시험
- 침목 제작공장 각종 실적과 품질조사 등을 점검하였고

특히, 침목 제작공장 점검에서는 다음 사항이 집중적으로 조사되었다.
- 생산시설
- 골재 및 시멘트 반입 및 품질관리
- 콘크리트 배합설계 및 생산공정
- 침목의 생산과 품질관리

또한 철도기술연구원에서는 현장조사 여건을 재현한 각종 다음 시험이 시행되었다.
- 균열재현을 위한 동결시험
- 결빙압 재현 인발시험
- 결빙압에 의한 동파 재현 시험
- 침수량에 따른 결빙압 측정
- 그리스 및 PE Form 보강 시의 결빙압

- 침목 균열을 발생시키는 체결 볼트의 인발저항력 측정시험

5) 침목 피손 원인 진단을 위한 수치해석

조사구간에서 발생한 균열은 침목 내에 매립되어 있는 매립 전 내에 침투하여 고인 물이 얼어서 발생한 결빙압이 일차적인 원인으로 추정되어 이를 이론적으로 점검하기 위하여 유한요소해석을 실시하였다. 즉 각종 자료와 조사를 통해 도출된 결과인 침목이 부설되어 있는 상태에서 외부로부터 물이 침투하여 결빙압이 발생하여 파괴에 도달했을 것이라는 가설을 이론적으로 확인하는 것이다.

이를 위하여 다음 사항이 점검되었다.
- 침목의 유한요소모델 구축, 침목의 3차원 유한요소망 구축
- 결빙력과 콘크리트 균열 거동 모델링 및 각종 물성치 분석
- 삼차원 해석

삼차원 해석을 통해서는 다음과 같은 의문이 점검되었다.
- 파괴 위치에 따른 결빙력 비교
- 초기 볼트 체결력에 의한 결빙력의 영향
- 압축강도 변화에 따른 결빙력 비교
- 결빙작용의 경계조건 변화에 따른 결빙력 비교

6) 보수·보강 방안

침목 파손의 원인을 진단함은 보수·보강 방안을 마련하여 열차의 안

전한 운행을 보장하기 위함이다. 따라서 보수·보강 방안을 마련함에는 파손을 확실히 방지하고, 시공이 가능한 공법을 찾아내는 과정이 전개되었다.

이를 위하여 다음 사항들이 고려되었다.

(1) 원기능 확보

- 인발저항력 60KN 확보
- 전기절연성 보장
- 침목 콘크리트 강도 확보
- 레일 상·하·좌·우 조절 능력 확보

(2) 정밀시공 가능한 공법

- 볼트 위치 및 수직도 유지
- 신·구 콘크리트 접착 강도 유지
- 보수 작업 시 균열, 강도 저하 등 침목 추가손상 가능성 배제
- 파괴 예상 면과 신·구 콘크리트 접착면 이격

(3) 공정

- 시공순서가 간단하고 용이할 것
- 개통 시기를 지킬 수 있는 시공속도 확보

(4) 경제적이고 유지관리가 편한 공법

- 합리적인 보수·보강비용

- 유지관리 용이성 및 일원화 추구

이상의 방향을 설정하고 매립 전 보수에 3개 안, 파손 침목 교환기술에 3개 안을 비교 검토하여 보수 · 보강 방안을 선정하는 것으로 하였다.

7) 침목 균열 발생에 따른 사회적 이슈들

2004년 KTX 서울~대구 간 개통 후(대구~부산 간은 경부선을 이용) 비교적 편리함과 쾌적함 그리고 과거 경험하지 못한 속도감에 국민적 만족도가 고조되던 시점에 발생한 궤도균열은 한순간 국민적 이슈가 될 수밖에 없었고, 이에 따라 정부도 곤혹스러운 상황에 처하게 되었다.

그래서 정부는 국민적 시각에서 객관적으로 원인을 규명하고 대책을 제시하는 것이 급선무가 되었으며, 이를 위하여 '경부고속철도 2단계 콘크리트 궤도 침목 균열 합동조사단'을 발 빠르게 구성하여 대응한 것은 국토교통부의 타당한 조치였으며, 특히 정종환 장관의 적절한 결단은 결과적으로 국민을 조기에 안심시키고 부실을 예방하는 양약이 되었다.

따라서 조사단은 다음과 같은 기본 방향을 사전에 정립하고 과업을 수행하였다.
- 현장조사는 꼼꼼하고 빈틈없이 하여 원인 진단에 차질이 없도록 한다.
- 자료를 검토하고 관련자를 인터뷰함에 있어 객관성을 최대로 확보한다.
- 검토자료와 분석내용 및 대안 제시는 제3자의 검증을 거치거나, 아니면 명확한 이론적 근거를 제시하여 타당성을 입증한다.
- 도출된 원인 진단과 보수 · 보강 방안은 국내외 모든 자료와 전문가들이 동

의할 수 있는 대안이 되어야 한다.

최종적으로 마련된 결과는 '공개된 언론회견을 통해 국민들께 보고회'를 갖는다.

이상의 원칙을 지키기 위하여
- 현장조사팀과 자료분석팀을 분리하여 상호모순이나 부족한 자료를 보완하였으며
- 철도기술연구원으로 하여금 현장여건을 실내에서 재현하여 현장조사에서 도출된 원인과 시험실을 통해 얻어진 결과를 통해 원인 진단에 타당성을 추구하였고
- 내외 유사 사례수집과 해외 경험을 공유하기 위해 독일의 '뮌헨대학'과 분석 내용에 대한 정보교환을 갖도록 했으며
- 파괴양상을 이론적으로 추적하고 대안 마련을 위한 유한요소해석을 통해 완벽한 분석과 대안 마련을 통해 신뢰할 수 있는 조사단의 활동을 추진하였다.

최종적으로 조사단의 원인 진단과 보수·보강 방안은 공개된 언론회견을 통해 실시간으로 국민께 보고하였으며 〈YTN〉에서 약 3시간에 걸친 보고와 질의응답을 중계 방송하여 국민적인 신뢰를 얻는 데 기여하였다.

4. 경부고속철도 2단계 건설사업 종합점검

1) 점검의 목적과 개요

경부고속철도 2단계 건설사업(동대구~부산 간)의 2010년 개통을 앞두

고, 건설, 품질, 안전 등 건설 전반에 대한 문제점을 파악하고 예방 또는 개선 대책을 마련하여 완벽한 고속철도를 건설하기 위하여 민·관 전문가 합동으로 특별 종합안전점검을 시행함.

□ **경부고속철도 2단계 건설사업의 개요**
- 사업 내용 : 동대구~부산 간 167.2km
  (대구 이남 124.2km, 대전·대구 도심 43.0km)
- 사업 기간 : 2002~2010년(대전·대구 도심 2014년)
- 사업비 : 7조 5,562억 원(1909년 1월 기준)
- 주요시설
- 역 시설 : 7개소(신설 : 오송, 김천, 울산, 신경주,
  증축 : 대전, 동대구, 부산역)
- 차량기지 : 2개소(신설 : 고양기지 중정비 시설,
  증설 : 고양·부산기지 유치선)
- 공정추진현황(1908년 4월 기준)
- 계획 54.4%, 실적 54.4%, 대비 100%
  (대구 이남) 계획 73.2%, 실적 73.2%, 대비 100%
- 사업비 집행현황

(단위 : 억 원)

구분	총소요	1908년까지	1909년	2010년 이후	비고
사업비	75,562	35,400	14,309	25,853	
		49.2%	65.9%	100%	

ㄹ) 점검 내용 및 범위

(1) 대상기관
- 한국철도시설공단(경부고속철도 2단계 건설 발주청)
- 경부고속철도 2단계 관련 설계, 시공, 감리 및 자재공급업체 등 건설공사 관련 업체

* 점검근거 : 한국철도시설공단법 제35조(지도·감독)

　　　　　　건설기술관리법 제21조의5(건설공사현장 등의 점검)

(2) 점검 구간, 분야 및 내용
- 구간
  - 경부고속철도 2단계 건설사업 구간 중 2010년 개통 예정인 동대구~부산 간 124.2km
- 분야
  - 토공, 터널, 교량, 궤도, 전기, 사업관리 등 공사 전반
- 점검 내용
  - 건설 전 부문에 걸쳐 설계, 시공, 감리 등을 심층 점검
    - 고속철도 건설공사의 설계 품질에 관한 사항
    - 고속철도 건설공사의 시공품질에 관한 사항
    - 고속철도 건설공사의 감리품질에 관한 사항
    - 고속철도 건설공사의 안전관리 및 환경관리에 관한 사항
    - 고속철도 건설공사 관련 자료 관리에 관한 사항
    - 고속철도 건설공사 사업관리체계 전반에 관한 사항

(3) 점검 제외

- 궤도 분야의 침목 균열 관련 사항은 국토해양부에서 별도조사 중이므로 점검대상에서 제외

3) 점검 기간

- 2009년 3월 2일~4월 6일(5주간)

4) 종합점검단

(1) 점검단 구성

- 민·관 전문가 합동으로 구성, 국토부 항공철도국장 및 민간위원장 공동단장 체제
- 분야별로 공신력을 갖춘 전문기관을 주관기관으로 지정하여 점검 업무를 전

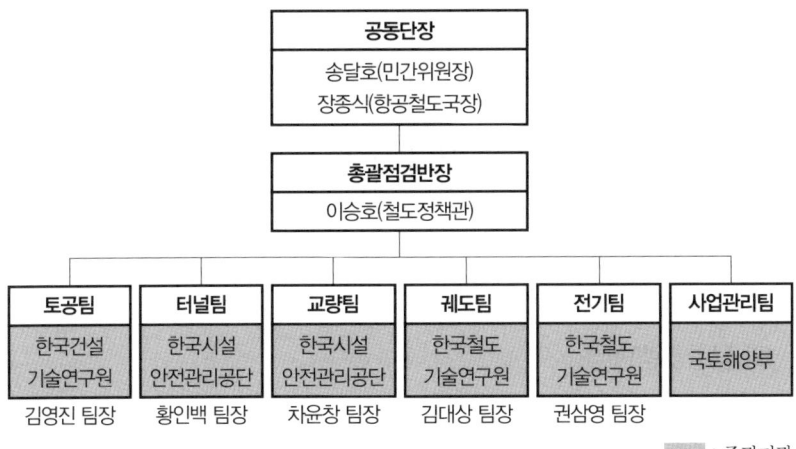

담 지원

* 한국시설안전관리공단, 한국철도기술연구원, 한국건설기술연구원 등 정부산하 전문기관과 협회, 학계, 산업계 총망라

(2) 전문분야별 점검팀

- 점검단은 전체 6개 팀(5개의 기술 분야팀과 1개의 사업관리팀)으로 구성
* 5개의 기술 분야팀은 토공팀, 터널팀, 교량팀, 궤도팀 및 전기팀, 주로 시공품질을 중심으로 점검
* 사업관리팀은 인력배치, 조직운영 등 사업의 전반적인 관리사항에 대해서 점검, 전원 국토부의 직원으로 구성

(3) 인원 : 총 56명

구분	총계	국토부	외부전문가				
			소계	연구계	학계	산업계	공사·공단, 기타
공동단장	2	1	1	–	1	–	–
총괄점검반장	1	1	–	–	–	–	–
토공팀	10	1	9	6	1	1	1
터널팀	8	1	7	2	1	1	3
교량팀	7	1	6	1	1	1	3
궤도팀	11	1	10	6	1	2	1
전기팀	11	1	10	5	1	–	4
사업관리팀	6	6	–	–	–	–	–
총계	56	13	43	20	6	5	12

5) 점검수행방법

• 기술 분야 점검팀은 철도의 특성에 따라 토공·터널·교량·궤도·

전기팀으로 구분하여 분야별 전문성을 확보하여 점검을 시행하였다.
- 각종 공사용 시방서와 설계도서, 자재 공급 계약서, 실험결과 보고서 등을 분석하는 한편, 관련되는 국내외 보고서를 추가로 수집, 분석한 후 현장 점검 체크리스트를 작성하고 이후 직접 현장을 방문하여 점검하였다.
- 현장에서 발견된 지적사항은 주요사항, 경미사항, 제안사항 등으로 구분하였고 구조적인 검토가 불필요하거나 시설물의 안전성에 영향을 미치지 않는 경미사항은 즉시 보수하도록 조치하였다.

• 토공팀
- 구조물의 외관, 규격, 경사, 균열 발생 유무, 누수 상태, 보호용 녹생토의 발아 및 착생 상태, 시공 마무리 상태 등을 점검하였다.
- 또한 강화 노반의 안정성을 평가하기 위하여 현장에서 직접 평판 재하시험을 실시하였으며 추가 실험이 필요하다고 판단되는 현장에서는 흙을 채취하여 한국건설기술연구원 실험실에서 각종 시험을 실시한 후 시방서의 기준과 비교하였다.

• 터널팀
- 외관 조사는 전수조사를 실시하였고 터널의 미세균열 등을 조사하기 위해 고성능 렌턴을 사용하였다. 타격음 조사를 실시하여 콘크리트 라이닝 내부결함 유무 및 보수상태를 확인하였다.
- 일부 구간에 철근탐지기를 사용하여 철근 배근 상태를 확인하였고 필요시에는 현장의 고소점검차를 이용하여 천단부 육안점검 및 배근 탐사를 실시하였다.
- 시공 중인 터널은 지보시공상태, 공사진행상태, 취약구간에 적용한 보조공법 내용 등을 추가로 점검하였다.

- **교량팀**
  - 현장점검은 상부구조의 상판부와 거더부 및 하부구조로 구분하여 시행하였으며
  - 상부구조는 상판부의 배수시설, 교량 받침, 콘크리트의 열화, 손상상태 등을 점검하였으며, 거더부는 콘크리트와 강재부의 손상, 열화, 처짐 등을 점검하였다.
  - 하부구조는 교대, 교각 콘크리트의 손상과 기초부위의 세굴, 침하 등에 대하여 점검하였다.
- **궤도팀**
  - 궤도가 부설된 전 구간에 대한 도보 전수조사를 실시하였고, 일부 구간에서는 다양한 장비를 이용하여 현장상태를 파악하기 위한 계측 및 시험을 실시하였음.
  - 현장점검은 궤도구성품 현장 부설상태, 교량 신축부 침목 간격, TCL 및 HSB 균열상태, 토공부 외측 자갈 포설 현황, 시공 마무리 상태 등을 점검하였으며
  - 테르밋 용접부 초음파 탐상, 테르밋 용접부 직진도 / 단면 프로파일 측정, 콘크리트 궤도 압축강도 측정, 콘크리트 균열 폭 및 깊이 평가를 위한 초음파 탐상, 궤도 틀림 및 선형 상태 등의 현장시험을 시행하였다.
- **전기팀**
  - 전기 분야는 현재 활발히 공사 중이며, 특히 정보통신 분야 및 신호 분야는 아직 현장 설치 공정이 30%와 50%에 미치지 못하므로 설계서 위주로 점검하였다.
  - 점검은 경부 1단계 구간에 비하여 설계나 자재가 달라지는 사항과 특히

경부 1단계 구간의 운영 중 발생한 문제점(44개 항목)에 대하여 중점을 두고 점검하였다
- 또한 외국인 전문가 및 외국인 감리원과의 인터뷰를 통하여 건설품질에 대한 의견을 청취하였다.

• 사업관리팀
- 경부고속철도 제2단계 건설사업에 대한 점검이었지만, 사업관리팀은 별도로 운영됨.
- 사업관리팀의 보고서도 별도로 처리할 예정

6) 지적현황(국토부에 보고된 현황)

구분	계	토공	교량	터널	궤도	전기
계	197	94	46	20	18	19
일반대책	23	6	1	5	8	3
현장시정	174	88	45	15	10	16

경부고속철도 2단계 건설사업은 2010년 개통 예정으로 동대구~부산 간 연장 124.2km이다. 현재 노반은 일부 구간을 제외하고 공사 완료되었다. 이에 따라 후속 공종인 궤도·전력·통신 및 건축 분야에서 총 공정률 73.2%로 활발히 공사가 진행되고 있다. 건설구간은 53개 교량 22.2km와 국내 최장터널인 금정터널(22.4km)을 포함한 35개 터널 73.0km 및 토공 29.0km로 구성되어 있다.

이러한 사업 시설 규모를 고려하고, 복합적인 공종을 감안하여, 토공·터널·교량·궤도·전력 부문의 5개 기술 부문과 사업관리 부문을 합쳐 6개 점검팀을 총 56명으로 구성하였다. 점검팀에서는 2009년 3월 2일부

터 4월 6일까지 설계, 시공, 감리 등 건설 전반에 대하여 현장점검을 하였다.

점검결과 구조물의 안정성에 영향을 미치는 문제점은 발견되지 않았으며, 비교적 수준 높은 품질이 확보된 것으로 판단된다. 다만, 점검 중에 경미한 수정을 요하는 현장수정 지적사항이 259건이 있었다. 또한 일반대책 사항이 44건 지적되었다. 259건의 현장수정 지적사항은 대부분 현장에서 즉시 수정되었으며, 나머지 일부도 원인 규명 및 수정 작업을 진행 중인 것으로 알고 있다. 44건의 일반대책 일부는 유지관리를 위하여 추가로 노력할 사항과 호남고속철도 설계 과정에 반영하는 등 향후 고속철도건설 품질을 향상시키기 위하여 제안한 사항들이다.

이미 설명한 바와 같이, 지적사항 대부분은 현지 즉시 시정이 가능한 것들이었다. 현장수정 지적사항이 많은 토공 분야를 예로 들어보면, 구조물 시공 후에 시공된 배수로의 연결 미숙, 녹생토 균열에 따른 미활착, 청소 미흡 등 경미한 지적사항이 대부분이었다. 다른 분야도 대부분 비슷하였다. 이러한 지적사항은 건설 중에 품질관리 활동 또는 시설물 관리가 미흡하였기 때문에 외부 점검팀에 지적된 것으로 판단된다.

만일 감리업무가 철저히 수행되었더라면 이들 지적사항은 사전 예방되었거나, 아니면 감리업무 중에 발견되어 즉시 시정하는 등으로 점검팀에게 지적되지 않았을 것이다. 따라서 감리업무의 철저화를 기할 수 있는 제도개선과 감리업무의 효율화를 달성할 수 있는 조치들을 강구할 필요가 있다.

건설관리를 총괄하는 한국철도시설공단은 이러한 감리제도의 개선은 물론 지속적인 업무개선을 통한 효율적인 건설관리로 건설품질 최종 책임자로서의 투철한 사명의식을 가지고 건설공사를 추진하여야 할 것으로 사료된다.

ㄱ) 제언

첫째, 건설현장의 경미한 지적사항이 발생하지 않도록 철저한 감리 활동을 위한 감리제도 개선과 적절한 외부전문가 활용이 필요하다. 특히 노반공사는 지반상태 또는 현지 지형을 일부 추정하여 설계되는 점을 고려하여 설계도서와 현지여건이 상이한 경우에 공사 착공 전 설계도서 변경 업무와 구조물 시공 시 철저한 단계별 검측 업무가 되도록 감리업무 개선이 필요하고, 현장에서 발생된 문제점을 조기 해결로 품질확보 및 원활한 공정추진을 위해서는 해당 분야의 전문가를 적극적으로 활용하는 방안을 권장한다.

둘째, 시공품질 향상과 품질의식 제고를 위하여 시공자, 감리자 및 공단 관련자를 포함한 건설참여자를 대상으로 시공품질 중요성 등의 품질교육을 실시하는 것이 필요하다. 철도시설은 복합시설로 각 분야별 시공품질 확보는 철도 시설물 안정성과 연계됨으로 정기적인 교육을 실시하여 각 분야 건설참여자가 품질확보를 위한 투철한 책임감과 사명감으로 건설에 참여토록 하여야 한다.

셋째, 경부고속철도 개통으로 산학연 전반적으로 철도 기술이 많이 향상된 것으로 판단되나, 저탄소 녹색성장 정책에서 철도의 선도적인 역할과 해외 철도건설계획의 증대에 다른 해외사업 참여를 위하여 각 분야 철도 전문인력 양성과 R&D 활성화를 통한 철도 기술력 향상이 요구되는 실정이다. 특히 고속철도 건설 경험과 1단계 개통 후 운행 경험을 가진 공단과 공사 간 기술정보 공유와 설계, 시공, 유지관리 및 운행 등에서 발생된 문제점 해결 및 선진기술 습득을 위한 R&D 과제를 선정하여 철도기술력 향상에 지속적인 노력이 필요하다.

5. 철도안전 100대 과제 점검 · 평가결과

2004년 개통 후 7년여를 넘기면서 운영기관인 KORAIL은 스스로 고속철도 안전을 지속적으로 확보하고자 안전확보를 위한 100대 과제를 선정하여 실행에 들어갔다. 그러나 스스로 마련한 각종 대책이 실현되고 있음에도 KTX-1과 KTX-산천에서 각종 사고나 열차 운행 지연이 빈발하여 우리 사회에 걱정을 끼치고 있던 시기였다.

한국철도 100년 역사에서 세계수준의 고속철도를 도입하여 뛰어난 속도감과 쾌적함 그리고 과거와 판이하게 다른 운영서비스 등이 국민 속에 투영되어 첨단산업으로 단숨에 도약하는 쾌거를 이루었다고 자부하던 시기였음에도 철도안전위원회를 구성하여 스스로의 정책을 객관적으로 검증받고자 하는 데는 철도 각 부문에서 다양한 고장과 사고 및 열차 운행 지연이 발생함에 따라 그 원인을 찾아 개선하고자 하는 의지가 나타났다고 판단된다.

KTX-1은 도입된 지 7년밖에 되지 않았는데 문제가 예상보다 자주 발생한다면 우려스러운 것이었으며, KTX-산천 또한 우리가 스스로 개발하여 선진국에 진입한 첨단열차라는 자랑을 하고 있던 차라 걱정스러운 것이 사실이었다.

따라서 철도안전위원회는 당대 최고의 전문가들로 구성하였으며 이들로 하여금 시행 중인 100대 과제와 실제 현장에서의 실태를 비교·분석하여 문제가 있는 경우 대안을 제시하길 요구하였으며, 또한 기존에 발생한 사고·고장에 대해 원인분석과 대책을 마련토록 운영되었다.

어떻든 KORAIL이 스스로 안전을 우려하고 해법을 객관적으로 찾고자 함은 그 당시에 진일보한 사고의 발로였다.

1) 철도안전위원회 구성과 운영

위원회는 철도 기술이 갖는 전문성을 감안하여 차량/전기/시설/안전 분과로 구분하여 해당 분야 학연산 전문가들로 구성되었다. 차량분과에 6인, 전기분과에 4인, 시설분과에 4인, 안전분과에 4인 등 18인과 위원장 및 간사로 총 20인으로 구성되었다.

각 위원이 분야별로 100대 과제를 나누어 다음과 같은 내용을 검토하고 필요에 따라 대안을 제시하곤 하였다.

① 100대 과제 추진내용을 상세히 점검하고 문제를 도출함.
② 각종 과제의 이행내용을 분석하여 종합평가를 실시하고
③ 사고·고장 극복을 위한 KORAIL의 조치를 파악한 후
④ 각 분과별로 사고·고장 극복과 예방을 위한 제안을 제시함.

각 분과위원회에서 검토한 과제 수는 다음과 같다.

차량분과 – 21개

전기분과 – 26개

시설 분야 – 16개

안전 분야 – 49개 등 총 112개. 검토과정에서 분리가 필요한 12개 과제가 추가되었다.

- **사고 · 고장 현황**

철도운행에 지장을 초래하는 요소로는 '사고와 고장'을 그 주된 요인으로 꼽는다. '사고'라 함은 열차 충돌 · 탈선 · 화재 또는 상당한 인적/물적 피해를 발생시켜 철도운행에 심각한 지장을 초래한 경우를 칭한다.[4]

'고장'이라 함은 철도차량 또는 시설물의 비정상적인 상태로 말미암아 승객의 불편 또는 열차의 지연을 유발한 경우를 일컫는다. 개통 후 7년을 넘기면서 기록된 고속철도의 사고 · 고장 내역은 크게 우려할 수준은 아니었지만, 일부 사고 · 고장은 내용 면에서 우려를 갖기에 충분한 사항이 발견되었다. 즉 고장(운행 장애)실적은 KTX-1의 경우(월평균 고장/편성) 비율이 7년간 약 0.04~0.09 수준으로 나타났는바 비교적 안정추세를 보이고 있었다. 또, KTX-산천의 경우 2010년에 0.28건, 2011년에 0.16건으로 감소추세에 있지만, KTX-1에 비해 약 3배 이상의 고장률을 보이고 있었다.

고장 내용을 살펴보면 2010년과 2012년 2년간을 분석한 결과 KTX-1의 경우 총 40건 중 동력차에서 35건, 객차에서 5건이 발생하였다. 또 모터 블록에서 12건, 제동장치에서 8건, 견인전동기에서 6회 발생하여 3종이 전체의 65%, 동력차 고장에서 74%를 차지함으로써 그 특징이 바로

---

[4] 철도안전위원회, '코레일 철도안전점검, 평가결과 최종 보고서'(2011. 9.) 3쪽에 의함.

짐작되었다. KTX-산천의 경우에도 2010년과 2011년 2년간에 발생한 고장 49건 중 동력차에서 44건, 객차에서 5건이 발생하여 동력차에서 약 90%의 고장이 집중되고 있음을 알 수 있었다.

고장부위별로 살펴보면 공기 배관에서 10건, 신호 장치에서 11건, 고압회로 및 모터 블록에서 8건, 보조전원에서 5건 등이 주요고장 내용이다.

이상에서 나타난 바와 같이 고속철도는 도입 초기에 동력차 부분의 고장이 주요 위험요인으로 나타나고 있는바, 이에 대한 심층분석과 연구가 필요함이 노출되었다.

2) 철도안전위원회 진단과 개선요구

차량분과

위원회는 KTX-1의 고장 원인이 최근 2년간 주요 부품요인으로 발생하였다는 데 주목하고 이에 대한 진단을 수행하였다.[5]

이에 의하면

KTX-1의 경우 : 동력 접촉기, 축상베어링, 견인전동기 등은 '분해정비주기(TBO, Time Between Overhaul)'가 도래한 부품 고장이며, 제동장치 표시등은 '부품의 노후화', 송풍팬 파손 등은 '불량부품' 사용, 동력 접촉기 등은 기존선 운행에 따른 잦은 가·감속에 의한 '정비주기준수 불량' 등의 이유가 지적됨으로 인해 열차 고장의 주원인이 근본적인 문제에 있음을 지적하고 있다.

---

5) 철도안전위원회, 10~19쪽에 의함.

KTX-산천의 경우 : 최근 2년간 고장 전체 49건 중 48건이 제작사의 '설계 혹은 제작결함'으로 발생했음을 지적하고 있으며, 특히 제작검사기관을 도입했음에도 이를 사전에 인지하지 못한 사실도 확인되어 새로운 고속열차를 자체 개발함에 있어 유의해야 할 귀중한 자료도 얻을 수 있었다.

또한 시운전시간을 충분히 갖지 못함에 따른 준비 부족이 고장의 한 요인이었음을 지적한 것은 우리의 현실을 잘 반영하고 있다고 보인다.

이상의 결과에서 지적된 TBO 경과, 노후화, 불량부품, 설계제작 결함, 시운전 부족 등은 철도 운영과 안전에 있어 핵심가치로서 한국 고속철도를 바라보는 눈을 근본적으로 뒤흔드는 것으로 이번 점검·평가가 갖는 의미를 뒷받침 해주고 있다.

결론적으로 KTX-1과 KTX-산천의 고장은 인명의 상해, 차량 파괴 등에 이르는 사고라기보다는 부품의 노후화, 초기안정화 미흡에 따른 기능 상실이 고장의 주된 원인이 되고 있어 철도에 대한 정책적인 판단에 대변화가 필요함을 시사하고 있다.

부품으로 인한 고장은 기술적인 사항이지만 그 이면을 살펴보면 예산과 시스템에 문제가 있음을 가리키고 있는 것이다. 즉 부품에 적정한 단가를 적기에 지불하여 구매해야 함에도 예산 부족으로 수준 낮은 부품을 또 목표보다 작은 수량의 부품을 구입함으로써 현장에서의 어려운 현실이 파악되었기 때문이다. 예를 들면 부품창고에서 재고를 파악한 결과 수량이 부족한 부품이 발견되었으며, 현장에서는 TBO를 넘긴 부품들이 다수 사용되고 있었으며, 심지어 운행 중인 열차 간에도 부품을 교환하는 사례도 기관사들을 통해 청취할 수 있었다. 또, 제작사에 대해서는 기술력 향상을 위한 설계 인원의 확충과 해외인력 보강 등을 통해 기술력 제고를 위한 특단의 대책을 근본적으로 요구하고 있다.

KORAIL에 대해서도 자체 엔지니어링 능력을 획기적으로 개선하고, 제작회사에 대한 관리 능력을 배양하고, 자체검수 기능을 대폭 향상시킬 것을 권고하고 신규차량과 신규부품을 사용하기 위해서는 충분한 사전시험 기간과 검증 기간을 거칠 것을 강조함과 동시에 이를 위한 제도개선을 요청하고 있다. 특히 시운전과 관련된 해외사례와 비교해보면[6]

- **KTX-1의 경우** : 1994년 6월 계약 후 1998년 5월에 제작한 1편성 차량을 프랑스에서 8만 km 시운전 후 양산 차량에 반영하였으며, 그 1편성도 국내에 반입 후에도 시운전을 실시
- **독일 DB의 경우** : 2011년 5월에 발주된 ICE 신모델 차량을 16년에야 선제작 차량을 납품하였으며, 이때 14개월간(상업 운전 12개월 포함) 시운전 후 양산에 착수토록 함.
- **일본 JRD의 경우** : 동일본 E5의 경우 FASTECH-360을 양산하기 전에 선행 차량의 경우 약 20만 km의 성능시험 결과를 반영
- **KTX-산천의 경우** : 철도안전법에서 요구하는 최소한의 시운전 4만 km만 수행한 후 납품함으로써 초기장애, 부품의 적정성 등을 반영할 시간을 갖지 못함.

이상의 결과를 비교해보면 KTX의 경우 도입된 TGV나 산천 모두 근본적으로 시운전 시간이 짧았음을 알 수 있으며, 이것이 갖는 위험성과 불

---

[6] 철도안전위, 14~16쪽 참조

확실성을 이미 내포하고 있다고 판단되는 부분이다.

전기 분야

전기 분야의 경우는 크게, 전철 전력설비 고장, 통신설비, 신호 제어설비가 해당되는 분야로 이들의 고장 또는 지장 상태를 살펴보면 다음과 같다.

- 전력 전기설비 분야

2004년부터 2011년까지 3건의 고장이 전차선과 송·변전에서 각각 있었으며 그 원인은 변전소 기기결함 2건, 수목접촉 1건, 조류침입 2건으로 노후 전자 접촉기 교체와 전원 자동 절체회로를 신설함으로써 문제를 해결하고 있다.

- 통신설비 분야는 열차 운행에 지장 있는 고장은 발생하지 않았으며
- 신호 제어설비 분야

1단계 개통 후 나타난 장애는 대부분 초기장애로 제작 불량(46건), 시공 불량(11건)을 원인으로 지목하고 있으며, 열차 자동제어장치 또한 23건으로 장애가 발생한 것도 같은 이유로 판단했다.

따라서 전기 분야에서는 현황에서 운행에 따른 안정을 취함으로써 극복이 가능하다고 판단하고 있다.

• **시설 분야**

시설 분야는 궤도 유지 상태에 따라 감속운행을 유발할 수 있는 요인을 제공함으로 지속적인 유지보수가 광범위한 구간에서 치밀하게 이루어져야 하는 부분이다.

따라서 표면적으로 나타나지 않는다 하더라도 관리를 소홀히 할 수 없는 특별관리 개소를 분기 5개소, 토공 10개소, 교량 26개소, 터널 8개소

등을 지정하여 운영하고 있으며, 궤도 뒤틀림에 의한 진동 발생이 10건 발생한 부분에 특별 추적관리를 시행함으로써 안전을 도모하고 있다.

• 안전분과

KORAIL은 안전을 정책적으로 뒷받침하기 위하여 '안전대책'을 별도로 관리하고 있었으며, 특히 잦은 고장으로 심각한 결함을 노정함에 따라 이를 치유하기 위한 노력을 경주하고 있었다. 예를 들면 안전실 신설을 통해 해법을 강구하고자 하고 있으나, KTX-산천의 경우 원천적인 차량결함 발견에 따른 한계 노정 경영 효율화에 밀린 유지보수 인력 부족 엔지니어링 업무를 위한 고급인력 부족, 반복되는 차량 고장, 위기관리능력에 대한 반복적인 언론 지적 등이 신뢰를 상실하게 되어 100대 과제 등을 집행하면서 이를 극복하고자 노력을 경주하고 있으나 철도안전위원회의 점검에서 여전히 개선할 점이 나타나고 있는 만큼 아직은 보다 많은 노력을 경주해야 함을 과제로 남기는 결론에 도달했다.

또, 안전을 확보하기 위하여 한국철도산업을 감싸고 있는 다음과 같은 주요 문제들이 해소되어야 한다는 견해도 위원회 의견으로 제안되었다.

- 철도기관 상하 분리 운영
- 선로사용료
- 인력 선진화
- 안전과 노동조합의 적정한 역할

3) 100대 과제 추진 실적

KORAIL이 스스로 철도안전을 지키기 위해 마련한 정책수행 과제들을 외부의 전문가 그룹에게 평가받음으로써 국민·사회적 시각에서 객관화하여 개선하겠다는 의도는 평가 당시 매우 의미 있고 바람직한 시도라는 데 견해가 일치하였다.

보고서를 마무리할 때 기준 100대 과제 추진율은 다음과 같다.

- 차량 분야 31개 과제에 80.3%
- 전기 분야 27개 과제에 66.5%
- 시설 분야 16개 과제에 44.7%
- 안전 분야 26개 과제에 90.1%

2011년 9월에 있었던 철도안전위원회의 활동을 현시점에서 언급하는 것은 한국철도가 성장하는 과정에 있었던 안전확보에 대한 노력을 기록하고자 함이다.

100대 과제에 대한 자세한 내용은 394쪽에 달하는 보고서에 담겨있는 바 이를 모두 우리가 알아야 할 당위성은 존재하지 않지만, 오늘날 쾌적하고 신뢰할 만한 고속철도는 수많은 철도인들이 주어진 현실을 순기능으로 전환시켜 역경을 이겨내는 '철도인 다운 전통과 책임감 그리고 실력'이 뒷받침되어 거의 무(無)에서 유(有)를 만드는 기적을 만들어 냈다고 주장하고 싶어서이다.

수많은 성공으로, 실패를 백안시하고 비판만 하면서 실패로부터 교훈을 얻고, 역사에 새겨 거울로 삼는 것을 회피하고 게을리한다면 우리는 다가오는 더 큰 실패에 처절한 앙갚음을 당할 수 있기 때문이다.

제3장

차량 협상 이야기들

제3장 차량 협상 이야기들

1. 고속철도 차량도입의 파도타기

1) 바퀴식, 아니면 자기 부상식?

첨단기술의 환상

우리는 모 대학이나 연구소에서 신기술 또는 첨단기술을 개발하였다는 기사를 가끔 접하게 된다. 그럴듯한 설명과 더불어 우리 생활이 어떻게 달라질 것인가에 대한 설명도 친절히 덧붙인다. 그러나 개발자 본인에게는 획기적인 기술을 개발한 것일 수 있으나, 실제 그 기술은 일반인이 누리기까지 얼마나 많은 노력과 시간이 지속적으로 추가되어야 한다는 실상은 전혀 언급하지 않는다.

기억하시는 독자들이 있을 듯한데 그 사례를 들어보겠다. 1980년대 초에 발표된 기억형상 합금에 대한 연구결과의 발표이다. 이 물질은 금속 자체가 자신의 형상을 기억하고 있다가 찌그러진다든지 구부러지게 되었을 때 열을 가하면 원래의 기억된 형상으로 복귀할 수 있는 특성을 보유한 금속재료를 의미한다. 예를 들면 자동차가 충돌하여 찌그러졌을 경우 열을 가해 원래 자동차의 형태로 복원할 수 있다는 것으로서 연구결과 발표 당시 획기적인 연구로 칭송을 받았으며 너도나도 여러 대학이나 연구소에서 이를 연구하는 것이 유행처럼 번졌다. 약 40년이 흐른 지금 이러한 금속특성을 연구하는 인력과 전문가의 수는 손가락으로 셀 정도이다. 다시 말하면 연구 성과물에 대한 과잉홍보로 야기되는 이론과 현실의 괴리, 상용화 연구를 위한 추동력의 상실 등으로 대다수 연구 프로젝트는 결실을 보지 못하고 멈추게 된다.

자기부상식 / 바퀴식의 논란

고속철도에 대한 필요성을 인식하면서 자기부상 열차의 도입을 주장하는 연구자들이 그야말로 부상하였다. 과학기술처 산하연구기관인 '한국기계연구원'을 주축으로 자기부상열차를 연구하고 있었으며 마침 고속철도 건설이 대두됨에 따라 과기처 이상희 장관을 중심으로 최첨단인 자기부상열차의 도입을 주장하였다. 또한 일부 정치권을 중심으로 기존의 바퀴식 고속철도보다 이 기회에 미래 첨단기술인 자기부상식 고속철도를 건설하는 것이 바람직하다고 설파하였다.

당시 일본(초전도 방식)과 독일(상전도 방식)이 연구용 시험선로를 건설하고 연구용 차량을 제작하여 겨우 초보 단계의 주행시험을 하고 있는 단계였다. 한국은 일부 실험실에서 열차의 부상 가능성을 확인하기 위한 시편 수준의 소형시험 차량으로 연구하고 있는 상황이었다. 정치적으로 어찌 되었든 간에 상당히 뜨거운 논쟁을 유발한 것은 사실이다. 어차피 막대한 투자를 통해 새롭게 도입하는 첨단기술이라면 향후 미래세대에 유익한 시스템으로 결정하는 것이 현세대의 책무임이 틀림없다.

바퀴식과 자기부상식의 논점을 정리하자면 바퀴식은 궤도와 차륜의 마찰력에 의해 구동되는 형식으로 이미 많은 기술적 안전성이 검증된 시스템이나 마찰력에 의해 구동되므로 소음·진동과 함께 마모 부분이 존재하여 주기적인 유지보수가 필요한 것이 단점이다. 한편 자기부상식은 전자석(자력)에 의해 차량을 부상시키고 추진하는 새로운 영역의 첨단기술로서 미래 교통수단이 될 수 있으나 교통수단의 생명인 안전성을 검증하여 실제 상용화까지 얼마나 걸릴지 또 상용화 수준의 기술을 확립하더라도 자기부상 시스템의 건설비가 어느 정도의 규모가 될지 등 검증할 사항이 너무 많아 실제 재정을 투입하여 건설하기는 너무나 위험부담이 컸다.

이러한 논쟁의 중심에 있는 야당은 고속철도 건설을 반대하기 위한 정치적 쟁점화를 시도하여 건설사업을 무력화시키고자 하였고, 일부 자기부상 관련 연구자들은 이를 기회로 정부로부터 연구비를 확보하고자 하는 의도도 있었다고 보인다. 대전 엑스포에 전시용 자기부상식 열차를 운영한 바 있으며, 실제 중국 푸둥공항 접근용 자기부상열차가 상용 건설된 것이 최초의 상용 실용화이다.

이후 현재까지 독일이나 일본이 꾸준히 자기부상식을 연구하고 있다는 문건을 접하기는 하나 간선철도로서 자기부상방식으로 철도를 건설·실용화할 계획이 있다는 소식을 들은 바 없다. 당시에 자기부상식을 대한민국이 최초로 선택하였다면 세계 역사상 빛나는 수많은 신기록을 수립하는 수모를 겪었을 것이다. 하여튼 현명한 우리는 여러 논란 끝에 바퀴식으로 결정하고 당시 고속철도 보유국인 프랑스, 독일, 일본 3개국의 고속철도 제조사에게 입찰 제의요청서(RFP, Request For Proposal)를 발송하였다.

열차 무선의 포함 여부에 대한 논란

제의요청서를 발송하기 전에 차량, 전차선, 신호 시스템의 도입을 결정하였지만 열차 무선시스템을 포함시킬 것인지의 여부에 대해서는 여전히 논쟁 중이었다. 당시 한국철도가 보유하고 있는 무선방식은 VHF 방식으로 송신 거리가 짧아 근거리 통신을 주로 사용하였고, 장거리 통신은 전화를 사용하는 실정이었으므로 전국을 커버하는 무선시스템의 도입이 절실하였다. 당시 무선시스템의 강자는 모토로라사였고 실무자들은 이를 선호하는 편이었으며, 당시 정부 또한 통합 재난 무선시스템을 구축하고자 계획을 갖고 추진 중이었다.

그러나 당시 고속철도 운영 3개국에서는 우리가 원하는 무선시스템과 상이한 방식으로 운영하고 하고 있어 '핵심기자재 도입'이라는 패키지 개념으로 계획한 사항을 변경할 필요가 있었다. 즉 무선시스템의 도입이 재원조달 계획상 공급자 신용에 의한 차관으로 조달이 예정되어 이를 변경하는 것이다. 결국 내부적으로 열차 무선시스템에 대한 제의서만 제출받기로 하고 추후 별도발주를 하는 것으로 결정하였다. 실제 제2차 입찰 제의요청서 발송 시 열차 무선시스템을 생략하였다.

차량형식 결정

바퀴식이냐 자기부상식이냐에 대한 열띤 논쟁 끝에 바퀴식으로 결정하였으나 문제는 어느 나라 시스템을 도입, 건설할 것인가이다. 각국이 발전시킨 고속철도 시스템은 해당국의 고유한 기술적 배경과 문화관습에 따라 서로 다른 차이점들이 있었다. 그럼 과연 우리는 어느 나라 기술방식을 도입하여 건설하는 것이 우리의 기술발전을 도모하고 미래세대에게 도움을 줄 것인가에 초점을 맞추기 시작하였다.

각국의 방식을 간단하게 살펴보겠다. 일본은 신칸센이라는 고속열차를 최초로 개발 운영한 국가로, 추진방식은 지하철 전동차와 유사한 동력 분산식으로 하부구조물에 끼치는 충격을 최소화하고 감·가속 성능이 우수한 특징이 있다. 또한 차량의 크기가 커서 열차당 수송능력이 제일 큰 편이다. 프랑스의 TGV는 열차 앞뒤에 기관차를 배치하고 중간에 객차를 연결하여 운행하는 동력 집중식이다. 이 방식은 기관차 + 객차 + 기관차로 연결하는 전통적인 구성 방식으로 객차에 견인전동기가 없어 소음 진동에 강한 면모를 보이며, 유지보수비를 절감할 수 있다. 독일도 ICE에 동력 집중식의 추진방식을 채택하여 프랑스 방식과 같으나 입찰 당시 운영을 전제로 시운전 중이었다.

3개국의 서로 다른 기술을 어떻게 평가하고 우리에게 가장 유리한 조건을 제시하게 만들 것인가가 차량 등 핵심기자재 도입의 관건이었다. 이는 입찰 제의요청서를 6차례 반복하여 재제출토록 하고 협상을 통해 우리의 요구수준을 충족시키도록 노력하였다. 최종 프랑스의 TGV를 선정하였고 우리가 원하는 가격수준과 계약조건, 모든 기술을 전수하도록 하였다.

2) 차량도입 과정

기술이전과 국산화 개념 정립

핵심기술의 도입과 아울러 기술적 독립을 성취하기 위한 여러 종류의 수단과 방법을 강구하였다. 또한 운영 시 도입국의 지원을 최소화하여 바가지를 쓰지 않기 위해 많은 고민을 하였고 경부고속철도 사업 완공 후 호남선, 강릉선 등 추가로 고속철도를 건설할 경우 순수한 우리 독자 기술로 건설함을 목표로 삼았다. 기술이전이란 개념은 일단 기술 트리를 만들고 그에 관련된 기술의 세부내역(Breakdown)을 작성하여 받을 기술을 정의하는 것이다. 해당 기술마다 각종 계산서와 도면이 포함된 설계도서, 이를 제조하기 위한 각종 특수공구 목록과 사용법, 각 공정마다 필요한 작업절차와 기준, 제조된 부품의 시험 및 시운전, 검사방법 등 품질관리 관련 자료, 제조품의 유지관리 매뉴얼 등 각종 기술자료를 포함한다.

이러한 각종 기술자료의 습득은 설계 시 한국기술진의 설계 참여를 통한 훈련과 제조 시 계약자의 기술지도, 제품 생산 후 품질감독 등의 절차를 통해 수행된다. 이러한 과정은 계량화하기가 상당히 어려워 기술이전의 효과를 측정하기가 만만한 일이 아니었다. 따라서 기술이전의 효과를 정량적으로 측정할 수 있는 것이 국산화였다. 즉 기술이전을 통하여 부품 및 완제품을 어느 정도 국산화하였는지 계량화가 가능하므로 100% 국산화 제조를 하였다면 기술이전이 완성되었다는 개념에서 출발하였다. 총 도입 46편성 중 12편성은 프랑스에서 제조하고, 나머지 34편성은 전수받은 기술을 토대로 단계별로 국산화하여 국내에서 제조하며 마지막 46편성에서 100% 국산화 부품을 제조 · 사용토록 하여 국산화율 목표를 관리할 수 있도록 하였다. 즉 기술이전의 단계를 요약하면 기술자료 전수 → 기술 훈련 → 제작 감독과 지원 → 국산화의 단계를 거쳐 완성되는 절차로 진행되었다. 이러한 개념과 계획으로 기술이전과 국산화를 시도하였지만, 규모의 경제에 미달하는 부품은 공단에서 설계도서를 받아 추후 국산화 업체가 나타나면 해당 기술자료를 전수해주도록 하였다. 그럼 과연 100% 국산화가 되었을까? 이 문제에 대해서는 여러 논쟁이 있을 수 있으나 단계별로 추진하여 34개 편성이 국내에서 제조되었다는 사실과 마지막 편성의 국산화율이 100% 달성한 것으로, 기술이전이 완성되었다고 평가하였고 추후 한국이 독자적으로 제조할 수 있다고 판단하였다.

또한 제의서의 공정한 평가를 위해 3개 그룹으로 나누어 평균을 내는 방식을 채택하였다. 즉 국내 전문가, 공단 담당자, 국외 전문가 등 3개 그룹으로 구성하여 제의서의 공정한 평가를 도모하였으며 이러한 규칙은 기종선정 종료 시까지 적용하였다. 참고로 고속철 핵심기자재 도입 계약 방식이 발주처 입장에서 상당한 장점이 있어 재무부에 요청하여 '협상에 의한 계약방식'이란 제목으로 정부가 대형 프로젝트에 적용할 수 있도록 '국가법(국가를 당사자로 하는 계약에 관한 법률)'에 삽입 개정하여 법제화하였다.

상부/하부구조의 논쟁

상부구조인 차량 등 핵심기자재는 기본적으로 제조업 영역(제조 분야)에 해당하고, 하부구조인 토목, 교량, 터널, 궤도 등 건설업 영역(건설 분야)에 속한다. 다시 말하면 토공 위에 자갈을 놓거나 교량, 터널 바닥에 슬래브를 치고 자갈을 놓고 궤도를 부설하면 차량이 그 궤도 위를 주행하게 된다. 즉 궤도는 일반도로의 노면과 같은 역할을 한다. 차륜과 궤도의 기하학적인 형상에 의해 운행 시, 즉 차량이 궤도 위를 주행함으로써 진동과 소음, 탈선 등의 다양한 현상이 발생하게 되며, 이것이 안전과 관계 있는 것이라면 책임소재를 밝혀야 하는 경우가 종종 발생한다. 이는 전기를 공급해주는 전차선과 차량의 집전장치인 팬터그래프에서도 같은 현상이 존재한다. 팬터그래프의 상호작용은 계약자의 과업 수행범위에 포함되므로 논란의 여지가 없었다.

그러나 궤도의 경우는 공단 측에서 부설하므로 내부적으로 Wheel / Rail Interface에 미묘한 문제가 발생하였다. 차량 담당자들은 계약조건의 'Interface' 항에 상호작용의 범위는 궤도면 상부(on Rail)에서부터 시작한다고 규정되어 있다고 하였으나, 궤도 담당자들은 궤도 / 차륜의 상호작용에 관련된 모든 사항은 계약자 책임이라고 주장하였다. 아마도 이는 밑져야 본전이라고 어깃장을 놓아 본 것이리라.

3) 고속차량 도입 전술

제의서 평가방식 / 협상 전략과 전술(3개국의 대응 방식)

3개국으로부터 입찰제의서를 접수한 후 우리에게 가장 유리한 기종을 선정하기 위한 평가와 협상을 장기간 수행하였다. 평가는 사전에 개발한 기준에 따라 진행하되 정성적 분석과 아울러 정량적 분석을 한 후 3개국 평준화 과정(Normalization)을 거쳐 수치화하여 합산하는 방식으로 우선협상대상자를 선정하는 것이었다.

입찰제의서 발송과 동시에 제의 3개국에 공표한 평가시스템은 비용(가격, 금융, 경제성 등), 기술성(차량, 전차선, 신호 등) 기술이전과 국산화, 상업성(계약조건, 일정 등) 등 4개 분야로 구분하였으며 각각 7,500점씩 배점하여 총점 30,000점으로 하고, 최고 점수를 획득한 제의자가 우선협상대상자로 선정되고 차점자는 차순위 협상대상자가 되도록 하였다. 우선협상 대상자와 협상이 결렬되면 2순위자에게 협상의 기회가 주어지는 구조의 협상 시스템을 구축하였다.

6차례에 걸쳐 제의서 재제출을 요구하였는데 이는 가격과 계약조건 등 우리의 요구수준에 이르지 못하였을 뿐 아니라 기술이전 국산화의 제안이 막연하여 이를 좀 더 구체화하는 과정이 필요하였다. 당시 기술이전/국산화는 국가적 목표(National Interest)로 부상하여 경부고속철도 사업의 최대 정책목표로, 우리에게는 지상과제나 다름없었다.

평가항목과 방법

비용 중 경제성은 차량 가격, 유지보수비 등 정량적 평가로서 제출된 자료를 평준화하여 계량화하였다. 평준화 과정이 필요했던 사유는 각국의 운영시스템의 차이로 인한 유지보수비용의 편차와 수리용 부품의 수량 차이 등을 같은 차원에서 비교하여야 실질적인 평가를 할 수 있었기 때문이다. 즉 열차 1편성을 정비하는 데 투입되는 인력과 부품소모량 등이 다르기 때문에 향후 30년간의 총비용을 누적, 추정하여 수명 기간 동안의 비용(Life Cycle Cost)을 산출하여 평가하였다.

평가항목은 금융(8), 차량(60), 전차선(11), 신호시스템(33), 품질보증/관리(18), 기술이전(33), 국산화(28), 계약조건(48), 운영 경험(3), 사업 일정(60)으로 세분화하여 평가하였다. 평가방식은 기술 성능과 특·장점, 유지 보수성, 계약조건 등 전문가의 주관적인 평가를 시행하는 정성적 평가와 제의가격(Normalization Price), 금융조건, 환율 등 경제성 평가에 반영하는 정량적 평가방식으로 채택하였다.

기술성과 영업성 및 기술이전/국산화는 정성적 평가로서 항목별로

0.0~5.0 스케일로 평가하고 추후 가중치를 곱하여 점수를 산출하였다. 평가의 공정성을 담보하기 위해 각 평가항목의 가중치는 점수를 종합하는 관계자 외에는 모든 평가자에게 비밀로 취급되었다. 기술성 평가의 경우는 각 기술계통별로 3개국 기술을 비교, 평가하였으며, 영업성 평가는 계약조건의 경우에 있어서도 하자보증이나 운송, 보험조건 등 계약에 대한 전반적인 제의 수준을 비교, 평가하였다. 기술이전/국산화는 그 이전 내용과 실효성, 국산화 비율 등을 비교하여 평가하였다. 평가는 3개 전문가 그룹으로 구성하여 각 평가자 개인별로 각자의 전문성을 기초로 평가하고, 그룹별로 평균을 구하고, 다시 평균을 합산하여 최종 평가점수를 구하는 방식으로 진행되었으며, 이러한 과정은 극비로 진행되어 담당자 이외에는 전혀 알 수 없는 방식으로 진행되었다.

평가 참여 기관은 평가의 공정성을 확보하고 추후 외교적인 마찰을 최소화할 수 있도록 공단과 국내외 전문가로 평가단을 구성하였다. 평가비율을 다음과 같이 결정하여 특정 평가그룹에 시스템이 결정되지 않도록 공평하게 배분하여 형평성과 객관성 확보에 주력하였다.

평가기관	평가 인원(명)	득점 가중치율(%)	비고
고속철도공단	24	34	
국내 전문기관	13	33	
Bechtel사	18	33	
계	55	100	

국내 전문기관 : 교통개발연구원, 한국기계연구원, 한국전기연구원, 한국기업평가(주), 세종합동법률사무소

대한민국 감사행정의 웃기는 단면을 보여주는 사건이 있었다. 우리의 자랑스러운 감사원은 기종선정이 완료된 후 평가·선정 과정이 적절하였는지 확인하기 위해, 다시 말하면 평가의 공정성과 적정성이 확보, 유지되었는지 감사를 하겠다고 엘리트 감사관들을 공단으로 보냈다. 관례상 평가자의 점수는 비공개로 하여 평가자의 전문성을 보장해주는 것이 관례이나 당시 감사원은 이를 무시하고 개별 평가자의 모든 항목에 대한 평가점수를 알 수 있는 평가서의 열람을 요구하였다. 감사원이 평가에 대한 특별한 노하우가 있어 그런 것이 아니라 각 항목에 대한 개별 평가자들의 평가점수를 단순히 비교하여 개별 평가자의 성향을 추정하고 평가의 일관성을 유지하고 있는지 확인하는 것이었다.

그 많은 항목, 그 많은 사람 중에서 딱 한 사람이 점수도 그리 크지 않은 한 항목에 대하여 오류(?)를 발견하고 해당 평가자를 감사장 앞으로 소환하였다. 즉 해당 항목의 평가에 참여했던 사람들이 모두 'Yes'라 평가하였는데 그만이 'No'라고 하였던 것이다. No라고 한 그의 설명을 들으니 전적으로 동의할 수는 없으나, 그의 시각에서는 그의 말이 옳았다. 그럼 감사관이 평가자의 기술적 시각과 철학이 다르다고 그를 징계한다면 평가자는 어찌해야 할까?

국회에서도 이와 유사한 사례가 있었다. 국회 국정감사 기간에 평가 관련 모든 자료 사본을 제출하라는 요청이 있었다. 일단 자료 분량이 한 트럭 정도로 방대함을 설명하고 평가자 보호와 외교적 분쟁의 소지를 방지하기 위해 외부에 공개할 수 없다고 양해를 구하고자 하였다. 여러 논란 끝에 결국 국정감사장에서 비공개로 필요한 평가 관련 사항을 보고하고 회의 종료 후 배포된 자료를 회수하는 것으로 협의하여 국회에 보고한 바 있다.

그런데 고속철도 건설사업을 관리 감독하는 정부에서조차 이에 대한 상세한 열람을 요구한 적이 없음에도 실제 사업에 관여하지 않는 감사원이나 국회에서 보자고 하는 것이 무엇을 의미하는 것일까? 업무상 어떤 목적으로 평가자의 개별 평가결과를 확인하고자 했는지 30여 년이 지난 지금까지도 이해할 수 없다. 평가결과에 대한 단순한 호기심이었을까? 좌우지간 잘 모르겠다…….

제의 차수별 순위변동

제의서 각 차수별 순위는 의도했든 그러하지 아니하였든 프랑스와 독일이 번갈아 가면서 순위가 변동되었다. 이는 아마도 추정컨대 2순위가 되면 다음 제의서 제출 시 제의 조건을 대폭 개선하여 1순위로 평가받게 되면서 매번 1순위와 2순위가 뒤바뀌는 경향을 보였던 것이 아닐까 한다. 하여튼 우리가 의도했던 경쟁 유발이란 소기의 목적을 달성한 것이다. 우리의 의도대로 제의 수준이 상당히 향상되었기에 최종적으로 6차 제의서 재제출을 요구하면서 마지막 제출이라고 선언하였다. 최종 평가결과 프랑스가 우선협상대상자로 확정되었으며 프랑스와 협상에 돌입하기 위해 사전에 구성한 협상팀을 추가 보완하였다. 프랑스 Alstom사에 이를 통보하였으며 공단과 동일한 협상팀을 구성하도록 권고하였다.

협상 2순위자로 확정된 독일 Siemens사가 보인 반응은 의외였다. Siemens사 회장 명의로 자기들은 '공단의 모든 요구조건을 만족시킬 수 있으며 가격도 1억 달러를 추가 삭감할 수 있다.'는 똑같은 공문을 국회, 감사원, 건교부, 청와대에 보냈다. 공단에서 그 내용을 확인하고 정부 요로에 발송한 공문 내용이 '최종 제의'임을 15일 이내에 확인해 줄 것을 Siemens사에게 요청하였다. 공단에 정식 제안하는 것은 법률적으로 '손해배상의 조항'이 적용될 수 있기 때문에 섣불리 움직이지 못하고 비공식적인 루트를 통해 언론 플레이를 염두에 두고 벌인 해프닝으로 보였다. 사실 공단은 내부적으로 상당히 좋은 기회라고 쾌재를 부르며 차후 대책을 논의하였는데 결국 '못 먹는 감 찔러나 본다.'는 심산일 것이라는 결론을 내렸다. 그간 겪었던 독일 Siemens사에 대한 경험에 비추어 볼 때 아무런 반응이 없을 것이라는 우리의 예측이 맞았다.

Mitsubishi사 제외

제4차 제의서(1992. 12.) 평가 시 일본 Mitsubishi사를 탈락시키고 제5차 제의서(1993. 02.) 재제출을 프랑스 Alstom사와 독일 Siemens사에 요구하였다. 가격, 금융제공 조건 등은 일본이 우수하였으나 당시 일본이 탈락한 사유는 기술이전 / 국산화 문제에서 야기되었다. 수차례 3개국에 대하여 기술이전 / 국산화 제의 조건을 향상시켜줄 것을 요청하였으나 일본의 경우는 상당히 막연하게 제의하였다. 즉 기술이전 불가 품목이 여전히 존재하고 있으며 최선을 다해 100% 국산화하겠다는 선언적 언급만 있었지 어떤 기술을 어떤 방식으로 누구에게 전수하고 국산화를 추진할 것인지에 대한 구체적인 언급이 없었다.

객관적이고 공정하게 제의 내용을 평가를 해야 하는 것이 필자의 입장이었지만 국익을 최우선 과제로 삼고 있는 '기술이전 / 국산화'에 대한 제의내용이 너무나 부실했고 개선의 여지가 없음을 확인하고 일본 Mitsubishi사와 인연은 여기가 끝인 것처럼 느꼈다. 그렇다 하더라도 최종적으로 일본 컨소시엄 대표인 Mitsubishi사에게 제의내용을 구체화 시켜 달라고 재요구하였으나 초기 제의내용과 유사하여 어떤 개선점을 찾지 못하여 내부 토론을 거쳐 일본 Mitsubishi사를 입찰에서 제외하기로 결정하였다.

당시에 공단은 기술이전／국산화의 제의현황을 확인할 목적으로 각 제의사를 방문하기로 하였으며 그 계획의 일환으로 Mitsubishi사 출장길에 올랐다. 일본 입국 시 출장자 중 한 명이 출입국관리소 근무자에게 시비가 걸렸다. 입국서류에 통상하는 것처럼 입국자의 성명을 영어로 기록하여 제출하자 이를 한자로 다시 작성할 것을 요구하였다. 왜 '여권에도 없는 한자 이름을 요구하느냐?'고, 그런 규정이 있다면 제시해주도록 항의하였다. 결국 실랑이 끝에 그의 상급자가 나와 인심을 쓰는 척하며 통과를 시켜주었지만, 대단히 불쾌한 경험이었다.

아마도 이는 당시 독도 문제로 야기된 한일관계의 경색, 즉 양 국민이 서로 덕담을 나눌 수 없는 좋지 못한 감정을 갖고 있어 이러한 현상이 발생한 것으로 보인다. 실제 관련 규정이 있기나 한 것인지 왜 시비를 걸었는지는 알 수는 없었으나 일본 입국 시 출입국 공무원으로부터 예상치 못한 엉뚱한 수모를 겪었다면 아무리 공정한 사람이라도 일본을 좋게 생각하기는 어려울 것이리라.

제의 3사의 개성

장기간에 걸쳐 제의서 접수와 평가, 협상을 통해 겪었던 일들을 미루어 그네들의 행동 패턴을 짐작할 수 있었다. 일본의 경우는 우리가 상식적으로 아는 바와 같이 될 수 있는 대로 정확한 의사전달을 추구하는 편이었다. 깍듯이 인사하는 예법에 대하여 Bechtel 측 일부 인력이 호감을 보이기도 하였다. 일본 측은 서울지사를 적극적으로 활용하여 자기들에게 필요한 사항이 있으면 직접 정보를 수집하고, 이의가 있을 경우 비공식적인 루트를 활용하여 점잖게 직접 담당자에게 설명을 요구하는 등 그들 스스로 최선의 방법을 찾아 해결하고자 하는 노력이 눈에 띄었다.

독일의 경우는 서울 지사장이 직접 협상에 참여하여 지휘하고 한국 업체와 협의 창구 역할을 주도하였다. 우리는 독일인을 정직하고 약속을 잘 지킨다고 생각하고 있으나, 영리를 목적으로 하는 사람들은 세계적으로 표준화되어 있음을 느꼈다. 대우중공업과 파트너였던 Siemens사는 물밑으로 현대정공과 은밀하게 한국 고속철도 사업의 수주 관계를 협의하였다는 흔적이 가끔 눈에 띄었다.

프랑스의 경우는 해외 고속철도 사업의 첫 수주지역은 한국이 될 것이라고 작정하고 한국 유력인사가 프랑스를 방문하면 거의 예외 없이 TGV를 승차시켜 자신들이 가장 우수한 기술을 보유하고 있음을 장기간 홍보하였다. Alstom사의 협상 참여자들은 끈질긴 인내심과 정열을 갖고 각자 리더인 양 최선을 다하는 것으로 보였다. 기분파 성향과 함께 쉽게 달아오르는 성급함은 우리와 비슷해 보였고 이로 인해 가끔 협상 결렬을 먼저 선언하는 경우가 있어 누가 갑이고 을인지 모호해지는 분위기가 연출되기도 하였다. 제의내용과 다른 역제의를 공단으로부터 받는 경우 서울지사에서 분석한 후 본사의 지침을 기다리는 계급적 구조는 우리뿐만 아니라 제의 3사가 모두 동일한 것으로, 아마도 세계 공통의 프로토콜을 유지하고 있는 듯하였다.

핵심장비 도입 재원조달

사업 기본계획에 따라 차량 등 핵심기자재는 공급자 신용(수출금융, 수출연계금융)에 의한 차관을 도입하도록 계획되어 있었다. 재원조달의 기본목적은 고속열차 시스템도입에 필요한 직접적인 구매비용뿐만 아니라 건설 기간 동안에 발생하는 이자까지 포함(이자의 원금화)하였다. 해외자금이 공적이든 사적이든 정부가 빌리게 되면 차관이란 형식으로 변경되며 국회의 동의가 필요하다.

따라서 1993년도에 27억 달러 상당의 차관도입을 승인받았으며 차량도입 계약이 체결됨에 따라 엥도스에즈은행 등 25개 금융기관을 차관 선(국내 7, 국외 18)으로 하여 공공차관 23억 3천7백만 달러의 도입계약(1994. 08.)을 재무부가 체결하였다. 프랑스 제작분은 프랑화, 국내분은 미 달러화로 구매계약의 변동에 의해 조정(지급될 프랑화의 10% 한도 내)할 수 있었다. 인출조건은 구매계약 공정에 따라 Key Event 방식으로 2개월마다 계약자에게 기성을 지급하는 것으로 하였다. 차주가 되는 재무부가 협상을 주도하였고, 차관계약 체결 후 고속철도건설공단에 전대하였다. 차관계약은 추후 건설공정과 연계되어 일부 계약변경이 있었다.

4) 제의서 평가

6차례에 걸친 제의서 평가 전략

우리 측의 각국 시스템에 대한 6차례에 걸친 제의서 평가 전략은 가장 우수한 성능의 시스템을 저렴한 가격으로 도입하고, 모든 기술을 이전받는 것을 목표로 삼았다. 평가에 이르는 험난한 길은 기술이전 / 국산화였다. 가격이 일부 비싸더라도 100% 기술을 이전하는 측을 우선협상 대상자로 결정하자는 내부적인 합의가 있었고 Bechtel 측은 우리의 의도를 이해하여 기술이전 / 국산화 항목을 영어로 국가적 관심사(National Interest)로 표현하였다. 1~3차 평가까지는 어떤 의미에서 연습이었다고 할 수 있다.

 제의 3사가 제출한 제의 조건은 그 진정성을 의심할 만한 수준이었으며 대한민국 정부가 정말 고속철도 사업을 시행할까 하는 의구심을 나타내며 여전히 간 보기가 지속되었다. 예를 들면 가격조건을 제의 당시의 불변가격(Fixed Price)으로 제시하고 가격변동 요소(Price Escalation)를 반영하도록 요청하였으나 여전히 가격수준은 최종계약가의 2배 이상으로 제의하여 속된말로 우리 측을 열 받게 하였다. 기술이전 / 국산화는 계약 후 한국 참여기업을 조사하여 기술이전을 시행할 예정이며 기술 계통도조차 제시하지 않고 막연하게 국산화율 100%를 달성하겠다고 언급하여 어떤 의미에서는 장난한다는 느낌이 들 정도였다.

 우선협상대상자의 선정을 위한 입찰 제의요청서(RFP, Request For Proposal)를 프랑스 Alstom사, 독일 Siemens사, 일본 Mitsubishi사 3사에 발송(91. 08.)하여 고속철도 도입의 첫발을 딛게 되었으며, 이후 3개사의 치열한 경쟁을 유도하기 위한 공단과 제의 3사 간의 수 싸움이 전개되었다. 제의서 제출을 반복적으로 요구함으로써 전체적으로 사업의 지장을 초래하지 않도록 하고 좀 더 구체적이며 확정적인 조건을 제시하라고 압박하였다. 기나긴 제의서 평가과정에서 습득한 각종 기술자료와 제의 조건들을 추후 유리한 입장에서 계약자와 협상에 임할 수 있었다.

2. 협상의 끝자락

핵심기자재 도입 협상

입찰 제의요청서를 발송(91. 08.)한 후 제의자가 가장 궁금해하는 평가기준의 개요에 대한 사전설명회를 2일간 개최하여 제의서 작성에 도움이 되도록 하였다. 이는 쌍방의 원활한 의사소통을 유지함으로써 소기의 목적을 달성하고자 하였다. 발주처의 주요 관심 사항과 향후 정책 사항이 무엇인지 제의자가 이해하고 공단의 의도를 확인하여 우리의 조건을 만족시킬 수 있는 제의서를 작성하도록 유도하기 위함이었다.

그러나 최초 제의서를 접수(92. 01.), 평가한 결과 제의내용이 너무나 부실하여 보완 제의를 요청하였으며 이 역시 아무런 도움이 되지 아니하였다. 이러한 상황에서 제의서를 평가한 후 우선협상대상자를 선정하여 협상을 개시한다고 하더라도 제의 수준의 향상은 기대할 수 없었으므로 3개국 동시 복수협상으로 입장을 변경하고 각 제의사에게 협상 개시 일자와 조직 및 일정을 통보(92. 06.)하였다. 약 3.5개월 정도 3사 협상을 통해 기술 수준을 비교·확인할 수 있었으며 확정가격 제시를 요청하였다.

접수 차수	주요 제의내용	우선협상 대상자
최초 (92. 01.)	- 제의 3사 시스템은 각각의 방식과 특성은 상이하나 경부고속철도에 적합한 것으로 평가 - 가격, 기술이전/국산화, 계약조건 등 기대수준에 미흡, 보완 제의(92. 04.) 요구 - 3개국 대동소이 경쟁 불성립으로 판단, 3사 동시 복수협상으로 입장 변경 통보함(92. 06.) - 상기 분야별 협상을 통해 3사의 제의 수준을 비교 확인하고, 사업 범위를 확정하여 확정가격으로 제안 요청	Siemens

접수 차수	주요 제의내용	우선협상 대상자
2차 (92. 09.)	- 가격수준이 여전히 높고, 기술이전/국산화의 미흡 (핵심기술의 이전, 열차판매제조권을 허용하되 해외판매 대상 지역의 제한 또는 사전승인 요구) - 일부 과업 범위를 조정하고 경쟁 유도를 위한 수정제의 요청	Alstom
3차 (92. 12.)	- 대통령 선거 등 국내정치 상황으로, 눈치 보는 수준으로 제의내용이 개선되지 않음. - 기술이전 계획은 국내업체의 접촉으로 일부 개선되었으나, 핵심기술 이전과 국산화율은 목표 수준에 미달 - 분쟁 조정, 계약해지권과 해지 시 손실보상, 하자보증 등 핵심조건에 대한 의견 고수 - 국내정치 여건의 개선으로 제의 3사 가격과 조건 경쟁을 유도하도록 수정제의 요청	Siemens
4차 (93. 01.)	- 제의 3사의 적극적인 호응으로 제의 수준은 향상되었으나, 최종 목표 수준에 미달 - 금융조건, 기술이전 국산화 등 미진한 분야의 조건을 개선함과 아울러 제의 가격의 추가 인하를 유도하기 위해 수정제의 요청(93. 02.) - 기종선정을 기존 정부(6공)가 아닌 차기 정부에서 선정해야 한다는 여론이 지배적이라 제의서보다 한국 정부의 진심을 파악하고자 함.	Alstom
5차 (93. 02.)	- 기술이전 / 국산화에 대한 획기적인 제안(기술 훈련/이전 무료제공범위 확대)과 더불어 기술이전 제외 품목을 철회하고, 국내 조립편성 수의 대폭 상향으로 인한 국산화율 제고 - 기본계획 변경(93. 06.)에 따라 제작공정, 사업 범위 등을 조정하고, 2개국 (Alstom사와 Siemens사)의 경쟁을 극대화하여 가격과 조건을 보다 향상시켜 '최종' 수정제의를 요구함.	Siemens
최종 (93. 06.)	- 각사의 제의 조건을 평가한 결과 Alstom사는 제시한 가격, 금융조건, 계약조건, 운영 경험, 사업 일정 등의 제의내용이 우수하였고, Siemens사는 기술과 기술이전 조건 등에서 한국의 조건을 충족시키는 것으로 평가함. - 평가결과 Alstom사는 143개 세항에서 우세, Siemens사는 기술과 기술이전 조건 등 135개 세항에서 우세, 54개 세항은 동점 - 따라서 최종 우선협상 대상자로 프랑스 Alstom사가 선정(93. 08.)됨.	Alstom

3개국 동시 협상

정권 교체기에 접어들면서 제의 3사는 경부고속철도 사업을 계속할 것인지 의구심을 나타내며 정권이 결정될 때까지 제의내용을 향상시키지 않고 눈치만 살피는 중이었다. 제의 3개국은 약속이나 한 듯이 제의내용을 향상시키지 않고 관망 모드로 돌입하였다. 이러한 국면을 타개하기 위해 공단은 3개국 동시 협상 카드를 제시하였다.

제의 각사는 각각 한국회사를 한 파트너로 선택하여 협상팀을 구성하고 향후 최종 낙찰자로 결정되었을 때 한국 생산물량을 한국 제작 3사에 배분하는 구조로 협상 전략을 변경(92. 06.)하였다. Mitsubishi사-한진중공업, Siemens사-대우중공업, Alstom사-현대정공으로 팀을 구성하여 협상을 시도하였으나 해외 제의 3사와 국내업체의 이해관계가 서로 달라 성공적이지 못하였다. 해당 파트너사와 논의하는 척하면서 가장 유력하다고 생각하는 다른 파트너와 은밀하게 정보를 교환하는 불상사가 발생하였다.

서너 차례 협상을 거친 후 이론적으로는 매우 좋은 방법일 수 있으나 현실적으로 각사의 이해관계가 충돌하여 결국 시간만 죽이는 상황이 연출되었다. 다만 이 동시 협상을 통해 우리가 얻을 수 있었던 것은 제의자의 입장과 의도를 간파할 수 있었다. 물론 제의자도 우리 측의 입장과 목표를 어느 정도 이해함으로써 원만한 의사소통에 도움이 되었다. '서두른다고 되는 것이 아니라 뜸을 들여야 맛있는 밥을 먹을 수 있다.'라는 단순한 교훈을 배우게 되었다. 따라서 반복적인 제의서 평가를 통해 우리의 목표를 어느 정도 실현시키는 것이 효과적이라는 믿음을 갖게 되었으며 차분히 제의서를 평가하는 모드로 진입하여 좀 더 목표 지향적인 마인드를 보유하게 되었다.

협상의 진행과 계약

우선 협상대상자가 프랑스 Alstom사로 선정됨에 따라 공단은 독일의 Siemens사가 한국 프로젝트를 포기하지 않도록 관리할 필요가 있었다. 이는 언제든지 Alstom사의 협상 위치를 불안하게 만들 수 있을 것이라 기대하였기 때문이다. 국제상관례로 볼 때 2순위 자가 1순위 자를 추월하는 경우는 극히 드물기는 하나 그래도 만에 하나 Siemens사의 연애편지(?)도 있고 해서 이러한 구도를 준비하고 있는 것도 의미 있는 일이기는 하였다.

프랑스 Alstom사가 우선협상대상자로 선정됨에 따라 평가에 참여하였던 공단과 Bechtel 전문가를 중심으로 협상팀을 구성하고 협상 전략을 재검토해 보완하였다. 주된 내용은 Alstom사와 Siemens사의 제의내용 중 유리한 조건을 발췌하여 협상안으로 목록화하고, 기술이전 및 국산화에 대한 세부 추진계획과 절차를 계약조건으로 정의하였다. 또한 도입된 차량 등 핵심장비와 하부구조 간의 적합성을 보장토록 함과 아울러 원활한 고속철도 운영을 위해 유지보수 체계의 제공과 인력 훈련의 범위를 확정하였다.

공단에서 작성한 분야별 최적 안을 기본으로 협상 항목을 결정, 통보하고 회의록은 쌍방이 교대로 작성하는 것으로 절차화하였다. 협상하는 과정에서 불분명한 의사소통은 협상이 아닌 논쟁으로 발전하는 경우가 종종 있어 사적인 감정이 이입되지 않도록 유념하였다. 다만, 우리 측은 가끔 의도적으로 협상 상대의 책임자 교체를 요구하여 협상을 교착상태로 만들어 상당한 냉각기를 갖게 하는 등 협상 상대자를 압박하기도 하였다.

대체적으로 동양 사회에는 '갑과 을의 관계'를 강자와 약자의 구도로 생각하는 경향이 강한 편이나, 서양의 경우는 우리보다는 갑을의 관계를 사업파트너로서 동등한 관계에 있다고 생각하는 경향이 우리보다는 강한 편이다. 물론 기본적인 갑과 을의 관계에는 변함이 없기는 마찬가지이긴 하였다. 하여튼 공갈에 협박까지 동원하고, 어르고 달래면서 8개월간의 협상을 마무리(94. 04.)하였다.

협상 결과를 요약하면 '경부고속철도 핵심기자재 도입' 가격은 21억 160만 달러에 상당액(94. 06. 14. 전신환 매도율 기준)으로 협상이 종료되어 최초 제의가격에서 약 13억 달러 정도 삭감하였다. 계약조건에서는 이미 개발된 기술사용권과 사업 진행 과정에서 확보한 신기술은 공단의 소유로 하고, 과업 수행에 대한 컨소시엄 참여업체의 개별 및 연대책임 부과, 선급금은 총계약가의 15%, 기성금은 격월 Key Event 방식으로 지급하고, 차관 규모는 23.4억 달러로 8년 거치 10년 상환조건으로 타결하였다.

차량제조는 프랑스에서 12개 편성, 대한민국에서 34개 편성을 제조하고, 기술이전 및 국산화 조건에 있어서는 예외 없는 기술이전과 제조원가의 50% 이상 국산화하고 최종납품 편성에서 100% 국산화를 실현하도록 하였다. 국내 제작사의 설계 · 제조 · 시험 · 판매권 및 세계시장 진출권을 확보하여 장차 해외 진출의 장애를 사전에 제거(다만, 유럽 및 북미지역은 상호합의 필요)하였다.

다음 단계는 협상에서 결정된 모든 사항을 문서화하는 과정, 즉 계약서의 작성과 계약체결이다. 그러나 누구 주도하에 계약서의 초안을 작성하느냐는 실무적으로 상당히 중요한 문제이다. 왜냐하면, 계약서 안을 작성하는 주관자는 의도하든 아니든 자신에게 유리하도록 작성하기 마련이다. 따라서 계약서 초안을 공단에서 작성하고 Alstom사가 검토하는 것으로 결정하였다.

협상 과정에서 작성되는 회의록도 작성자의 의도가 은근히 내포되어 있다는 사실은 이해하고 있어 회의시간보다 오히려 회의록 작성시간이 긴 경우가 종종 있었다. 계약서의 경우도 문구 하나를 변경하기 위해 전후 두세 쪽을 다시 작성하는 번거로움이 뒤따르는 경우가 있어 협상당사자를 몹시 피곤하게 만들곤 하였다. 또한 계약서 작성 협의 시 가끔 문구 하나를 두고 다툼이 있는 경우가 발생하는데 이때 사전에 작성했던 '회의록'이란 녀석이 막강한 위력을 발휘한다. 이렇든 저렇든 서류 초안을 먼저 작성한 측의 입장이 알게 모르게 작성된 문건에 상당 부분이 반영될 수 있음을 항상 유념하였다.

협상 결과의 고위층 최종보고

계약서 작성이 완료되면 쌍방이 독해 검증(Proof Reading)이라는 절차를 거쳐 계약서의 오류 유무를 다시 확인하고 최종본으로 확정한다. 그러나 최종까지 실무진에서 해결할 수 없는 부분이, 즉 가격, 유지보수 일부 사항 등이 몇 가지 항목은 공란으로 쌍방 최고 경영층까지 보고되었다.

이는 최고 경영층 간의 협상 아젠다로 분류되었고 공단의 박유광 이사장과 프랑스 Alstom사의 회장 Mr. Bilger 간의 최종 일합을 통해 해결했다. 하루 종일 두 최고 경영자 간 용호상박의 결투로 최종결과를 도출하여 협상은 종료되었다. 그러나 이는 공단 내부의 최종본일 따름이며 최종 계약체결을 위해서 주무 부처인 건설교통부 장관과 대통령의 사전보고와 승인이 필요한 사항이었다.

박유광 이사장은 협상 결과를 들고 청와대를 방문하여 당시 김영삼 대통령에게 독대 보고를 하였다. 대통령보고 후 재협상 부분이 있을 경우를 대비하여 프랑스 Alstom사 회장은 서울지사 사무실에서 대기하며 보고 결과를 기다리고 있었다. 예상대로 Alstom사의 최고 경영자를 공단으로 다시 들어오게 하라는 지시가 있어 연락을 취하고, 무엇 때문인지 모두 궁금해하면서 걱정을 하고 있었다. 이사장 사무실 복귀 후 양측 최고 경영자 간의 협상이 1시간 정도 재개되었고 양측의 협상 대표자의 호출이 있었다. 대통령은 '가격을 좀 더 삭감하라.'는 조건부 승인을 하였고, 이에 쌍방의 최고 경영자는 보고안보다 약 5,000만 달러를 추가 삭감하여 최종가격을 21억160만 달러로 타결하였다.

예산을 아끼고자 했던 대통령의 의중을 충분히 이해하였으나 실무 책임자로서 궁금했던 사항은 그토록 악을 쓰며 버티던 Alstom사가 어떻게 5,000만 달러 상당의 거액을 삭감하고 최고 경영자 간 합의 도출을 하였는지 몹시 궁금하였다. 호기심이 많은 터라 어떻게 Alstom 회장을 설득하였는지 박유광 이사장께 상황 설명을 부탁하였다. 얘기인즉슨 해외 대형 프로젝트를 입찰할 경우 총사업비에 3~5% 정도의 활동비를 산정한다고 한다. 이는 해외에서 대형 사업을 장기간 추진하면서 해당 국민의 여론조성, 정부 등 관계기관과 원만한 관계유지 등 장애물 돌파를 위해 가격에 포함시키는 것이 일반적이라며 본인들의 경험으로 산정한 금액이 약 5,000만 달러라는 것이다.

만약 재협상 지시가 없었다면 어떻게 쓰일지 모르는 위험한 '쩐의 싹'을 사전에 잘라버려 깨끗한 사업추진을 할 수 있어 다행이었지만 한편으로는 자존심을 상하게 하는 씁쓸함을 느끼기도 하였다. 계약체결을 예고한 다음 날부터 Alstom사의 주가가 상당 기간 약세를 지속한 것은 공단의 협상이 성공적이었다는 것을 반증한다고 자부한다. 이는 최소한 한국과의 계약에서 수익이 적거나 우리가 바가지를 쓰지 않았거나 둘 중의 하나일 것이라고 믿고 싶다.

협상 후 의혹 제기

협상이 종료된 후 고속철도 핵심기자재 공급계약과 관련된 몇 가지 의혹이 제기되기 시작하였다. 프랑스에서 식당을 운영하는 한국인 여성이 한국 정치권의 유력인사와 결탁하여 프랑스 TGV가 선정되도록 로비를 하였다는 의혹이 언론에 보도되기도 하였다. 또한 당시 프랑스인인 Alstom 서울 지사장과 그의 한국인 아내가 서로 공모하여 고속철도 사업이 Alstom 측에 유리하게 전개되도록 로비를 하겠다고 프랑스 본사를 설득하였다는 의혹도 회자되고 있었다.

그렇지 않아도 고속철도 사업에 관심을 갖고 은밀히 내사 중이던 수사기관이 관심을 갖기에 충분하였다. 내사 결과를 최종적으로 확인하기 위해 공단의 책임자가 와서 사업의 진행현황을 설명해 달라는 요청이 있었다. 계약 담당 간부와 필자가 며칠간 방문하여 사업 현황을 설명하였으며 담당 수사관은 인지한 사실의 일부를 언급하면서 "맨땅에 헤딩하느라고 고생하였다."는 덕담을 건네었다. 그의 설명에 따르면 결국 Alstom사 본사에 접근하여 한국 정부가 TGV를 선정하도록 영향력을 행사할 수 있으니 그에 상응하는 금전을 요구하려는 자작극의 해프닝이었다는 것이다.

당시 고속철도 핵심기자재 도입사업 참여자들은 사업에 관련된 비리를 저지를 경우 힘들여 고생만 하고 좋은 꼴 못 볼 것이라는 철학(?)을 갖고 있었고 대형 사업을 참여함에 있어 아래의 유머를 잘 이해하여 지저분한 사건에 휘말리지 아니하였다. 이 유머는 사업 초기에 참여했던 노회한 Bechtel 기술자에게서 들은 충고이기도 하다.

STAGES OF A MAJOR PROJECT(대형 사업의 황당함)

Stage 1. ENTHUSIASM(환희)

Stage 2. DISENCHANTMENT(환멸)

Stage 3. PANIC(공황)

Stage 4. SEARCH FOR THE GUILTY(죄인 색출)

Stage 5. PUNISHMENT OF THE INNOCENT(무고한 자 벌주기)

Stage 6. DECORATION FOR ALL THOSE WHO TOOK NO PART

　　　　(관계없는 자 훈장 주기)

TGV는 구식?

당시 고속철도 차량으로 TGV가 선정됨에 따라 TGV에 탑재된 컴퓨터(On Board Computer)에 16bit가 아닌 8bit 수준의 CPU가 장착되어 있다는 사실을 누군가가 당시 강동석 건설교통부 장관에게 고자질(?)하여 장관실에서 즉시 이에 대해 해명하라는 지시가 있었다. 보고서를 작성할 필요 없이 한마디로 해명할 수 있어 직접 장관께 전화하여 설명하였다.

당시 "Boeing 747 항공기도 8bit 컴퓨터를 사용하고 있습니다. 그 이유는 16bit보다 8bit가 아직은 높은 신뢰성을 유지하고 있기 때문에 여전히 구식을 사용하고 있습니다. 사무용 컴퓨터는 사용 시 문제가 발생될 경우 재부팅을 할 수 있지만, 항공기나 고속철도는 운항·운행 중에 재부팅할 수 없기 때문입니다."라고 보고하였다. 항공 관련 업무를 담당한 경험이 있는 강 장관께서 8bit가 잘못된 선택이 아니었음을 바로 이해하였다. 물론 지금이야 고성능의 컴퓨터 칩을 사용할 수 있겠지만…….

시속 300Km의 생중계

시험선 구간의 개통기념으로 공중파에서 고속철도 시속 300km의 시운전 상황을 생중계하기로 하였다. 당시 시속 300km로 주행하면서 중계 화면이나 음향이 제대로 전송되어 원활한 방송이 가능한지에 대한 의문을 갖고 있었다. 전파속도와 열차속도를 비교하여 생각하면 원활한 송수신이 너무나 당연한 것이기는 하나, 혹시나 모를 지연 전송에 대한 부담감을 갖고 있었다. 열차에서 헬기로, 헬기에서 지상설비로 원활한 통신이 이루어지는지 향후를 대비하기 위해 이 기회에 확인해야 한다는 기술자들의 은근한 욕심도 이 모험에 일조하였다.

예상대로 방송을 원활하게 진행할 수 있다는 사실을 확인하였고 이것이 모험이었다는 사실을 몰랐던 공중파 방송국 간부 나리는 "너희들 생방송 갖고 장난질했구나!" 하고 박장대소하였다. 그러나 실제 문제는 철도공단과 공사 간의 알력으로부터 발생하였다. 생방송을 하는 과정에서 양 기관은 현장방송은 공단, 대담방송은 공사로 역할분담이 있었다. 좀 우스운 이야기이기는 하나 동업자의 경쟁적인 관계를 원만하게 유지한다는 것이 얼마나 어려운 것인지 또다시 확인하는 계기가 되었다. 이러한 관계가 여전히 지금까지 밤과 낮을 지내며 소록소록 쌓여 왔고 앞으로도 꾸준히 지속될 것을 생각하면 애잔하기 짝이 없다.

KTX 명칭과 로고 확정

공단이 과업개시를 통보(NTP, Notice To Proceed)하고, 선급금을 지불하여야 계약의 효력이 발생한다. 과업개시와 아울러 가장 서둘러야 할 사항은 차량의 개념설계를 위한 외부 도색과 객실 내의 의자 배치 등이 기본적으로 공단이 제공해야 할 기술자료의 확정이며 이를 바탕으로 차량의 실물모형(Mock Up)을 제작한다. 이를 고속철도 통과역에 전시하여 국민의 의견을 종합, 분석하고 최종 설계에 반영하게 된다. 이는 차량의 명칭을 어떻게 정의하느냐에 따라 결정되는 것으로, 이를 위해 공단은 국민을 대상으로 아이디어를 공모하였다.

여러 가지 명칭이 제안되었으나 가리온(검은 갈기의 백마), 아리온(그리스 신화의 神馬), 슈렉스 등 여러 후보작이 있었으나, 결정하지 못하고 다음 기회에 재차 논의하기로 하였다. 외부 도움을 받아 몇 가지 안을 제시하고 여러 차례 심의를 거쳐 단순하면서도 한국 고속철도를 상징하는 Korea Train eXpress(KTX)로 명칭과 로고를 결정하였다. 고속철도 내부는 한국의 색을 대표하는 청자색을 기본으로 하여 공단에서 결정한 각종 기초자료를 Alstom사에게 제공하고 이를 바탕으로 실물모형을 제작하여 고속철도 정차 예정지역에 순회 전시하도록 하여 국민의 의견을 도출, 상세설계에 반영하였다.

건설공정의 지연과 해외제작분 반입

 차량 등 핵심기자재의 제작은 공장 생산이므로 기후조건의 영향이 적으나, 현장에서 이루어지는 토목구조물 공사는 기상조건의 제약이 있기 마련이다. 도입계약에 최종 서명하기 전까지 건설공정을 계약서의 일부로 Alstom사에게 제시하면 그들은 그에 따라 그들의 제조공정을 작성하게 된다. 그러나 불행하게도 계약체결(94. 06.) 당시에 1998년 말에 개통할 것이라는 국민과 한 약속은 물 건너갔으며, 실무진은 이미 2~3년 정도 공기가 지연될 것이라고 공공연히 이야기하고 있었다. 즉 공단의 건설공정으로 인하여 차량제조에 영향을 줄 경우 공단의 귀책으로 역 클레임이 제기될 수 있어 정확한 건설공정을 확인해야만 했다.

 그러나 건설공정을 책임진 간부는 그 공정을 제시하지 아니하고 지속적으로 1998년 완공이 가능하다는 주장을 그대로 계약서에 반영하면 공단이 계약적으로 어려워질 수 있어 사전에 이를 해소할 방안을 마련해야만 했다. 여러 사정 때문에 진실을 이야기하지 못하는 입장은 이해하지만, 차량도입 계약을 앞둔 시점에서 비겁한 행동이었다. Bechtel 토목전문가에게 비공식적으로 공정지연 기간을 조사해 달라고 요청하였다. 그 결과 다른 돌발변수가 없더라도 넉넉히 2년은 지연될 것이라는 통보를 받았다.

 이러한 사정을 Alstom사에 비공식적으로 통보하고 협의를 시작하였다. 당시 협상책임자인 Mr. Berton과 필자 간의 2인 협상을 통해 해외제작분(1단계) '6개월 여유(6M Allowance)', 국내제작분(2단계) '12개월 여유(12M Allowance)'를 설정하는 꾀를 내어 비용증가 없이 임의로 1년 6개월의 공정지연을 양해하는 조항을 삽입하고 공정지연에 대비한 완충 기간을 설정하였다. 그러나 추후의 건설공정은 이 범위를 벗어나 국내 제작분에 대하여 제조 연기를 추가로 요청할 수밖에 없었다.

이렇게 공정지연에 대하여 책임지지 않는 관행은 우리끼리는 몰라도 해외계약에 있어서는 커다란 손실을 초래한다. 어느 누구로부터 공정지연에 따른 사과를 받아본 적이 없으며 오히려 공정을 지연시킨 부서가 큰소리치는 경우를 종종 보아왔다. 이를 통해 당시 우리의 건설공정이 너무 산만하게 관리된다는 사실을 알게 되었고 건설 분야에 철저한 사업관리의 적용이 우리에게 필요한 부분임을 내 스스로 인정하였다. 이는 사업관리를 도입하게 되는 주요 원인을 제공하였으나 이의 도입에 가장 강력하게 저항했던 부서도 역시 건설 분야였다는 아이러니를 겪어야 했다.

건설공정이 지속해서 지연되자 차량도입과 관련하여 해외제작분 12편성은 계약 공정대로 제작하여 한국으로 반입(1999. 04.~2000. 08.)하도록 하고, 시험선 개통 시까지 경의중앙선 국수역에 별도로 마련한 고속차량 동적 보관시설에 유치·저장하는 것으로 계획을 변경하였다. 이에 따라 결국 국내제작분의 작업을 순연시킬 것을 Alstom사에 요청하였고 국내제작분 34개 편성은 인도 일정을 조정(2001. 11.~2003. 10.)하였다. 이러한 건설공정과 차량 공정의 불일치는 쓸데없는 보관시설을 건설하였으며, Alstom사의 손실에 대한 일부를 보상하는 계약변경을 해야만 하였다.

3. 고속철도 기술 자립은?

1) 기술축적을 위한 노력

기술이전에 대한 기대

 스스로 고속철도를 개발하지는 못하였을지언정 제대로 된 기술을 획득·소화하고 이를 기반으로 좀 더 세련된 차세대 고유모델을 개발하여 세계시장으로 진출할 수 있는 기술능력을 보유할 수 있을 것이라는 기대를 갖고 있었다. 이것이 우리가 기술공여자가 갖고 있는 모든 기술을 착실히 전수받아야 하는 이유였다. 기술이전이란 과정은 어떤 정형화된 모습으로 나타나는 것이 아니라 인간과 인간의 관계에서 파생되는 부산물이라고 할 수 있다.

 아무리 계약조건에 기술이전에 대한 사항을 꼼꼼하게 언급하였다 하더라도 공여자(Donor)와 전수자(Recipient)의 관계가 돈독해야 한다. 즉 기술을 주는 자가 받는 자를 '잠재적 경쟁자'로 볼 것인지, 아니면 '미래의 동반자'로 볼 것인지에 의해 기술이전의 성패가 결정될 수 있다. 따라서 공여자가 이 관계를 잠재적 경쟁자로 정의한다면 기술이전은 대단히 형식적인 과정으로 끝날 수 있어 이를 조심스럽게 관리해야 하는 것이 필수적이다. '지성이면 감천이라.'라는 말이 여기에도 적용된다고 할 수 있다. 기술이전에 상세한 내용과 과정을 설명하기보다는 크게 어떤 흐름으로 기술이 이전되었고 소화·흡수하였는지를 서술하고자 한다.

 기술이전 계약조건을 요약하면 경부고속철도 건설사업의 차량 등 핵심 기자재 도입과 관련한 기술을 모두 전수받고 총 제조가의 50%를 국산화하되 최종 편성에서는 100%를 국산화해야 한다는 것이다. 기술 전수자의 대상은 국내 제조업체, 철도청과 공단이다. 기술 전수자인 국내기업은 프랑스 회사와 개별 기술이전 계약을 체결하고 시스템 엔지니어링과 각종 장치의 설계, 제작, 시험기술 등 필요한 기술을 전수받는다. 공단과 철도청은 시스템 인터페이스 엔지니어링, 운영 및 유지보수 기술 등 운영에 필요한 노하우를 습득하게 된다.

기술이전 방법과 내용

기술이전 방법은 1단계에 작업 공정별로 각종 설계, 제작, 시험 등에 대한 기술 자료를 사전에 제공받아 검토하면서 예습을 하고, 2단계로 국내기술진을 프랑스 현지에 파견하여 강의와 현장실습 훈련을 수행한다. 3단계는 프랑스에서 훈련받은 국내기업의 우리 기술진을 투입하여 전수받을 제품을 한국에서 생산한다. 이때 프랑스 기술진이 한국에 상주하여 기술지도와 감독을 시행하고 전수자를 평가한다. 즉 국내 현장에서는 기술이전과 아울러 국산화 작업이 동시에 일어난다.

공단은 총괄 기술 전수자(General Recipient)로서 기술이전 모니터링을 하게 된다. 즉 업체별 기술이전 계약서, 기본 및 실행계획서 등을 검토 승인하고 격월제로 기술이전 진도를 확인하여 쌍방의 문제점이 발생할 경우 조정·협의를 주관한다. 즉 공단은 원만한 기술이전이 이루어지도록 하는 감독자이며 조정자 역할을 수행하였다.

열차조립 업체는 인력과 경험 등 생산기술 능력은 상당한 수준이나 일부 부품회사의 경우 설계 엔지니어링 기술이 부족하고 생산시설이 낙후되었기 때문에 개별 기술이전 계약을 불리하게 체결하지 않도록 공단의 지원을 필요로 하였다. 공단은 이들의 요구사항을 종합하고 분석하여 이를 기술이전 계약조항에 반영하였다. 즉 공단의 기술이전 계약은 법률에 해당하고 업체 간 개별 기술이전 계약은 시행령에 해당한다고 볼 수 있다. 업체에 대한 이러한 배려는 향후 우리 철도 산업계가 스스로 설계·제조할 경우를 대비하여 낙오자 발생을 사전에 방지하고자 하는 의도가 있었다.

그러나 경부고속철도 사업이 어느 정도 종료되면서 차량 등 제조업에 해당되는 분야는 한동안 추가 발주 물량이 없어 어려움을 겪게 되어 그동안에 훈련된 인적자원 손실을 맛보아야 했다. 즉 철도산업은 적은 물량이라도 꾸준히 시장에 공급하여 기업이 최소한의 생존이라도 유지할 수 있도록 철도 당국의 정책적인 배려가 필요한 시장이다. 즉 철도는 민수용이 없는 시장 특성상 철도 관련 기업이 냉탕과 온탕을 주기적으로 왔다 갔다 할 경우 생존을 위협받게 되며 축적된 기술도 훼손될 가능성이 높아지기 때문에 철도 계획을 수립하는 입장에서 심각하게 고민해야 할 사항이다. 이는 또 고속철도 기술이라는 깃발 아래 수많은 회사가 모여들었고 그들의 협업과 역할분담을 통해 하나의 시스템으로서 통합하는 과정을 거치며 만들어진 것이 '고속철도'라는 작품이다. 국토부, 공사, 공단 등 철도 당국은 이를 온당히 보존하고 육성시켜야 할 의무가 있음을 의미한다.

기술이전의 진실성

그렇다면 기술이전은 우리가 계획했던 대로 이루어졌을까? 전수자는 기술공여자가 약속대로 모든 기술을 이전해주었는지 의심의 눈길을 보내곤 한다. 기술이전에 대한 척도로서 계량화할 수 있는 검증 기법을 만든다는 것은 사실상 불가능한 일이라고 판단하였다. 따라서 내부 토론을 거쳐 국산화의 진도율을 계량화하여 사용하고 이를 계약조항으로 꼼꼼하게 규정하는 것이 가장 현실적이며 현명한 방안이라고 결정하였다.

그렇다면 부품을 구성하는 단품들을 어느 수준까지 국산화한 것으로 판단하느냐는 문제가 대두되었다. 전자 기판의 경우 동작 성능을 보증하기 위한 설계와 시험 등 엔지니어링 과정은 훈련과 기술지도·감독이라는 과정을 통해 평가할 수 있을 것이나 그 기판에 사용된 반도체 소자의 국산화를 생각하면 머리가 복잡해진다. 국방과학연구소의 국산화율 전문가와 상의하였으나 그들도 국산화율 산정 시 같은 고민을 토로하였다.

결론적으로 일반 시장에서 구매할 수 있는 보편적인 제품은 국산화한 것으로 간주하였다. 포항제철의 철강 제품을 한국에서 구매(국내용)하든 해외에서 구매(수출용)하여 사용하든 국산화율로 산정하는 것이다. 물론 이러한 국산화율 계산에서 Back Order에 산입하든, 아니면 제외하든 실무자 간 약간의 실랑이가 있었다. 어찌 되었건 국산화율은 수치로 나타나기 때문에 사업 기간 내내 머리를 아프게 만들었다.

우리의 철학이 포함된 국산화라는 용어를 영어로 'Localization'으로 번역하여 사용하였는데 영어의 국산화는 무언가 우리의 의도를 표현하기 좀 부족한 듯하였다. 거꾸로 영어를 굳이 번역한다면 '현지화'로 해석되기 때문에 우리가 애지중지하는 '국산화'의 의미가 퇴색되는 느낌이었다. 그래서 이에 중요도를 강조하기 위해 입찰제의 요청서에 'National Interest'로 표현하여 품격 있게 기술이전과 국산화를 정의하였다.

Bechtel은 우리의 국산화에 대한 집요함을 비판적인 시각으로 이의를 제기하였다. 무엇 때문에 그리 애써 국산화를 도모하느냐는 것, 즉 소요량이 적어 굳이 국산화를 할 필요가 없고, 더구나 이를 생산하기 위한 막대한 설비투자가 필요할 경우 오히려 국산화는 사업의 걸림돌로 작용할 수 있어 그런 경우는 직접 사다 쓰는 것이 훨씬 경제적이라는 의미였다.

우리와 마찬가지로 국산화는 경제성이 있을 경우에 실행한다는 것이 아마도 선진국도 보편화되어 있어 국산화 선택기준은 가격인 것으로 보인다. 합리적인 프로젝트 수행을 위해 국산화를 강조하기보다는 국산화를 좀 더 넓은 의미로 살펴보는 것이 좋다는 조언이었다. 아마도 국산화를 너무 집요하게 고집하는 것으로 보인 우리의 모습이 합리적이지 않은 것으로 비쳤던 모양이다.

라) 국산화 과정

국산화 방법

국산화율은 기술이전의 성과를 측정하는 기준으로 사용하였다. 총 제조가격의 50%를 국산화하도록 계약조건에 규정하였다. 이는 점진적으로 국산화의 최종 목표에 도달한다는 개념으로 정의하였다. 차량의 경우 12개 편성은 프랑스에서 제작하고, 나머지 34개 편성은 한국에서 조립, 시험 및 시운전을 시행하면서 개별 편성을 제조할 때마다 국산화율을 단계별로 향상시키되 최종 편성단계에서 100% 국산화된 차량을 인도받는 것이다.

이러한 국산화 계획은 전차선과 열차제어 장치에도 그대로 적용하여 시험선 구간용 제품은 프랑스에서 제작, 시험하고, 서울~대전 구간은 기술지원 하에 한국에서 조립과 시험하여 국산화를 진행하고, 마지막 대전

~부산 구간은 국내에서 제작, 조립, 시험을 통하여 최종 국산화하도록 하였다. 각 기술 분야별 특성에 적합하게 국산화를 추진하여 기술이전의 완성을 도모하였다.

기술이전 과정의 최종단계라 할 수 있는 기술지도/기술감독은 기술 전수자에게 시험이라 할 수 있다. 생산과정에서 기술공여자는 기술지도와 동시에 생산된 제품의 품질을 관리한다. 당연히 품질기준에 미흡할 경우 기술 전수자는 재생산함으로써 상당한 비용 손실을 감수해야 한다. 차체 측벽의 평활도 미확보, 대차 서스펜션 부품의 용접 결함 등 과거의 경험으로 적당히 제조하여 초기에 자랑스럽게도 부적격(Nonconformity) 판정을 받는 아픔을 겪어야 했다. 제조품이 '부적격'으로 판정이 날 경우에는 그 원인분석 후 치유대책을 마련하여 시행해야 한다. 대다수의 부적격 원인은 용접 불량이었다. 당시만 해도 제품별 용접인력의 기술 수준이 정의되지 않고 일반적인 수준의 기술자가 제작 업무에 투입되었다.

제품의 내부균열 등 고도의 정밀도를 유지해야 하는 제품들은 그에 적합한 용접기술 보유자에 의하여 작업이 시행되어야 하나, 현장의 수준은 이를 만족하지 못하였다. 따라서 제품 제조별 용접기술의 분류와 아울러 용접기술 향상을 위한 사내 교육이 재실시되었다. 선박 건조 경험으로부터 터득한 용접기술이 상당한 수준에 올라왔다고 자부하던 기술자들에게 용접 교육을 시행한다는 것은 자존심을 구기는 일이었지만 이를 받아들일 수밖에 없었다. 왜냐하면 그들이 생산한 제품이 이를 대변하고 있었으니 이의를 제기할 처지가 아니었다.

설계와 제조기술

 제품을 생산하여 소비자에게 인도되기까지 많은 과정을 거치는 것이 일반적이다. 우리가 기술이전이라고 할 경우에 주로 제조에 관련된 사항, 즉 작업환경, 작업절차, 작업자의 기술 수준과 아울러 특수 치·공구의 제작, 현장 노하우가 담긴 공장도면(Shop Drawing)의 생산 등이 조화를 이루어야 물 흐르듯이 생산에 막힘이 없다. 이점이 바로 우리 기술진의 강점이며, 경쟁력 확보의 지름길이었다. 그러나 좀 더 고급제품을 생산하기 위해서 설계 기술과 아울러 시험분석 기술이 보강되어야 한다.

 한국철도산업의 당시 현주소는 생산기술은 '그래도 OK', 설계는 '글쎄, 좀!' 하고 고개를 갸우뚱거릴 때였다. 따라서 철도차량뿐만 아니라 열차 제어장치 등의 설계 엔지니어링 기술을 습득하기 위해 관련 기업체에서는 많은 투자와 노력을 기울였다. 기술 제공자가 공급하는 엔지니어링 자료나 관련 소프트웨어의 운영에 대해 지속적으로 현안 사항에 등록되고 갱신되는 모습은 공단의 기술이전 담당자들을 어느 정도 안심시키게 하였다.

파리 상주사무소의 설치

 고속철도 핵심기자재 도입에 따른 다양한 종류의 행위들이 예상되었다. 공단은 한국 업체와 프랑스 업체 간의 원활한 정보교환을 유도하고 그들 간의 다툼을 원만하게 조정하기 위해 연락사무소(Liaison Office)를 설치(95. 01.)하였다. 또한 프랑스에서 진행되는 제조공정과 기술이전 사항을 지원하는 것도 이들이 할 업무였다. 사무소는 파리에 위치하고, 라로셀 등 해당 공장으로 파견하는 형태의 조직으로 구성하였다. 당시 기술 전수를 위해 많은 한국기술진들이 파견되어 있었으며 제작과정에 참여하는 것으로 계획되어 있었으나 언어문제와 공장의 보안 및 안전관계로 견학 수준에 머무르는 경우가 가끔 발생하였다.

이러한 현장의 문제점을 확인하고 Alstom 현지 공장 측과 조율하기 위해 상주사무소 직원들이 상당한 노력을 기울였다. 계약에 모든 기술을 이전하는 것으로 규정되어 있으나 프랑스 기술자의 손끝에 있는 보이지 않는 노하우까지는 한계가 있었다. 이는 상호 인간관계에 의해서 이전되는 경우가 대부분이기 때문이다. 기술 훈련생들에게 이를 강조하기는 하였지만, 양측의 현장인력 간의 소통이 원활하지 않은 경우가 종종 있었다. 한국에서 생산이 시작되었을 때 이 기술진들이 책임지고 제작해야 했기 때문에 차량제조 3사의 교육 파견 인력들이 경쟁적으로 기술을 전수받고자 최선의 노력을 했던 것은 다행스러운 일이었다.

국산 1호기 인수

기술을 전수받은 한국기술진이 생산한 KTX 13호기는 국내 1호기였다. 기술이전의 최종 성과물로서 고속철도 차량 관계자들의 관심이 집중될 수밖에 없었다. 국산 1호기에 대한 당시의 평가는 "그래도 고생한 보람이 있었다."였다. 당연히 프랑스 제작분과 동등한 품질의 차량이 만들어졌을 것이라는 믿음은 있었다. 그러나 한구석에 불안한 마음으로 주의 깊게 관찰하였고 대각선으로 맞대어지는 모서리 부분의 매끄러운 처리 상태를 보고 안심하게 되었다. 하나를 보면 열을 알 수 있듯이 프랑스 생산분보다 내장재 등 여러 부품의 조립상태가 상당히 우수하였다. 이후 동일한 상태를 유지하면서 제작된다면 계량화 평가와 별도로 기술이전 과정이 훌륭하게 진행될 것이라는 느낌을 갖게 되었다.

국산화율의 검증방법

국산화율에 대한 계약조건과 현실과의 괴리는 항상 존재하게 마련이었다. 국산화율에 대한 계약조건을 간략하게 정리하면 총제조가격의 50%를 국산화하되 최종단계에서 대다수를 국산화한다는 조건이다. 참고로 이를 정량적으로 확인하기 위한 계약상의 산식은 아래와 같다.

국산화율 = {총제조가격 − 프랑스 측 공급분(Back-Orders)} / 총제조가격

여기서, '총제조가격'이라 함은 설계, 매뉴얼, 훈련, 유지보수계획 등을 제외한 제조가격을 의미하며, 프랑스 측 공급분(Back-Orders)이라 함은 기술이전자로부터 구입해야 하는 부품 등을 말한다.

3) 차세대 고속철도 개발사업(G7 연구프로젝트)

기술개발사업의 추진

대한민국은 세계 7대 과학기술 선진국 진입을 목표로 특정 연구 아이템 14개를 G7 연구프로젝트로 선정(1992)하고, 범정부적 차원에서 산·학·연 공동 및 합동연구를 지원하여 국가 발전에 필수적인 과학기술을 확보하고자 하였다. 여타 연구사업과 달리 G7 프로젝트의 특징은 대한민국의 미래를 밝혀줄 기술로써 장기간의 연구를 해야 한다는 점이다. G7 사업이 1992년에 출범하여 1단계 연구 기간 3년이 된 1995년 초에 들

어와 정부는 G7 사업을 확대하기로 하였다. 이에 과학기술처 공고(95. 07.)가 발표됨에 따라 공단의 연구개발본부를 중심으로 '미래 고속철도연구사업'을 수행하겠다는 기술기획서를 제출하고 G7 사업에 포함될 수 있도록 많은 노력을 시도하였다. 여기서는 G7 출발 초기의 상황을 중점적으로 언급하였으나 이후 자세한 사항을 알고자 하는 독자는 '제4장 고속차량 개발 이야기'를 참조하기 바란다.

우여곡절 끝에 G7 사업으로 공단이 주관연구기관으로 선정되었으며 나중에 철도기술연구원에서 승계하여 한국형 차세대 고속철도 기술개발을 수행하였다. G7 선정과정에서 통산산업부와 그 산하 생산기술연구원의 다툼으로 출발 초기부터 많은 어려움이 있었다. 속된 말로 통산부 정부 다르고 재무부 정부 다르다는 농담을 실감할 수 있을 정도였다. 당시의 추진과정을 간략하게 기술하자면,

- 95. 07. 제2단계 G7 신규과제 공모(과기처)
- 95. 08. 사업설명회 개최(과기처)
- 95. 08. 공단 연구기획 업무 개시(공단)
- 95. 10. 연구기획 보고서 제출
- 95. 10. 통산산업부 평가(공단 안 선정)
  - 고속철도건설공단(건교부)과 생산기술연구원(통산부) 경합
- 95. 10. G7 종합평가 기획단 평가시행(과기처)
  - 건설교통부가 주관부처가 되어 재기획 요구
- 95. 11. 선도기술개발 협의회 개최(과기처)
  - 특별 소위원회를 구성하여 건교부와 통산부 간의 합의를 도출하고 이를 기본으로 재기획하여 1996년 2월에 평가 선정함.

- 95. 11.~12. 여러 차례 공단(건교부)과 생기원(통산부) 간의 협상을 시도하였으나 주관부처와 총괄연구기관에 대한 합의 도출 실패
- 96. 01. 아래와 같이 합의 토출
  - 주관부처 : 건교부/통산부 공동주관부처
  - 총괄연구기관 : 고속철도건설공단(고속철도연구사업단을 컨소시엄 형태로 구성키로 함.)
  - 공단과 생기원이 협의하여 연구 기획서를 공동 작성 재제출
- 96. 03. G7 과제로 선정 평가 확정됨(G7 평가단).

연구 기획서의 주요 내용

이 사업은 경부고속철도 사업을 통해 획득하는 기술을 바탕으로 최고속도 350km급 차세대 고속철도 시스템(HSR350-X)의 개발과 관련 핵심기술을 확보하여 철도산업의 경쟁력을 확보하고 해외 진출을 도모하기 위한 것이었다. 지금 와서 되돌아보건대 경쟁력은 확보했을지 몰라도 당시부터 해외시장에 진출하겠다고 열심히 설명하고 다녔지만, 현재까지 2024년 6월 우즈베키스탄에 42량이 유일한 실정이라 좀 더 철도산업계의 분발을 기대해본다.

사업 기간은 총 6년으로 1단계(96. 12.~99. 10.)에서 차세대 한국형 고속철도 시스템의 사양 결정과 상세설계를 수행하는 것이다. 주요 내용은 원천 설계 기술 개발과 차세대 기술적용을 통한 독자설계 기반의 구축과 인력양성을 도모하는 것이다. 궤도, 토목구조물 등 하부구조의 설계기술의 개발도 병행하였다. 2단계(99. 11.~02. 10.) 연구 때 시제차를 완성, 시운전하여 350km/h 급의 시험평가 기술의 자립을 도모하고, 신

호 장치의 시제품 개발과 각종 요소기술의 자립을 도모하도록 하였다.

연구개발 추진조직의 일원화

G7 연구개발이 확정되기 전의 다툼에 대하여 이제 이야기할 수 있을 것 같다. '누가 연구 주도권을 쥐느냐?'에 대한 부처 이기주의가 발동하여 손쉬운 문제를 그야말로 아주 손쉽게 복잡한 문제로 만들어버렸다. 통산부는 아무 생각 없이 당연히 제품의 연구개발은 통산부의 업무이므로 고속철도의 철도차량 연구개발도 마찬가지로 통산부의 업무라고 주장하였다.

과거에 철도를 지원한 흔적이 조금이라도 있다면 그나마 이해하겠지만 '고속철도'라는 새로운 패션이 유행할 것 같아 이 기회를 활용하고자 슬그머니 숟가락을 들고 덤비는 모습이었다. 문자로서는 몇 자 안 되나 지난한 협의 과정은 정말 졸도할 지경이었다. 1995년 10월 통산부 평가 시 10:2로 공단이 우세하게 평가되었으나 과기처의 재촉에도 불구하고 그 심의 결과에 대하여 묵묵부답이었다. 오로지 '통산부 정부'만의 입장만 일관되게 주장하였고 공단은 계약자가 제공하는 설계도면과 기술자료의 열람에 대한 조항을 설명하면서 설득하였다.

판세가 불리해진 통산부는 기술개발촉진법령과 고속철도건설공단법까지 거론하며 황당무계하게 공단의 참여 자격에 대한 시비를 걸고 나올 정도였다. 결국 우여곡절 끝에 고속철도 연구사업이 G7 사업으로 선정·확정됨에 따라 철도의 각 분야별 연구조직을 통합하여 전열을 가다듬을 필요가 있었으며 개념적으로 고속철도공단과 생산기술연구원이 반반 나누어 연구하는 것으로 정리되었다.

과거 각 부처(건교부, 통상부, 과기처) 간의 논의 과정에서 도출된 문제점의 하나였던 민간(KORAS)과 공공(고속철도연구본부)에 산재되어 철도 연구 기능을 통합하여 현 철도기술연구원(국립)으로 재탄생시켰다. 철도기술연구원이 G7 연구사업을 접수하고 혁혁한 전공을 세우기를 기대하였다. 이는 철도산업이 미래기술과 아울러 현장 애로기술을 타개할 수 있는 조직을 보유하게 되었음을 의미하는 것이었다. 1997년 8월 주관부처를 건교부로 통일하고, 총괄주관기관을 철도기술연구원으로 정리하여 본격적인 차세대 연구사업에 돌입할 수 있었다.

여담으로 당시 연구사업비 예산 조달에 대한 부처 간의 과장급 협의가 있었다. 즉 3개 부처에서 연구사업 예산을 건교부 4, 통산부 4, 과기처 2로 확보하기로 합의하였다. 그러나 주관기관이 건교부로 통일되면서 이 약속은 흐지부지되고 말았으나 당시 연구사업 책임자가 연구사업의 예산 조달에는 큰 어려움이 없었다 하여 안심하였다.

제4장
고속차량 개발 이야기

제4장 고속차량 개발 이야기

1. 고속전철 차량개발 사전준비

1) 소명으로 받은 고속철 연구

우리나라의 고속철에 대한 연구는 엉뚱한 계기로 시작되었다. 1987년 서독 연방연구기술성(BMFT) 장관이 방한하여 우리나라 과기처(MOST) 장관과 MOU(양해각서)를 체결하였다. 양국이 협동 연구를 추진하자는 것으로, 'Mass Ground Transportation Research(MGTR, 대중지상교통수단 연구)'가 협동 연구의 하나로 포함되었다.

과기처는 MGTR이 지하철 연구로 이해하고 있었지만, 1988년에 들어와 서독(西獨)에서 고속전철과 자기부상열차에 대해서 우리나라와 공동연구를 시작하자고 제안해온 것이다.[7] 서독은 우리나라에 ICE(Inter City Express) 또는 고속 자기부상열차(Transrapid)를 판매하기 위한

---

[7] 외무부 공문, '독일연구기술부 장관 방한 후송조치', 20624-53554, 881223

전략적인 차원에서 공동연구를 제안하였을 것이다. 이와 같은 의도를 간파한 과기처는 조사연구를 핑계로 정중히 사양하였다고 한다. 당시의 상황에서는 현명한 대처였다고 하겠다.

1988년 7월 과기처 기계연구조정관 이종원 박사는 당시 한국기계연구소(기계연, 창원) 구조해석연구실(실장 송달호)에 연구위원으로 재직 중인 이해 박사(전임 소장)에게 과기처 국책연구사업으로 고속전철 및 자기부상열차에 대한 기술조사 연구[8]를 의뢰하였다.

이해 박사는 고속전철 및 자기부상열차의 광범위한 학문적 분야를 고려할 때에 조사연구를 기계연 구조해석실 단독으로 수행할 수 없다고 판단하여 한국전기연구소(전기연)에 협조를 구했다. 전기연의 당시 안우희 소장은 흔쾌히 허락해주었다. 이 조사사업에는 이외에도 한국과학기술연구소(과기연)와 철도차량 제작사인 현대정공과 대우중공업 그리고 전동기 제작사인 효성중공업에서 참여하였다. 또 다른 철도차량 제작사인 한진중공업은 법정관리 상태여서 참여치 못했다. 그리고 당시 유일한 철도차량 엔지니어링 업체인 철도차량기술공사와 고속전철 건설사업에 관심을 가지고 있던 삼성전자와 금성산전이 참여하였다. 이렇게 협조를 약속한 기관의 책임자 및 실무자들로 고속전철 연구 실무위원회를 구성하였다. 과기연과 산업계의 실무위원들은 이해 박사의 개인적인 역량으로 초빙한 것이다. 참여에 대한 반대급부가 없었고, 해외 출장도 각각 소속기관에서 부담하는 것으로 하였다.

---

8) 과제명 : '고속전철 기술개발 전략 수립을 위한 조사연구', 연구책임자 : 이해, 연구 기간 : 1988년 9월~1989년 5월, 과제 지원 : 과기처의 국책연구사업, 보고서 : 이해, 송달호, 최영휴, '과제명', 한국기계연구소, UCN 240-1282.C, 1989. 5.

기술조사를 수행하던 중에 실무위원회에서는 해외 출장을 계획하며 기술조사단(단장 이해 연구책임자)을 구성하였다. 기술조사단(이해 단장과 필자 포함 11명)은 1989년 2월 중순 2주간에 걸쳐 고속전철 선진국 3개국(일본, 프랑스, 독일)을 방문하였다. 해외 출장 후 3월 중순 귀국보고서를 발간하려고 하는데, 당시 기계연 김훈철(金燻喆) 소장이 발간에 반대하였다.

사유는 당시 과기처 이상희(李祥羲) 장관이 자기부상열차를 주장하였는데(아래 2)항 참조), 바퀴식 기술자료가 포함된 출장보고서를 발간하는 것이 적절치 않다는 것이었다. 이에 이해 박사는 전임 소장으로서 현 소장과 대립하는 모양새는 적절치 않다며, 기술조사 과제를 필자에게 맡기고, 그 후 연구과제에 관여하지 않았다. 이에 실장이던 필자가 기술조사를 마무리할 수밖에 없었다.

국내 철도차량에 대한 국내 기술현황을 살피던 중 국내에 철도 기술을 이론적으로 연구하는 기계공학도(工學徒)가 거의 없다는 것을 알았다. 아주대의 임진수 교수가 유일하였다. 그래서 필자가 철도 기술에 몸담기로 하였다. 구조해석연구실을 창설하며 꿈꿨던 압력용기기술 연구는 접어야 했다. 이후 우리나라에는 압력용기를 전공하는 전문가가 없어졌다고 할 수 있다. 가끔 화학 공장의 보일러나 압력용기의 사고로 인명 피해가 생겼다는 뉴스를 들으면 마음속 깊이 안타까운 마음을 느끼곤 한다.

주로 신칸센을 기술적으로 설명하는 책[9]을 중심으로 철도차량의 상세 원리를 독학으로 공부했으며, 그 후 프랑스와 독일의 차량에 대해서는 그것들을 설명하는 기술문서들로 공부하였다.

다행히 과기처에서도 정부의 경부고속철도 건설에 맞추어 기술개발을 추진함에 따라, 고속철 연구를 이어갈 수 있었다. 고속철 연구의 선두 주자로서 계속적으로 자신의 계발에 정진함은 물론 후학들의 철도기술 연구에도 도움이 되도록 노력하였다. 결과적으로 한국형 고속전철차량 KTX-산천과 KTX-이음의 자체 개발에 주도적인 역할을 하였다는 점은 행운이었고, 자랑스럽게 생각하고 있다.

이제 우리나라도 철도 기술 연구 분야에서는 선진국과 어깨를 나란히 할 수 있는 정도로 발전하였고, 이를 뿌듯하게 생각하고 있다. 지난날을 생각하면 고속철 연구는 필자에게 운명적으로 맡겨진 소명(召命)이었다.

ㄹ) 경부 고속철에 바퀴식 또는 자기부상식 채택 논란

경부고속철도 건설 논의가 시작되면서 처음으로 논란이 된 것은 차량의 형식을 바퀴식으로 할 것인지, 아니면 자기부상식으로 할 것인지에 대한 정부 부처 사이의 대립이었다. 1988년 말 과기처에 새로 부임한 이상희 장관이 1989년 초 경부고속철도에 외국에서 새롭게 개발되고 있는 자기부상열차 형식을 채용하자고 제안하였다. 당시는 과기처에서 바퀴식과 자기부상식에 대해서 기술조사 연구(상기 1)항 참조)가 진행 중이었고, 어느 형식을 택할 것인지는 전혀 검토되지 않은 상황이었다.

당시 일본은 초전도(超傳導) 자석의 반발력(反撥力)을 이용한 MLU(Magnetic Levitation U-shaped guideway) 시스템으로

---

9) 關西鐵道學園 運轉第三科(代表者 寸田路男), '最新 新幹線電車', (株)交友社, 昭和 56년 6월 5일, 改訂 6版

400km/h의 속도로 시험주행에 성공하고 있었다. 서독은 상전도 흡인식(常傳導 吸引式)의 Transrapid 07 차량으로 역시 412km/h로 시험주행에 성공한 상태였다. 그러나 아직 상업화 또는 실용화 계획은 가지고 있지 않았다. 이런 상황에서 과기처 장관이 공개적으로 국내에서 상용화를 제안한 것이다. 당시 이상희 장관의 제안은 교통부와 전혀 협의되지 않은 것이었다.

당시 기계연에서는 과기처의 의뢰를 받아 바퀴식 및 부상식 고속열차에 대한 기술조사를 진행하고 있었다는 것은 이미 설명하였다. 당시 기술조사팀에서 바퀴식이나 자기부상식에 대해서 어떤 선호를 논하기는 어려운 실정이었다. 그러나 그동안의 기술조사를 통하여 자기부상열차는 아직 개발 중이며, 실용화에는 좀 시간이 걸릴 것 같다는 공감대는 있었다. 따라서 당장(10년 이내)에 경부축의 교통혼잡을 처리한다면 자기부상열차를 선정하는 것은 무리라는 입장이었다.

이상희 장관의 제안과 더불어 기계연의 김훈철(金燻喆) 소장도 자기부상식을 적극 지지한다는 것을 밝혔다. 김훈철 소장은 조선(造船) 전문가이지만 철도 전문가는 아니었다. 그러나 야당(당시 평화민주당)의 경부고속철도 건설 반대와 연계되면서 바퀴식이 아닌 부상식으로 하자는 논란이 확대되었다.

이상희 장관 등 자기부상열차를 주장하는 사람들의 요지는, 교통부가 가까운 미래에 도래할 기술변화를 보지 못하고, 구식인 바퀴식을 채택하려 한다는 것이었다. 자기부상열차의 기술실용화가 임박한 것이 분명한데도 불구하고, 1825년 스티븐슨에 의해 개발되어 160년이나 된 낡은 바퀴식 철도에 천문학적인 투자를 하는 것은 우리나라 과학기술 발전에 도움이 안 되며, 새로 건설되는 경부고속철도가 바로 시대에 뒤떨어진 괴물이 될 것이라는 주장이었다.

자기부상열차의 기술을 도입하면 새로운 과학기술 분야를 창출하면서 자기부상열차 선진국에 빨리 쉽게 진입할 수 있다는 논리였다. 야당은 자기부상식을 경부고속철도 건설에 끼워 넣으면 타당성 조사 등을 다시 해야 하는 등으로 착공이 지연된다는 점을 노린 것으로 보였고, 기술적인 타당성에 대한 주장은 없었다.

당연히 교통부는 자기부상열차가 아직 개발 중이고, 실증되지 않았으며, 건설의 경제성에 대한 자료도 없으며, 또한 장애물 대책, 강설 등의 환경대응 능력, 자력(磁力)에 의한 인체 영향 등의 문제 등이 아직 검증되지 않았다는 문제를 제기하였다. 또한 기존선과의 연계는 전적으로 불가능하다는 점도 단점으로 제기하면서 바퀴식 고속철도로 건설할 수밖에 없다고 강력히 주장하였다.

이러한 바퀴식이냐 자기부상식이냐의 문제는 철도 전문가들의 판단이 중요한 영역이었으나, 정부 부처 간의 대립과 여야의 대립 양상으로 격화된 측면이 있다. 당시 철도 전문가는 대부분 철도청 소속이거나 철도청과 관련된 사람이었고, 철도차량의 설계 관점에서의 전문가는 더욱 없었다. 또한 정부출연 연구기관에도 철도 전문가는 없었고, 단지 이미 설명한 바와 같이 고속철도의 기술조사팀이 있었으나 당시 그들을 철도 전문가라고 할 수도 없었다. 그러한 논란의 와중에서 필자는 자기부상열차의 경부선에의 적용은 시기상조이며, 기술의 실용화 검증에 예상외로 긴 시간이 필요할 수도 있다고 주장하면서 교통부 측 주장에 힘을 실어주었다.

교통기술의 개발에 있어서는 일반 기계류의 개발과 달리 생각할 점이 있다. 일반 기계류의 개발에 있어서는 기계의 기능을 구현할 부품을 설계하고, 부품을 제작·조립하면 기계의 개발이 완료되고, 성능시험이 완료되면, 대부분은 즉시 상용화되는 것이 일반적이다. 그러나 교통기술의 개발에는 개발이 완료된 이후에 실증시험이 추가되어야 한다는 점이다. 실증시험에는 긴 시간과 많은 노력이 필요하다. 이는 교통기술은 다수의 승객을 수송하면서 안전성과 신뢰성을 확보하여야 한다는 것을 의미한다. 전문용어로는 RAMS[10] 데이터가 있어야 한다는 것이다.

또한 교통시스템의 개발은 'New System With Technology On The Shelf.'라는 문구로 정의되기도 한다. 즉 새로운 교통시스템은 검증이 완료되어 선반에 올려놓은 기술을 조합한 것이라는 뜻이다. 다른 말로 하면, 자기부상열차는 운영 데이터가 없기 때문에 자기부상열차의 개발이 완료된 후에도 실용화에 필요한 운영 데이터를 얻기까지 오랜 시간이 더 필요하다는 것이다. 따라서 자기부상열차 측의 주장에는 이러한 실증시험을 간과한 치명적인 약점이 있었던 것이다.

이러한 양 부처의 대립이 외부에 공개되며 서로 다른 주장을 하는 볼썽사나운 장면이 연출되기도 했다. 1989년 10월 서울 은평구에 있는 스위스 그랜드 호텔에서 개최된 국제 고속철도 심포지엄의 개회식이 그 현장이었다. 1989년 초 교통부가 10월에 고속철도 국제심포지엄을 계획하면서, 교통부와 과기처가 공동으로 개최하기로 실무적으로 협의되었다. 이는 고속철도의 정책·경제·사회적인 문제뿐만 아니라 기술적인 문제도

---

10) RAMS : Reliability(신뢰성), Availability(가용성), Maintainability(유지 보수성) and Safety(안전성)

같이 논의할 필요가 있었기 때문이다.

　실행과정에서 주관기관은 교통개발연구원(교통연)이 되고, 공동 주관기관으로 기계연과 전기연이 참여하며, 교통부, 과기처, 철도청은 후원기관이 되었다. 그리고 심포지엄 준비위원회에 기계연에서 기계공학연구부장 윤창현 박사가 참여하였다. 그러나 개최를 위한 실무 협의에서부터 건교부와 과기처의 바퀴식이냐 자기부상식의 문제로 대립하면서, 국제심포지엄은 교통부와 교통연이 거의 독단적으로 개최한 것과 마찬가지였다. 국제심포지엄 개최에 소요되는 모든 비용을 교통연이 부담하는데, 그 예산은 교통부가 교통연에 발주한 기술용역사업에서 나온 것이었기 때문이다. 교통부와 교통연은 그럼에도 불구하고 공동 주관기관에 기계연과 전기연을, 후원부처에 과기처를 묶어두기를 원했다.

　국제심포지엄 개회식에서 김창근 교통부 장관은 "고속전철이 성공적으로 운행되고 있으며 초고속 자기부상열차도 실용화 전 단계에 이르게 되었다."면서 "일본, 프랑스, 서독의 고속전철에 대한 경험과 산지식을 전수해 줄 것을 간곡히 부탁한다."는 원론적인 개막 기조연설을 하였다. 이는 과기처의 입장을 고려한 강연 내용으로 받아들일 수 있었다. 이어 등단한 이상희 과기처 장관은 "경부고속철도 건설사업은 시급히 추진할 사업으로써 자기부상열차로 건설하여야 하며, 그러기 위해서 과기처는 자기부상열차 개발에 이미 착수하였고, 자기부상열차 선진국에서 기술협력을 해달라."는 요지의 강연을 하였다.

　이는 완전히 교통부의 입장을 무시한 폭탄선언으로써 같은 장소에서 한 나라의 두 장관이 바퀴식과 자기부상식을 연이어 주장하는 황당한 사태가 일반에 드러낸 것이었다.

그러면 당시의 자기부상열차 개발은 어디까지 진행되어 있었을지 살펴보자. 서독 Transrapid의 경우는, 1971년 개발에 착수한 이후에 여러 선행 차량의 개발이 있었고, 최종적으로 Transrapid 06 차량을 가지고, 서독 북부의 Emsland에 건설된 32.2km의 시험선에서 자기부상열차의 가능성 시험을 1985년까지 완료하였다. 이후 실용화 차량 Transrapid 07을 설계·제작하였고, 1989년 당시에는 시운전 시험을 예정하고 있었다. 이들 차량은 모두 1량 편성이었다. 편성 열차, 교행 열차, 터널 통과 시의 문제점 등을 위한 시운전에 대해서는 아직 요원한 단계에 있었다.

일본도 1970년 초전도 자기부상 시스템에 대한 연구를 시작한 후 최종적으로 MLU001 차를 가지고 500km/h로 실험하였지만, 이러한 실험은 7km 길이의 Miyazaki(宮崎) 실험선에서 이루어졌고, 실용화 차량 MLU002는 1986년 말에 실험선에서 380km/h의 속도까지 실험한 상태였다. 1989년 당시에는 실용화 속도 500km/h로 시운전하기 위한 Yamanashi(山梨) 시험선은 정부에 건설 예산을 요구하는 단계에 있었다. MLU002도 1량 편성이었고, 서독과 마찬가지로 여러 시운전 시험은 아직 계획조차 없었던 때이다. 그래서 일본에서도 자기부상열차를 21세기의 교통수단으로 얘기하고 있었다.

자기부상열차를 개발하는 나라에서조차 실용화 시기를 21세기(2000년 이후)로 보고 있었다. 사실 이러한 개발 일정도 낙관론적인 예측이었고, 신중론자들은 2010년 이후를 예상하고 있었다.[11] 우리나라의 경부 신선 건설 시기에 비해서는 최소 10년 이상 기다려야 하는 기술개발 현황이었다. 이러한 기술현황은 국제심포지엄에 참가한 일본과 서독의 전문가들로부터 확인할 수 있었다.

개회식이 끝나고, 대부분의 국내 참석자들은 이상희 과기처 장관의 자기부상열차에 대한 발언에 불만을 쏟아냈다. 이 장관의 자기부상열차 실용화 예측이 틀렸기 때문이다. 이 장관은 당시 조사연구를 수행하던 어느 누구에게도 실용화 시기에 대해 문의하지 않았다. 일국의 장관이 틀린 예측으로 자기부상열차 기술개발을 국책연구사업으로 추진하겠다고 선언한 것은 있을 수 없는 일이었고, 당혹감을 감출 수 없었다. 더구나 철도 선진국 3개국의 대표를 초청한 자리에서 틀린 주장을 하며, 한국 정부 내의 갈등을 노정(露呈)한 망신스러운 일이었다.

필자는 출연연(기계연)에 재직하면서 과기처 주장을 지지하지 않고, 교통부에 가세하였다는 비난을 받아야 했다. 특히 기계연(소장 김훈철)에서 불이익을 감수할 수밖에 없었다. 김 소장은 이미 설명한 바와 같이 국제 심포지엄 준비위원회에 전혀 업무와 관련이 없던 윤창현 박사를 추천하였고, 필자에게 고속전철 관련 업무에서 손을 뗄 것을 요구하였다. 이에 필자는 한동안 고속철 관련 업무를 포기해야 했다. 윤창현 박사는 자신의

---

11) 1989년 당시의 예측이었다. 서독은 2006년 Emsland 시험트랙에서 대형 사고를 일으킨 후 2011년 Emsland 시험트랙은 면허가 완료되었고, 2012년에는 Emsland 시험트랙의 철거와 완전한 전환(Reconversion)이 승인되었으나, 2023년까지 연기되고 있다. 실질적으로 독일 내의 실용화는 일찍 포기한 것이다. 일본은 이후 42.8km의 Yamanashi(山梨) 시험선을 준공하였고, 2003년 11월 2일 MLX-01을 이용하여 581km/h의 속도로 주행하였다. JR 東海社는 2010년 10월 26일 상용화 차량으로 영업 운전속도 505km/h의 신칸센 L0계를 공개하였다. 도쿄, 나고야, 오사카를 연결하는 438km의 주오 신칸센(リニア中央新幹線) 건설은 계속적으로 연기하다가 2011년 5월 일본 정부로부터 건설허가를 받았고, 2014년 12월 27일에 착공하였다. 2027년 도쿄와 나고야 간의 영업을 목표로 건설 중이다. 참고로, 나고야~오사카 구간은 2045년 영업 운전이 목표이다.
지난 2024년 4월 주오 신칸센의 2027년 개통이 무기한 연기되었다는 발표가 있었다. 대략 2031년에 개통될 것으로 예측되고 있다.

전공도, 업무도 아니라며 고속철 관련 대외 업무를 열심히 하지 않았다. 또한 윤 부장이 고속철 관련 대외활동을 하면, 상대방이 "전에 업무를 하던 송달호 박사는 왜 안 나오냐?"고 물어보는 통에 기분 나쁘다는 소리를 필자에게 전하기도 하였다.

　이러한 윤 부장의 준비위 활동에 소극적인 태도는 교통연으로서는 불감청(不敢請)이언정 고소원(固所願)이었을 것이다. 교통연은 기계연이 준비위에서 자기부상과 관련하여 강하게 주장할 것을 염려하였다. 당시는 과기처와 교통부가 여전히 바퀴식과 자기부상식으로 대립하는 껄끄러운 상태였고, 교통연, 철도청, 교통부에서는 과기처 이상희 장관의 자기부상식 열차 주장의 배후에 기계연 김훈철 소장이 있다는 인식을 가지고 있었다.

　이후 바퀴식 또는 자기부상식의 논란은 1990년 3월 이상희 장관이 과기처 장관에서 퇴임하고, 정부가 경부고속철도를 바퀴식으로 결정하면서 일단락되었다. 이상희 장관의 퇴임은 노태우 정권이 역점으로 추진하는 경부고속철도 건설사업에 아직 실용화가 시기상조인 자기부상열차를 주장함으로써 지장을 초래했기 때문이라는 해석이 있었다.

　바퀴식이냐 자기부상식이냐의 논란은 정부 내에서 일단락되었으나, 교통부 측의 국장급 이하의 실무진에서 과기부 이상희 장관과 기계연 김훈철 소장에 대한 반감은 상당하였고, 과기처와 기계연에 대한 이미지로 한동안 고착되었다. 국가적으로는 야당이 결부되면서 1990년대 중반까지 오랫동안 이어졌다. 이 논란의 후유증은 교통부와 철도청이 과기처 및 정부출연 연구기관을 경부고속철도 건설사업에서 될 수 있으면 배제하면서 기술개발의 협조체제를 구축하지 못했다는 점이라 하겠다.

앞과 같은 논란은 2024년 현재까지도 자기부상식 고속철도를 채택한 국가가 없다는 사실[12]을 감안할 때 첨단교통기술이 개발됐다는 주장은 실제 그 사용성을 검증할 수 있는 논의가 필요함을 보여주고 있다. 첨단기술을 수반한 시설을 도입함에 있어 정치·사회적 목적이 개입할 경우에 극심한 혼란을 초래할 수 있고, 한순간의 판단이 국가 미래에 지대한 영향을 미친다는 교훈을 새삼 일깨워주었다.

3) 고속전철 기술이전을 위한 사전준비 작업 불발

고속전철에 관한 논의가 진행되면서 기술이전 문제가 대두되었는데, 철도청 고속철도사업기획단(사업기획단)에 외국의 고속전철 기술에 대한 상세한 기술조사와 더불어 국내 기술조사를 병행하고, 국내기업과 외국기업을 서로 연결해주는 기술조사를 할 필요가 있다는 점을 강력히 주장하였다. 1991년 필자는 예비 기술조사계획서를 작성하여 당시 사업기획단 이우현 전기과장과 협의하고 있었다. 당시 기술조사는 기계연이 주관이 되고, 범 정부 출연연 관련 전문가가 참여하는 방식이었다. 이러한 기술조사는 사업기획단에서 상당히 긍정적으로 검토되었다. 그러나 이 계

---

[12] 현재 유일하게 운영되고 있는 시범운영 성격의 상하이 자기부상열차(SMT)는 논외로 하였다. SMT는 상하이 푸동(浦东)국제공항역과 루양루(龙阳路)역 사이 30.5km를 최고속도는 430klm/h로, 소요시간 7분 20초 정도에 연결하고 있다. 운행 차량은 독일의 Transrapid 08인데, 독일 Volkswagen사의 중국 진출을 허용하는 대가로 독일이 Transrapid 기술을 공여한 것이다. 이 노선을 항저우(杭州)시 등으로 연장하려는 시도가 여러 번 있었으나 반대가 많았고, 자기부상열차의 경제성에 확신을 못 해 실현되지 못했다. 그래서 여전히 시범운영에 머물고 있다.

획서는 건설공단의 내부사정으로 빛을 보지 못하고, 고속전철 기술이전을 위한 국내외 기술조사사업은 무산되었다.

기획 초기 기술이전 / 국산화의 정책적 중요성은 그다지 주목을 받지 못하였다. 다만, 비용축소 방안의 일환으로 차량공급 국가와 상계거래(Offset Trade) 방식의 구상 또는 상계무역 방식을 도입하여 차량구매 비용을 처리하는 방법을 논의하였다. 그러나 무역에 대한 전문지식의 부족과 행정의 복잡성으로 인하여 이 방안은 현실성 부족으로 폐기하였다.

이와 같이 기술이전 준비작업이 불발되며, RFP를 작성할 때 기술이전 부분이 미진하다는 평가를 받는 결과를 낳았고, RFP가 철도청이 예상한 1990년에 발송되지 못했다. 결국 RFP는 1991년 중반에 Bechtel의 검토와 철도청장의 결단으로 RFP가 어느 정도 마무리되었다.

1992년 초에 경부고속철도 건설사업을 주관하는 부서가 철도청의 사업기획단에서 교통부의 한국고속철도건설공단으로 변경되었는데, 이러한 변경은 RFP가 제대로 발송되지 못하는 단초를 제공하였다고 생각하고 있다.

2. 고속전철 차량 선정

1) 고속열차 평가과정

(1) KTX 선정

정부는 1993년 8월 20일 경부고속철도에 운행할 고속열차의 형식으로 프랑스 Alsthom사의 TGV를 우선협상대상자로 선정하였다. 경부고속철도에 운행될 철도차량의 형식을 선정하는 작업을 기종선정(機種選定)이라고 하였다. 당시 고속전철을 운영하고 있던 나라는 일본, 프랑스뿐이었고, 독일은 상용화가 임박했다고 알려져 있었다. 이들 고속전철시스템은 각각 독특한 특징이 있었다. 이들을 단순 비교할 수 없다는 것이 문제였다.

이에 따라 정부는 1991년 8월 26일 이들 3개국의 철도차량 제작사(일본 三稜중공업(Mitsubishi사), 프랑스 Alsthom사, 독일 Siemens사)에 제의요청서(RFP, Request for Proposal)를 보냈다. 이들 차량 제작사로부터 1992년 1월 31일에 제의서가 제출되었다. 제의서의 평가는 다음 날 2월 1일에 시작하였고, 1993년까지 6차에 걸쳐 진행되었다. 평가의 차수가 거듭될수록 RFP와 제의서의 내용도 진화되었다. 기종선정 과정을 간략히 설명하고자 한다.

철도청의 사업기획단은 제의서 평가에 착수하며 **〈그림 5〉**와 같이 평가단을 구성하였다.[13] **〈그림 5〉**의 평가단 구성도에는 사업기획단의 평가 요원은 표시되어 있지 않다. 즉 평가단은 Bechtel팀, 국내전문가팀, 사업기획단팀의 3개 팀으로 구성되었다는 뜻이다. 평가에서는 이 3개 팀을 각각 독립된 평가단으로 간주하였다. 즉 3개 팀이 각각 별개로 평가하여 이들 3개의 평가를 취합하기로 한 것이었다. 각 평가자의 개인 평가를 평균하여 세부항목별로 점수를 내면, Bechtel팀과 국내전문가팀이 각각

---

13) 評價團, '最終報告書(要約), 京釜高速電鐵 車輛形式 選定을 위한 提議書 評價', 韓國高速鐵道建設公團, 1992. 6.

33%, 사업기획단팀이 34%의 비중으로 합산하기로 한 것이다. 이는 평가의 공정성과 객관성을 확보하기 위한 노력이었다.

〈그림 5〉에서 보는 것과 같이 평가단에는 20명의 국내 전문가가 참여하였다. 모두 교통연, 기계연, 전기연, 한국산업은행(KDB) 소속이었다. 국내 전문가의 대표는 교통연의 이종호 철도연구실장이 맡았으며, 부대표도 교통연의 이성원 박사가 맡았다. 사업기획단은 이들 전문가의 참여를 위하여, KDB는 제외하고, 교통연, 기계연, 전기연과 평가에 관한 용역계약을 각각 체결하였다. 용역 책임자는 각각 이종호, 송달호, 김용주 박사였다.

평가단의 국내 전문가 20명 중에서 2명은 평가조정위원회에 참여하였다. 그리고 나머지 18명이 평점 평가에 참여하였는데, 이들은 교통 분야(교통연)에 5명, 금융 및 경제성 분야(KDB)에 4명, 기계기술 분야(기계연)에 4명, 전기기술 분야(전기연)에 5명이었다. 기술 분야는 기계연과 전기연이 평가한 셈이다.

Bechtel팀에서 실질적으로 평점 평가를 수행한 요원은 10명이었고, 기술평가 분야인 차량, 전차선, 열차제어, 품질보증, 기술개발 분야의 6명은 Bechtel의 하청업체에서 온 전문가들이었다. 경제성과 영업성에 대한 평가는 Bechtel 소속 전문가가 하였다.

이미 설명한 바와 같이 사업기획단 평가 요원들은 〈그림 5〉의 평가단 구성도에는 포함되어 있지 않다. 사업기획단은 그 사유를 보안 때문이라고 하였다. 약 25명 정도가 참여한 것으로 알려져 있다.

이상을 종합하면 평점 평가에 참여한 요원은 합계 대략 50여 명 정도라고 하겠다.

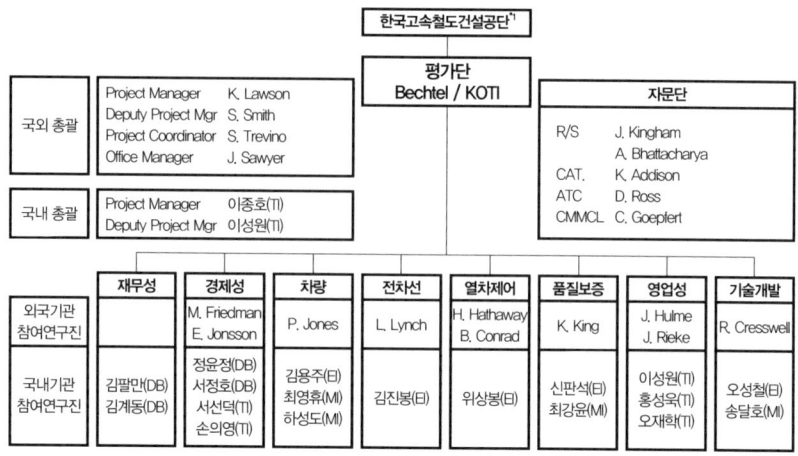

1. Foreign Experts, P. Jones and B. Conrad from Transportation Decision Systems, Inc., L. Lynch, H. Hathaway, K. King and R. Cresswell from PGH Wong Engineering. Inc., and the others from Overseas Bechtel, Inc.
2. TI : 교통개발연구원(KOTI), DB : 한국산업은행(KDB), MI : 한국기계연구원(KIMM), EI : 한국전기연구원(KERI)
*1 : 한국고속철도건설공단은 1992년 3월 9일에 설립되었고, 철도청의 고속전철사업기획단(사업기획단)을 승계하였다.
자료 : 각주 11)의 3쪽 '평가단 구성도'를 새롭게 작성

〈그림 5〉 한국고속철도건설공단의 경부고속전철 차량형식 선정 제1차 제의서 평가단 구성도

기종선정 제의서 평가는 다른 입찰 평가와 근본적으로 달랐다. 일반적인 입찰의 경우는 입찰자가 RFP에 따라 제의서(Proposal)를 작성하여, 입찰 마감일에 제의서(입찰서)를 제출한다. 그러면 평가자들이 정해진 시간에 모여 단기간(2박 3일 정도)에 제의서를 평가하여 우선협상 대상자를 선정하게 된다.

그러나 제출된 제의서는 우리의 기대를 무참히 저버리고 자기들이 하고 싶은 사항을 서술하는 형식으로 작성하여 평가 기준에 따라 겨우 점수를 낼 수 있는 수준이었다. 따라서 공단은 전략을 수정하여 목표에 도달

할 때까지 6차례의 재제출을 반복 요청하였다.

처음에 Bechtel사가 제안한 평가 일정은 〈그림 6〉과 같았다. 〈그림 6〉에 의하면, 전처리과정(PROCESSING)이 10일, 평점과정(COST & QUALITY)이 70일, 기획단이 결과를 취합하여 검토하기까지 80일, 검토 위원회(REVIEW BOARD)의 결의를 거쳐 90일에 평가(EVALUATION)를 종료하는 일정계획이었다. 즉 4월 30일(1992년 2월은 29일이었다)까지 기종을 '선정(SELECTION)'하는 것으로 계획되어 있었다. RFP를 수정하면서 평가과정을 반복한다는 것은 'RFP'나 '제의서 평가 기준'[14]에 전혀 언급되어 있지 않았다. 또한 건설사업이 계획 일정보다 늦어지고 있었기 때문에 기종선정에 어느 정도 여유가 있었다.

그러나 경부 고속전철의 차량형식(기종) 선정은 4월 30일에 이루어지지 않았으며, 'RFP'가 변경되어 제의 3사(Mitsubishi사, Alsthom사, Siemens사)에 전달되었고, 그동안의 평가작업은 '제1차 제의서 평가'로 명명되었다. 이후 기종선정 입찰 평가는 6차에 걸쳐 진행되면서 시간도 1년 반이 넘게 걸렸다.

이렇게 여러 번에 걸쳐 평가가 진행된 것은 제출된 3사 제의서의 내용과 가격이 우리나라가 요구하는 수준에 훨씬 미치지 못했기 때문이다. 3사의 제의서의 내용과 가격수준을 끌어올리기 위하여 3사 제의서의 내용을 비교하면서 3사와 협상하는 것이 필요했고, 필요한 경우에 RFP를 수

---

14) Bechtel사가 건설공단에 제출한 평가 일정, 방법, 기준 등을 설명한 문서(Proposal Evaluation Criteria for The Preovision of Rolling Stock, Catenary, and ATC System, Prepared by Overseas Bechtel, Inc. for THE KOREA HIGH SPEED RAIL CORPS SEOUL-PUSAN HIGH SPEED RAIL SYSTEM, DEC. 1991)

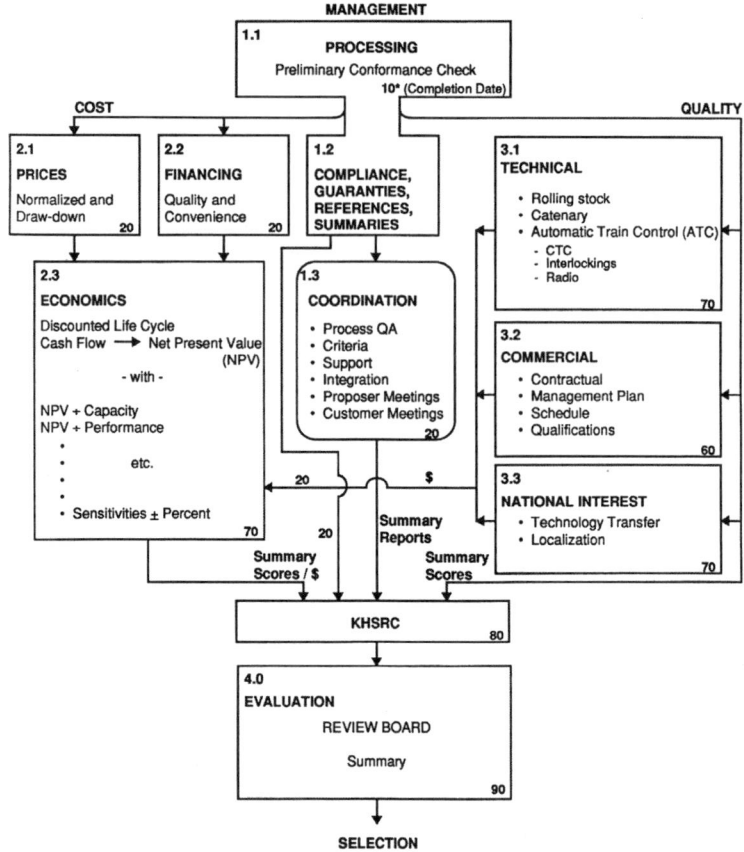

*Numbers denote days from Proposal due date.
〈자료〉 Evaluation Flow Chart, '제의서 평가기준', Bechtel사, p2-2

〈그림 6〉 제의서 평가과정 및 일정

정하였기 때문이다.

또한 제의서 내용이 방대하고 복잡하여 제의자와 평가자 사이에 혼선을 바로 잡는데도 시간이 필요하였다는 점도 중요한 이유라고 하겠다. 평가 기간에 제의 3사와 여러 가지 제의사항에 대해서 질의응답이 지속적으로 이루어졌으며, 필요에 따라 제의사항 일부의 변경을 요청하기도 하였고, 제의사들도 동의하는 경우에는 이에 따라 제의내용을 수정하기도 하였다. 즉 약 50여 명의 전문가가 1년 6개월에 걸쳐 차량형식을 평가했던 것이었다.

(2) KTX-산천 선정

2005년 중반에 철도공사는 KTX 후속 물량(최고운전속도 300km/h)에 대해서 국제경쟁입찰에 부쳤다. 철도공사는 국내에서 개발되어 시운전 중이던 HSR-350x(G7 열차)[15] 기반 열차에 대해서 전혀 혜택을 부여

---

15) G7이란 1973년 제1차 오일쇼크(석유 위기) 대책을 논의하기 위해서 모인 미국, 영국, 프랑스, 서독, 일본 등 5개국 재무장관 모임이 제2차 오일쇼크(1975년) 때 정상회담으로 승격되었고, 이태리(1975)와 캐나다(1976)가 합류하면서 7개국이 된 것으로, 최선진국을 말한다. 그리고 G7 사업은 1992년 우리나라 반도체, 교통, 통신, 환경, 에너지 분야 등의 과학기술 수준을 G7 국가 수준으로 격상시키겠다는 목표로 범부처적으로 추진했던 국가연구개발사업이다. 정식 명칭은 선도기술개발사업(先導技術開發事業)이고, 총괄부처는 과학기술처였다. G7 사업으로 모두 18개의 사업이 추진되었다. 18개의 G7 사업이 있었다는 뜻이다.

과학기술처를 비롯한 7개 정부 부처에서 주관하였고, 연구기관, 대학, 기업 등에서 2만여 명의 기술인력이 참여했으며, 약 4조 6천억 원의 예산이 투입된 건국 이래 최대 연구개발 사업으로 알려져 있다. 건교부에서 주관한 '고속전철기술개발 사업(고속철 사업)'은 건교부가 주관하는 유일한 G7 사업이었기 때문에 건교부와 그 산하에서는 고속철 사업을 G7 사업이라고 불렀고, 유일한 사업이라 혼선도 없었다.

고속철 G7 사업은 건교부와 통산부가 공동 주관부처, 과기처가 협조부처, 한국고속철도건설공단이 연구총괄기관으로 1996년 12월에 착수되었고, 2007년 건교부가 단독 주관부처, 통산부와 과기처가 협조부처, 한국철도기술연구원이 연구총괄기관으로 변경되며, 2002년 10월 말까지 진행되었다. G7 사업의 성과는 HSR-350x(G7 열차)의 설계·제작이었다. G7 사업의 후속인 건교부 지원 고속철도기술개발사업에서 G7 열차가 2007년까지 20만 km 이상의 시운전 시험을 거쳤고, 2010년 KTX-산천으로 상용화되었다.

하지 않았다. 대단히 섭섭했고, 차량 제작사인 (주)로템은 물론 G7 사업에 참여했던 연구자 모두가 매우 불안해했다. Alstom사가 AGV 기반의 열차를 염가에 제의할 것이라는 소문이 무성하였기 때문이다.

11월 말에 실시된 입찰 평가에서 현대로템의 HSR-350x 기반의 KTX-산천(나중에 붙여진 이름)과 Alstom사의 AGV 기반의 열차가 경쟁하였다. 제의서 내용에서 Alstom사의 AGV는 아직 개발 중에 있다는 흔적이 뚜렷했고(즉 아직 상용화에 이르지 못했다는 뜻), 당연히 로템의 KTX-산천이 우선협상대상자가 되었다.

제의서 평가에 참여한 평가 요원은 철도공사 소속 9명과 필자(당시 우송대 교수로 재직 중이었다)를 포함한 대학교수 8명, 한국항공우주연구소 소속 선임연구원 1명 등 합계 18명이었다. 나중에 밝혀진 바에 의하면 철도청 소속 9명은 전혀 철도차량과 관련이 없는 직원으로 전국에서 선발하였다고 하며, 나머지 외부 8명도 전부 철도 관련 연구를 해본 실적이 없는 공과대학 교수와 정부 출연연 연구원이었다.

필자가 포함된 것도 전 철도연 원장과 우송대 교수를 동명이인으로 착각한 때문이며 당시 철도학회 회장이었고, 창립 멤버로 대부분의 학회 회원을 알고 있었으나, 누구도 학회 회원이 아니었다. 이러한 평가위 구성으로 2박 3일의 평가 일정이 주어진 것이었다. 철도공사는 공정을 기하기 위하여 철도차량과 관련된 전문가는 배제하였다는 것이었다. 요즈음 알게 된 사실이지만, 필자가 평가에 참여한 것은 이해충돌의 여지가 있는 불법이었다(공소시효가 남았다면 큰일이다!).

평가가 시작되었는데, 로템에서 제출한 제의서는 쌓아놓으면 3-in Binder 10여 개 정도로 약 1m 정도인 데 비하여 Alstom사는 고작

30cm 정도의 분량이었다. 평가위원들이 제의서를 검토하기 시작하면서 바로 여기저기서 한숨이 터져 나왔다. 제의서가 소설이 아니었던 것이다. 철도차량에 대한 도면, 그림, 표가 있고, 기술에 대해서 온갖 약어(Abbreviation)를 사용하며 전문적인 용어로 설명되어 있었기 때문이다.

철도공사는 급기야 평가위원들의 대화를 금지했던 것을 풀고, 필자에게 평가위원들을 상대로 철도차량과 평가 요령을 간략히 강의해달라고 하는 사태가 되었다. 급히 대학 강의자료를 바탕으로 자료를 만들어 철도차량의 기본을 설명하여야 했다. 특히 많은 평가위원이 Alstom사가 제출한 제의서의 시방에 관련된 표에 'TBD'로 표시된 것이 무엇이냐고 질문해왔다. 필자가 'To Be Determined'의 약어라고 설명하며, 많은 경우에 철도공사가 개선된 시방을 요구할 경우에 '가격 인상의 우려가 있으니 조심하여야 한다고 알려주었다.

제의사가 각자의 제의서를 발표하는 시간이 있었는데, 당시 발표는 Eucorail사가 대신하였다. Eucorail사는 경부고속철도 건설사업에서 KTX를 공급하기 위하여 Alstom사와 국내 철도차량 제작사가 합작하여 세운 회사였다. 당시는 KTX 46편성 공급이 완료되었고, 법인은 존재하며, 몇몇 한국 직원들이 있었다. 이들과는 서로 알고 지내는 사이였고, 발표 직전에 수인사를 하기도 하였다. 또한 같이 온 프랑스 직원과도 안면이 있어서 대화를 나누기도 하였다. 그럼에도 그들은 필자의 이해충돌 부분에 대해서 이의를 제기하지 않았다.

로템의 제의서는 대충 알고 있었기 때문에 시방의 숫자를 참고할 때를 제외하고는 제의서를 열어볼 필요가 없었다. Alstom사의 AGV는 동력분산식 열차였으나, 설명이 충실하지 않았고, 정말로 너무 많은 시방 관련 표에서 'TBD'가 많았다. AGV가 아직 개발이 완료되지 않아서 상용 열차로 전환할 때의 시방을 계산할 정도가 아니라고 판단하였다. 그렇기 때문에 당연히 평가에서는 로템의 G7 열차(HSR-350x)에 기반한, 나중에 KTX-산천으로 명명된 고속열차가 우선협상대상자로 선정된 것이다.

평가가 종료되고 평가위원장의 자격으로 평가의 공정성에 관하여 다음과 같은 특별발언을 하며, 철도공사 경영층에도 전달해줄 것을 요청하였다.

입찰 평가를 마치며

— 필자(당시 평가 위원장)

1. 평가위원회를 무사히 끝마치게 되어 평가위원님과 뒤에서 수고하신 철도공사의 여러분들께 심심한 감사의 말씀을 드립니다.

2. 이번 평가작업에는 어려움이 많았습니다. 우선 첫째로, 제출된 자료가 충실한 평가를 하기에는 미흡하였고, 둘째는 철도 기술의 특성과 수준에 대한 이해의 정도가 평가위원들 간에 상호 상이하고, 서로 간의 충분한 대화의 시간이 부족하여 공감대를 형성하기가 곤란하였고, 셋째로는 평가진행상의 경직성을 들 수 있겠습니다.

3. 평가의 원칙으로 공정성, 객관성, 정확성 등 여러 가지를 거론할 수 있을 것입니다. 어디에 우선순위를 둘 것인가도 경우에 따라 달라질 수 있다고 생각합니다. 그러나 제일로 추구할 것은 정확성일 것입니다. 정확성을 기하기 위하여 공정하고 객관적 등의 잣대를 대는 것이라고 생각합니다. 그리고 공정성과 객관성은 평가의 결과에 대한 평가라고 생각합니다. 정확성이란 어떤 시스템을 선정하여야 하는가에 대한 것인데, 이를 위해서는 시스템에 대한 전문성이 중요합니다. 시스템에 대한 이해가 선행되지 않는 가운데 공정성 등만을 고집했을 때에 정확성을 오히려 헤치는 경우도 있음을 명심하여야 할 것입니다. 이런 관점에서 볼 때 우리의 평가는 공정성에 치우친 면이 있음을 부인하기 어렵습니다. 정확성을 기하기 위하여 충분한 노력을 기울였는지 자문하지 않을 수 없습니다. 이러한 현상은 작금의 사회적

분위기에 의한 것이라고 이해합니다. 좀 더 전문가가 의견을 개진하는 사회가 바람직하다고 생각하며, 그렇지 못하다면 우리사회는 아마추어리즘으로 회귀할 것입니다. 그런 점에서 전문가들의 분발을 촉구하여야 할 시점이라 하겠습니다.

4. 철도공사에 대해서도 한마디 당부드리겠습니다. 공사의 입장에서 공정성에 우선을 두고 평가를 진행해온 것이 아닌가 생각됩니다만, 정확성을 추구하여야 옳다고 생각합니다. 평가의 공정성에 대한 시비는 윤리경영과 개개인의 윤리의식으로 극복하여야 할 것입니다. 그것이 평가를 원활히 하고 정확성을 기하는 데 도움이 되었을 것으로 생각합니다.

5. 'What Is Done Is Done.'이라 했습니다. 어쨌건 평가를 종료하였습니다. 평가위원 모두의 철도에 대한 애정과 임해주신 것에 대해서 재삼 감사하오며, 지난 2일간 우리 평가위원회에서 있었던 공사 간의 모든 논의와 의견들은 잊어주시기를 부탁드립니다. 그리고 철도공사의 발전을 기원합시다.

6. 평가위원으로서 평가에 참여할 기회를 주신 이철 사장님을 비롯한 철도공사의 관계자 여러분께 감사드리며, 재삼 평가위원님과 뒤에서 수고해주신 철도공사의 여러분께 감사드리며 인사의 말씀에 대하고자 합니다. 여러분의 건승과 가정의 평안을 기원합니다. 감사합니다.

2005년 11월 30일

위원장 **송달호**

(3) 차량 선정 시사점

앞으로 철도차량의 입찰 평가에서 KTX-산천의 입찰 평가와 같이 2박 3일에 비전문가들로 구성된 평가위원회에서 평가해서는 안 될 것이다. 상당한 시간(예를 들면 3개월)을 가지고, 전문가로 구성된 평가조직이 제의사와 설명 내용에 대한 토의도 해가면서, 필요하면 RFP도 변경하면서 진실로 발주자가 원하는 열차를 적절한 가격에 구매할 수 있는 제도를 갖추는 것이 필요하다는 점이다.

방산 분야에서 수행하고 있는 구매전담 조직을 운영하는 것도 바람직할 것이다. 아니면 신뢰할 수 있는 외부 기관(예를 들면 한국공학한림원 등)에 입찰 평가를 의뢰하는 것도 방법일 수 있다.

또한 현재는 제의한 열차가 발주자의 요구 시방에 적합한가를 평가하고 이후에 가격으로 평가하는데, 구매 가격(Price)은 열차의 전 수명주기 가격(Total Life-Cycle Cost)의 20~30%에 지나지 않는다는 점에서 전 수명주기가격을 가지고 우선협상대상자를 선정하는 것이 합리적일 것이다. 이와 유사한 구체적인 사례를 소개한다.

2013년 3월 현대로템(주)는 인도 델리 지하철공사(DMRC)가 발주한 1조 원 규모의 '델리 메트로 3기 전동차 사업'을 낙찰받았다.[16] 상기 사업은 2017년까지 인도 델리 메트로 신규 7·8호선에 투입될 지하철 전동차 636량을 납품하는 것으로, 인도에서 단일 전동차 발주 건으로 최대 규모였다. 입찰서 평가는 가격과 에너지 효율성을 같이 평가하는 방식이었다.

같은 해 2월 9일에 입찰가격 공개행사에서 현대로템은 3위였고, 독일의 Siemens사가 현대로템의 85% 정도로 낮은 파격적인 가격을 제시하였다. 캐나다의 세계 철도차량 시장 점유율 1위 Bombardier사는 현대로템보다 1% 낮게, 프랑스 Alstom사는 1% 높게 제시하였다. 스페인의 CAF사와 일본의 히타치(日立)사는 더 높은 가격이었다. 이어서 에너지 효율성 평가가 있었는데, 여기서 현대로템은 역전을 이루어냈다. 심각한

---

16) 〈조선일보〉 기사, '현대로템, 인도서 1조 원대 수주 '전동차 빅3 獨 지멘스도 제쳐', 2013년 4월 3일, B5면

전력난 등에 고민하는 인도 정부의 입장을 고려한 현대로템의 전략이 주효했던 것으로 평가받았다.

'싼 것이 비지떡'이라는 말이 진리임을 깊이 생각할 필요가 있다. 구매가격은 싼데, 수명이 짧거나 유지보수비용이 큰 제품을 구매하는 우를 범하지 말아야 할 것이다. 유럽에서는 UNIFE[17]에서 전 수명주기 가격을 산출하는 기준과 방법을 소프트웨어로 작성하여 배포하고 있다. 이에 관련한 기술기준도 발표되어 있으므로 국가적으로도 채택할 필요가 있을 것이다.

리) 제의서 평가에 매진

1992년 2월 29일에 기계연 이사회에서 '기계연구소'를 '기계연구원'으로 바꾸고, 본원을 창원에서 대덕으로 이전하며, 창원 기계연구 인력을 대덕으로 이전하는 안건 등이 통과되었다. 창원 기계 인력의 대덕 이전계획은 수도권 기계기술 인력이 창원에 지원하지 않는 현상을 완화하는 조치였고, 김훈철 소장과 기계시스템연구부장이던 필자가 협의하면서 작성한 것이었다. 또한 이사회에서 통과된 것은 김훈철 소장의 해임이었다. 김훈철 소장은 기계연 대덕 선박분소의 독립과 관련하여 과기처와 불화를 겪고 있었다.

필자는 당시 기획단의 기종선정 평가에 참여하고 있었고, 이사회 개최

---

[17] Guidelines For Life Cycle Cost, by THE UNIFE LCC GROUP, Nov. 1997 edition. UNIFE denotes Union des Indusries Ferroviaires Eiropéennes in French, or European Rail Supply Industry Association in English

당일에 평가작업의 일환으로 해외 출장을 출발하였다. 안건 통과와 김 소장 해임 소식을 해외 출장의 첫 기착지인 프랑스 드골공항에 도착해서(현지 시각 3월 1일(일) 19:00경) 들었다. 2주간의 해외 출장을 마치고 연구원에 출근하니 기계연(창원)의 선임연구부장(부소장)이던 서상기 박사가 원장 대리로 본원(대덕)에서 근무하고 있었다. 서상기 원장대리와 기계시스템연구부의 이전에 대해서 협의하고 싶었으나, 잘되지 않았다. 아마도 원장 대리로서 인력이동을 추진하기가 어려웠을 것이다.

더구나 필자가 기계 인력의 대덕 이전을 추진할 때에 원장의 결재를 받기 위한 계획(안)에 서상기 선임연구부장이 결재를 하기는 하였으나 흔쾌히 찬성하는 입장은 아니었다. 서상기 박사는 재료 전공으로 창원 재료인력도 같이 대덕으로 이전되기를 원했던 것으로 이해하고 있었다. 재료인력의 대덕 이전을 반대하였던 것은 아니었다. 다만, 재료 쪽에서 이전을 추진해야지 도와줄 수 있는 일이 아니라고 생각하였다. 신임 원장이 취임할 때까지 기다릴 수밖에 없었다.

같은 해 5월 30일 서상기 선임연구부장이 원장에 취임하였고, 6월 조직 개편이 있었다. 기계시스템연구부가 폐지되고, 기계부품연구부가 신설되면서 구조해석연구실이 산하로 편입되었다. 이로써 기계시스템연구부의 대덕 이전이 무산된 것으로 보였다. 이에 필자는 보직에서 물러났고, 조직운영 부담과 보직자 회의참석 부담에서 벗어날 수 있었다.

조직운영 부담이란, 연구원들의 인건비 확보 문제였다. 당시는 연구과제 총액의 30~40%를 떼어 연구원들의 인건비로 충당하였는데, 인건비를 채우기가 만만치 않았다. 인건비를 확보하는 책임에서 연구부장이 자유로울 수 없었다. 회의참석 부담이란, 즐겁지도 않은 소내 회의에 장시간을 참석해야 하는 문제였다. 당시 개인적인 통계에 의하면, 근무시간의 30% 이상을 소내 회의(부장 회의, 연구업무심의위 회의, 인사위 회의 등)에 소모해야 했다.

무보직으로 심적, 시간적으로 여유를 가지면서, 고속철도에 대한 업무(당시는 제의서 평가작업이 한창이었다)에 자연스럽게 매진(邁進)하며, 연구원(研究員) 본연의 임무와 연구에 열중할 수 있는 황금 같은 시절이었다. 이런 호시절(?)은 1993년 7월 말 평가작업이 종료될 때까지 지속되었다. 이것은 아마도 다른 일에 신경 쓰지 말고 국가적으로 중대사인 제의서 평가에 매진하라는 '보이지 않는 손'이 작용한 것으로 이해하고 있다. 제의서 평가 업무에 대한 진행 사항은 조직체계를 거쳐서 꾸준히 원장에게 보고되었으나 서 원장으로부터 별도의 지시 등은 없었다.

이런 상황 속에서 1993년 6월에 들어서자 두 가지 소식이 들렸다. 첫째, 과기처가 창원 기계연구 인력의 대덕 이전이 이루어지지 않은 것에 대해서 불만을 가지고 있다는 것이었다. 이사회에서 통과된 사안이 실행되지 않은 데 따른 것이었다. 아마도 서 원장은 본인의 전공인 재료공학 인력도 같이 대덕으로 이전하는 방안을 모색하고 있던 것으로 보였다. 둘째, 서 원장이 고속전철에 관한 연구에 관련하여 과기처 장관에 보고하기 위해서 작업을 한다는 것이었다.

1993년 9월 16일에 열린 과기처 회의에서 오랜만에 서상기 원장을 만났다. 필자는 당연히 회의에 앞서 서상기 원장과 인사하였는데, 서 원장은 과기처의 기획사업을 기계연이 수행할 수 있도록 부탁한다는 당부의 얘기가 있었다. 좀 의외였다. 그리고 9월 25일 회의부터는 기계연을 대표하여 과기처 회의에 참석하였다. 기획사업의 과기처 기술기획단의 작업반장에 임명되고, 기획사업을 기계연이 주관기관이 되어 수행하게 됨으로써 서상기 원장의 바람은 쉽게 이루어질 수 있었다.

10월 11일(월)부터는 작업반이 작업 장소로 기계연 서울사무실을 사용하게 됨으로써 서상기 원장의 공간을 사용하게 되었고, 서 원장이 서울 출장 시 서울사무실에 들르면서 서로 마주 보는 기회가 많아졌다. 대략 10월 20일경에 서상기 원장은 구 기계시스템연구부를 모태로 '신교통기술연구부'를 창설하고, 대덕 본원으로 이전하면 어떻겠냐고 제안해왔다. 반대할 이유가 없었다. 즉시 감사하다며 11월 1일부로 이전하겠다고 답변하였다. 이로써 11월 1일 신교통기술연구부장으로 발령을 받았고, 창원 분원에서 대덕 본원으로 이전하였다.

이어서 기계공학연구부도 1994년 초까지 순차적으로 이전해왔다. 나중에는 자동화연구부도 대덕으로 이전하며, '기계연의 대덕 시대'를 열었다. 창원 분원에는 창원공단을 위한 기계부품의 인증과 관련한 기계 인력만 남고, 재료인력은 전원 그대로 잔류하면서 재료 연구를 주된 업무로 하는 분원이 되었다.

3. 동력 집중식 G7 열차(HSR-350x) 개발

1) G7 사업으로 고속전철기술개발 사업을 수행한 경위

정부는 1995년 7월 선도기술개발사업(G7 사업) 2단계를 시작하면서 국내외 기술·경제·환경 변화에 부합하는 신규과제를 적극적으로 추가

발굴·추진하기로 하였다.[18)19)]

1995년 2월 초에 과기처가 신규 G7 사업을 공모한다는 것을 인지한 필자는 건교부와 한국고속철도건설공단(이하 건설공단)에 고속전철기술개발을 건교부 주관의 G7 추가과제로 추진할 것을 제안하였으나, 건교부와 건설공단은 모든 기술이 프랑스로부터 이전되므로 그럴 필요가 없다며 거절하였다. 이러한 건교부의 의도를 간파한 통상산업부(통산부)와 생산기술연구원(생기원)은 수출용 고속열차를 개발한다는 명분으로 〈표 8〉과 같이 '고속전철기술개발' 사업을 G7 과제로 추천하였다.

〈표 8〉 G7 신규후보 과제로 고속전철기술개발 신청

구분	과제명	주요 연구 내용	주관부처	관계부처	비고
제품기술개발	고속전철기술개발 (1995~2001)	300km/h급 이상#의 한국형 고속전철 기술개발 및 관련 부품기술개발	통산부	과기처 건교부	

: 신규후보 과제 연구기획 RFP에는 '300km/h급'으로 되어있고, 7월 26일 연구기획 설명회에서도 300km/h 고속철도 차량의 부품 국산화에 초점이 있었다. 따라서 실제적으로는 '300km/h급 고속열차'로 이해하였다.
자료 출처 : 각주 20)

이에 당황한 오명 건교부 장관은 건교부도 '고속전철기술개발' 사업을 추진할 것을 지시하였고, 과기처에 신청하였다. 또한 건교부 박성표 고속철도과장과 건설공단 이우현 차량본부장을 불러서, 건교부가 '고속전철기술개발' 사업을 주관하도록 최선의 노력을 경주할 것을 주문하였다. 이

....

18) Null
19) 과학기술처·통상산업부·건설교통부·보건복지부·환경부, G7 2단계 신규후보 과제 연구기획사업 안내, 1995. 7.

로써 통산부와 건교부가 모두 '고속전철기술개발' 사업을 주관하겠다고 나선 것이었다.

이에 과기처는 '고속전철기술개발' 사업에 대한 연구기획을 통산부와 건교부에서 경쟁적으로 수행하며, 그 결과를 평가하기로 하였다. 우수한 연구기획(안)에 따라 사업을 수행하겠다는 것이었다. 다만, 평가는 추가 과제를 추천한 통산부가 주관하게 하였다. 연구기획은 같은 해 8월 1일에 시작하였고, 2개월의 시간이 주어졌다.

건교부와 건설공단의 산하기관에는 대규모 국책연구사업을 기획할 만한 전문가가 없었다. 건설공단의 연구개발본부는 1994년 4월 말에, 그리고 철도청 산하의 철도기술연구소는 같은 해 6월 말에 폐쇄되었다. 철도기술연구소를 대신할 (주)한국철도산업기술연구원(철도산기연)은 1994년 7월 16일에 설립되어 있었지만, 아직 대규모 국책연구사업의 연구기획을 할 실력은 갖추지 못했다. 건교부와 건설공단은 기계연과 필자에게 연구기획을 부탁하였다.[20] 건설공단이 연구기획 소요예산과 사무실 등 행정을 지원하며 연구기획 과제를 만들었고, 과제책임자는 이우현 차량본부장이 맡되, 연구기획은 필자가 전권을 가지고 수행하였다.

건설공단과 생기원이 작성한 연구기획(안)은 10월 초에 통산부에 제출하였다.[21][22] 같은 해 10월 20일에 실시된 경쟁적인 연구기획(안)들에 대

---

20) (공문), 발신 : 건설교통부장관, 수신 : 한국기계연구원장, 제목 : 선도기술개발사업 2단계 신규후보 과제 연구기획, 문서번호 고속 71411-235, 1995. 8. 7.

21) 이우현, 송달호, et al.(1995), 고속전철 기술개발 연구기획, 한국고속철도건설공단, 1995. 10.

22) 윤창현, 양세훈, et al.,(1995), 고속전철 기술개발 연구기획 보고서, 생산기술연구원,

한 평가에서 통산부가 평가위원을 위촉하고, 평가도 주관하였음에도 불구하고, **〈표 9〉**와 같이 건설공단의 연구기획(안)이 압도적인 우위(10명 건설공단 양호, 1명 동등, 2명 생기원 양호)로 선정되었다.[23]

〈표 9〉 통산부의 건설공단과 생기원의 연구기획(안)에 대한 평가결과

구분	생기원	건설공단	기타
종합점수 평가	2명	10명	동점(1명)
무기명 투표	2명	9명	동일(2명)

자료 출처 : 각주 26)

이러한 결과는 생기원의 연구기획(안)에서 연구목표의 설정 등이 적절치 않았고, 시운전 시험 등에 문제가 있다는 지적에 힘입은 바가 컸다. 그렇다 하더라도 평가위원회 참석자 모두가 매우 놀랐고, 평가결과를 듣는 사람마다 의외의 결과라고 하였다. 다만, 이렇게 압도적일 것으로는 예상하지 못했지만, 필자의 기획(안)이 채택될 것이라는 점은 예견하고 있었다. 왜냐하면, 다수의 산업계 평가위원들이 비공식적으로 평가에 어려움을 하소연하며, 도움을 요청했었기 때문이다.

통산부가 마련한 평가 절차와 방법을 규정한 '평가의견서'[24]가 너무 복잡하고, 기술과 관련해서는 기술 트리, 해외현황, 기술개발 절차와 방법

1995. 10.
23) (공문), 발신 : 통상산업부 장관, 수신 : 과학기술처 장관, 제목 : G7 2단계 신규후보 과제 (고속전철기술개발)의 연구기획 평가결과 통보, 문서번호 자조 55424-555, 1995. 10. 30.
24) 통상산업부, 'G7 2단계 신규후보 과제 연구기획결과 평가의견서', 1995. 10.

등을 완전히 꿰뚫고 있어야 평가가 가능했기 때문이었다. 당시 산업계의 기술 수준으로는 '평가의견서' 작성이 어려웠고, 그들은 도움을 받아 평가의견서를 작성할 수 있었다. 그들의 평점에는 직접 관여하지 않았지만, 필자의 손을 들어줄 것이라는 것은 기대하고 있었고, 그들은 의리를 지켰다.

이후 통산부와 생기원이 여러 가지 이유[25]를 들어 통산부가 '고속전철기술개발' 사업을 가져가려고 시도하였지만, 평가위원회의 결과를 뒤집을 수는 없었고, 그 결과로 '고속전철기술개발' 사업의 주관부처에서 건교부를 제외시킬 수는 없었다. 나중에 통산부의 반발을 무마하기 위하여 건교부와 통산부가 공동 주관부처가 되었지만, 오히려 연구사업의 비효율이 극대화되었고, 1997년 8월 건교부가 단독 주관부처가 되면서 '고속전철기술개발' 사업이 건교부의 G7 사업이 된 것이다.

이상과 같은 국가 운송 산업을 세계 초고 수준으로 향상시키기 위해, 특히 두 가지 노력이 어우러져야 가능하다. 첫째는 사업을 구상하고 기획하여 이를 국가사업으로 성안하고 사업을 착수케 하는 기획과 정책에서의 기여가 있어야 하고, 둘째는 선정된 사업을 과학 기술적인 전문성을 갖고 R&D를 통해 성공적으로 완수할 수 있도록 해야 한다. 첫째 역할은 필자가 의도한 것은 아니지만 그런대로 노력하였으며, 둘째 역할은 1998년부터 사업단장을 맡았던 김기환 박사가 훌륭히 수행하였다고 생각한다.

....
25) (공문), 발신 : 통상산업부 장관, (1995), 수신 : 과학기술처 장관, 제목 : G7 연구기획 평가 관련 의견문의 및 평가 일정 연기신청, 문서번호 자조 55424-540, 1995. 10. 26.

ㄹ) 시장된 연구개발 기술이전

국내에서 독자적으로 고속열차를 개발하기 위해서는 고속열차를 운용하고 있는 철도선진국에서 연구개발 분야 기술이전을 받는 것이 지름길이라고 생각하였다. 이에 과기처의 국책연구과제[26]를 통해서 〈표 10〉에서 보는 바와 같이 합계 14개 과제에 대한 연구개발 기술이전 프로그램 총괄표를 만들었다. 14개 중에서 기계기술 9개, 전기기술 5개였다. 각 과제에 대한 훈련량도 주어져 있다. 전체적으로 16명, 174 M/M이었다. 하나하나의 교육 훈련 과제에 대해서 교육 훈련 프로그램(안)을 작성하였다. 〈표 11〉에 공력설계 분야 교육 훈련 프로그램(안)을 예시로 보였다.

〈표 10〉 국내에서 제안한 연구개발 기술이전 교육 훈련 프로그램 총괄표

과제번호	교육훈련 과제명	훈련량(M/M)
M-01	시스템 구성 및 Interface를 고려한 통합기술	6
M-02	공력해석에 의한 차량 외부형상 설계	12
M-03	비정상 유동에 의한 차량 주행 안전성 해석	12
M-04	대차의 동역학적 해석 기술	12
M-05	대차의 구조해석 기술	12
M-06	전차선 및 팬터그래프 설계 기술	12
M-07	고성능 제동장치의 설계	6
M-08	제동장치 대체 마찰재개발	12
M-09	차체 기밀의 설계	6
E-01	견인전동기의 설계	12
E-02	대용량 전력변환장치 설계 기술	24
E-03	차상 자기진단 및 처리시스템 설계 및 운용기술	24

26) 임성빈, 송달호, et al., '고속전철기술개발 연구·기획 조사사업', UCN023-174·M, 한국기계연구원, 1994. 8. p.122

과제번호	교육훈련 과제명	훈련량(M/M)
E-04	자동열차제어(ATC) 시스템 설계 기술	12
E-05	자동열차제어(ATC) 시스템 및 부품의 Fail-Safe 설계 기술	12

※ M : 9 men(90M/M), E : 7 men(84M/M), 합계 : 16 men(174M/M, M/M : Man×Months

⟨표 11⟩ 공력설계 기술 관련 교육 훈련 프로그램(안)

과제번호	M-02	대상기술 분야		차량 공력설계 기술
과제명	공력해석에 의한 차량 외부형상 설계			
교육 훈련 내용	• 차량 전두부 및 단면 설계 • 차량 측면부의 ㅜ 공기저항 예측 • 차량 하부 구조물에 의한 공기저항 예측 • 입력변수의 설정과 출력의 이해			
교육 훈련 방법	• TGV를 개발한 전문기관에서 체계적인 교육 훈련 • 경부고속철도를 위한 한국형 전두부를 설계할 경우에 공동설계에 참여			
기간	1차 : 94년도 12개월 (1명)			
활용계획	• 경부고속철도를 위한 고유 전두부 형상 설계 • 독자적인 고속전철 형상의 확보			
비고				

이러한 연구개발 분야 교육 훈련 프로그램은 과기처를 통해 건설공단에 전달되었고, 건설공단과 Alsthom사와의 최종 계약에 다음 ⟨표 12⟩와 같이 반영되었다.[27] 다만, 국내에서 제시한 연구개발 분야 교육 훈련 프로그램(안)과는 차이가 있었다. 이러한 차이는 교육 훈련을 받을 사람과 시킬 사람의 이해관계를 고려하면 그렇게 큰 것은 아니라고 생각한다.

---

27) THE KOREA HIGH SPEED RAIL CONSTRUCTION AUTHORITY and THE KOREA TGV CONSORTIUM, (1993), CONTRACT of Rolling Stock, Catenary, Train Control Systems and Related Services for SEOUL-PUSAN HIGH SPEED RAIL PROJECT, 14th day of June, 1994, pp. 32~33, Appendix A and pp. 4, Appendix C of Exhibit E

〈표 12〉 한국고속철도건설공단이 전수받는 연구개발 분야 기술이전 내역

범주	기술이전 항목	이전 내용	관련 기관
1. 차세대 TGV 개발[#1]	1. 정상상태 공기역학 Steady State Aerodynamics	Software TG 유동을 사용한 압력파의 계산	ESI Company
	2. 비정상상태 공기역학 Unsteady State Aerodynamics	Software 'LEBUS'와 'RIO-BLETS'를 사용한 공기항력(Aerodynamic Drag)의 감소	University of Aix-Marseille
	3. 고강력 제동디스크 High Power Braking Disks	강/세라믹을 사용한 고성능 열 발산 성능 물질을 사용하여 제동디스크의 감소	University of Valenciennes
	4. 탄소/탄소 제동장치 Carbon / Carbon Braking Device	Formula 1 경주용 자동차에 이미 사용되고 있는 탄소/탄소 제동장치의 개발	Arts & Métiers Engineering University
	5. 와전류 제동 Eddy Current Braking	와전류 제동장치의 설계에 사용되는 Software의 개발	LEEP LITTLE
	6. 소음 Acoustics	소음차단과 다양한 차상 소음원의 정체확인을 위한 소음측정방법	University of Poitiers
	7. 충돌 Crash	철도에서 충돌영향을 모의하는 계산 방법의 개발	University of Valenciennes
	8. 초전도 Superconductivity	견인시스템의 변압기에 초전도 원리의 적용	GEC Alsthom 연구센터 Marcoussis
	9. 견인시스템의 신부품 New Components for Traction Systems	견인시스템의 개발을 위한 고 능력 전장품 적용(예 : MCT[#2]))	
2. 특수 기술[#1]	1. 인공지능(열차제어시스템) Artificial Intelligence(TCS)	신호 장비의 진단 적용 범위를 증가시키는 유지보수 분야에 적용	Orsay University or Paris VII University
	2. 신뢰 가능 분산 차상 데이터처리 시스템 Dependable Distributed On-board Data Processing Systems	가동 중 신뢰성 있는 실행 방안을 위한 보안 기능을 방해하는 것에 대한 해석	INRIA or CNRS or LAAS or ALCATEL Alsthom Research

범주	기술이전 항목	이전 내용	관련 기관
3. 기타 기술	GAT가 개발한 TMST-EUROSTAR TGVs의 견인전동기 Asynchronous traction drive developed by GAT[#3] for TMST-EUROSTAR TGVs[#4]	- 비동기 전동기 관련 문서와 도면	

#1 : 차세대 TGV 개발 범주의 9개 분야에 각 1명 12개월(= 108 man-Month)과 특수기술 범주의 2개 분야에 각 1명 9개월(= 18 man-Month)로 합계 126 man-Month
#2 : MCT : 'MOS(Metal Oxide Semiconductor) Controlled Thyristors)' 금속 산화 반도체제어 싸이 리스터
#3 : GAT : GEC Alsthom Transport(Alsthom사의 철도차량사업부)의 약자. 1928년 설립된 Alsthom사가 1989년 영국의 General Electric Company(GEC)의 Power Systems Division과 50-50으로 통합하며, GEC Alsthom사가 되었고, 1998년 Alstom사로 이름을 바꾸었다.
#4 : TMST-Eurostar TGVs : TMST는 TransManche Super Train(Cross-channel Super Train)의 약자이며, 도버해협의 Channel Tunnel을 통과하는 고속열차라는 뜻이고, Eurostar는 영국~벨기에 운행 국제고속철도를 말한다. 결국 도버해협을 건너는 국제 고속열차 TGV 열차를 뜻한다.
자료 : 각주 16)

 정상상태와 비정상상태 공력설계의 두 개 과제와 제동장치 관련 2개 과제 그리고 차상 자기진단 및 처리시스템 설계 분야도 채택되었다. 대신에 전차선과 ATC 관련 과제를 비롯한 전기·제어 기술은 반영되지 못했다. 견인전동기 기술은 교육 훈련 대신에 관련 문서와 도면을 제공하는 것으로 협상이 이루어졌는데, 이는 기술을 확보하는 데 오히려 유리한 것일 수 있다는 점에서 받아들일 만하다고 하겠다.

 소음과 충돌은 우리나라에서 요구하지 않은 분야인데, Alstom사가 제안한 것이라고 볼 수 있다. 그만큼 소음과 충돌 문제가 TGV-NG 개발에서 중요하게 부각된 것으로 이해하였다.

 〈표 12〉의 마지막 컬럼의 '관련 기관'은 연수 장소로 이해되었으나, 연수 실행단계에서 변경된 경우도 꽤 있는 것으로 파악되었다. 아마도 Alstom

사와 관련 기관 사이의 협의에서 바뀐 것으로 이해되었다.

〈표 12〉의 프랑스 현지 기술훈련 11개 분야 연수자 중에서 Crash 분야의 기계연 구정서 박사를 제외한 10개 분야 10명은 건설공단의 직원이나 신규모집 연구원들이었다. 이들 10명은 연수 후에 G7 사업에 투입되지 못했다. 연수를 통해서 이전을 받은 기술들이 사장된 것이다. G7 사업의 주관기관이 건설공단이었음에도 불구하고, 기술훈련을 받은 연수자들을 G7 사업에서 활용하지 못했다는 것은 건설공단에서의 기술관리가 철저하지 못했음을 증명하는 것이라고 하겠다. 이들은 이후에도 연수를 받은 분야에서 안타깝게도 두각을 나타내지 못했다.

오직 구정서 박사만이 G7 사업에 참여하여 열차 충돌 안전도 해석과 평가기술을 확립하는 데 기여하였다. 연수 결과를 성공적으로 G7 사업에 활용한 구정서 교수의 연수 회고기를 싣는다.

충돌(Crash) 분야 경부고속철도 차량
기술이전 프로그램 연수 회고기

– 구정서 명예교수(철도차량시스템학과, 철도전문대학원, 서울과학기술대학교)

저는 당시 기계연 신교통기술연구부(부장 송달호)에서 선임연구원으로 근무 중이었습니다. 저는 KAIST에서 최적 설계로 석사학위를 받고, 과기연(KIST)에서 4년을 근무하다 기계연(창원)으로 전직하며, 10여 년에 걸쳐서 자동차 충돌 안전도 설계와 해석 관련 연구를 지속적으로 수행하고 있었습니다. 기계연에서 재직하며 KAIST에서 비선형변형에 대한 주제로 박사학위를 받았습니다.

당시는 열차 충돌에 대한 해석을 준비 중이었는데, 자동차 충돌은 해석시간이 수일 수준인 데 비하여, 열차 충돌은 수주가 걸리는 수준이라 시간을 줄이는 모델링 기술 없이는 해석이 어려웠고, 해외의 Practices도 알려지지 않은 등 어려운 점이 있었습니다.

저의 연수 분야는 '열차의 충돌 안전도 설계 및 평가기술'로, 저의 연구 분야와 완전히 일치하는 것이었습니다. 실무적인 표현으로는 '열차의 1, 2, 3차원 충돌해석 모델링 기법 및 해석'이라고 할 수 있습니다. 1차원 해석에서는 주로 차량 부위별로 충돌 에너지 흡수량을 할당하는 설계 기술, 2차원 해석에서는 차량 간 타고 오름 방지 설계 기술, 3차원 해석에서는 열차의 충돌 안전도 설계에 대한 사고 시나리오별 안전도 평가라고 말할 수 있습니다.

연수 기간은 1995년 7월 1일부터 1년간이었고, 연수 장소는 France의 Belfort에 있는 Alsthom사의 동력차 공장과 인근 Sevenans 소재 UTBM대학교(University of Technology – Belfort–Montbeliard)였습니다. 당초 연구 장소는 Univ. of Vallencianne(UV)였는데, 아마도 Alsthom사와 UV 사이에 얘기가 잘 안 된 것 같았습니다. 저는 UV보다는 Alsthom사 동력차 공장에서 연수를 받은 것이 더욱 유익했다고 생각하고 있습니다.

연수 방법은 도제식이었다고 할 수 있습니다. Alsthom사가 UTBM대학의 Domazebski 교수에게 TGV-NG 동력차의 충돌 안전도 feasibility 설계 및 해석에 관한 연구용역을 주었는데, 제가 Alsthom사와 Domazebski 교수 사이를 연결하는 Project Engineer의 역할을 담당한 것입니다. 매주 Alsthom사 동력차 공장의 Supervisor Engineer인 Mr. Reunodan에게 Domazebski 교수의 연구결과를 보고하고, 연구결과와 방향을 토론하였고, 이를 다시 Domazebski 교수에게 전달하는 역할을 한 것입니다.

충돌해석에 관한 이론이나 Software 사용법에 관한 전문지식은 물론 충돌해석 경험이 있었기 때문에 바로 실무에 투입될 수 있었습니다. TGV-NG 동력차의 충돌 관련 해석의 전반을 섭렵할 수 있는 실무적 경험을 쌓는 좋은 기회였다고 생각합니다.

연수 중에 UV에 있는 충돌시험장치를 견학하였으나, Lyon에 있는 실차 충돌시험장은 SNCF가 거절하여 견학을 못 해 아쉬움이 있습니다. 대신 영국 Derby에 있은 BRR의 충돌 장비를 견학할 수 있었습니다. 당시 기계연 유럽사무소장이던 정동수 박사가 주선해주었고, 제 사비로 비용을 충당하였습니다.

연수 후 귀국해서 바로 G7 사업의 충돌과제에 참여하여 KTX 열차에 대한 충돌 안전도를 평가하였고, G7 열차 HSR-350x와 나중에 동력 분산식 열차 HEMU-430의 충돌 안전도 설계와 평가를 담당하였습니다.

구정서 박사는 귀국 후 즉시 G7 사업에 참여하며, TGV-K(KTX의 당시 이름)의 충돌 안전도를 평가하였다. 충돌해석에서는 TGV-K가 110km/h로 15ton 탱크로리(Tank Lorry)의 측면과 충돌하는 충돌 시나

리오를 사용하였다. 충돌해석 결과로 TGV-K 전두부의 에너지 흡수능력이 부족하고 충돌 시 압괴하중(壓壞荷重)이 매우 높아서 기관사의 생존공간이 훼손되는 것으로 나타나 안전하지 않다는 것을 밝혔다. 그러나 해석 당시에는 현재와 같은 열차의 충돌 안전도 규정이 없었으므로 연구결과는 반영되지 못했다. 이런 결과는 한국철도학회의 논문지의 창간호 첫 번째 논문으로 게재되었다.[28]

이후 G7 열차(HSR-350x)의 전두부 설계에는 구정서 박사의 설계해석 결과가 반영되어 충돌 안전도가 확보된 설계가 되었고, 이 전두부 설계는 KTX-산천에서 실용화되었다.

구정서 박사는 2003년 기계연에서 KRRI로 이직한 후에 철도 종합안전 기술개발 사업 기획을 총괄하였고, 2004년 말 서울과기대로 옮긴 후에는 열차 충돌해석 전문인력을 다수 양성하였다. 현대로템의 연구원들을 직접 훈련시켰으며, 서울과기대 대학원생들을 양성하여 졸업 후에 우진산전, 다원시스, 교통안전공단, 코레일 등에 자리 잡고 있다. 또한 철도연의 연구원들에게도 충돌해석 기술을 전수하여, 충북 영동(永同)의 영동철도 충돌시험장을 구·운영하는 데 기여하였다. 영동시험장에서는 현재에도 매년 다수의 철도차량 및 컨테이너, 탱크로리 등의 실차 충돌시험이 진행되고 있다.

또한 2008년 국제적 열차 충돌 안전도 설계 관련 규정(유럽의 TSI, 미국의 FRA 규정 등)을 도입하여 국내에서도 충돌 관련 규정을 완비하

---

28) 구정서, 송달호, 'TGV-K 전체 차량의 충돌 안전도 해석 연구', KRS9801, 한국철도학회 논문집, 제1권, 제1호, 1998, pp.1~9

는 데 기여하였다. 이후 국내에서 개발된 모든 열차의, 즉 KTX-산천, HEMU-430 열차, KTX-이음 등 고속철도 차량과 간선 및 도시형 EMU 등의 충돌 안전도 설계를 지원하여 국내외 충돌 안전도 설계 규정을 만족시킬 수 있도록 하였다. 현재에는 충돌 관련해서는 완전히 기술 자립을 넘어서 충돌 관련 연구를 세계적으로 선도하는 수준이라고 판단된다.

3) G7 열차(HSR-350x) 시운전 시험 착수

시제차의 성능 목표인 350km/h의 속도 달성, 상용화를 겨냥한 안정성과 신뢰성 확보 그리고 고속철도 시스템 안전·성능 기준 체계 구축 등을 위한 시운전 시험이 필요한 마지막 실용화 단계를 남겨둔 것이었다. 문제는 G7 사업이 2002년 10월에 종료하게 되어있는데, KRRI 사업단과 로템의 태도였다.

KRRI 사업단은 건교부가 대규모 연구비를 추가로 지원해줄 것인지 확신이 없었고, 한편으로는 대규모 추가지원에도 불구하고 상용화에 실패할 가능성에 심적 부담을 느껴서 추가 사업을 추진하는 데 머뭇거렸다. 로템은 상용화에 얼마나 더 투자해야 하고, 개발되는 고속열차를 철도공사가 구매해줄 것인가에 대한 의구심이 있었다. 철도공사가 G7 사업에 회의적이었고, 그래서 G7 사업에 참여하지 않고 있었기 때문이다.

2002년 1월 KRRI 원장에 취임한 필자는 김기환 사업단장과 사업단의 G7 과제 수행을 독려하며, G7 사업 후에 G7 열차에 대한 시운전 시험을 건교부가 반드시 지원해줄 것과 정부가 지원하여 개발한 열차를 공기업이 쉽게 외면할 수 없음을 주장하였다. 건교부가 1995년 G7 사업을 위한 경쟁적 연구기획을 할 때에 G7 사업 기간을 벗어난 기간의 시운전 시험은 건교부가 지원할 것이라는 약속을 회상한 것이었다.

당시 건교부 박성표 고속철도과장은 승진하여 마침 2002년에는 교통정책실장으로 근무하고 있었다. 로템의 정학진 사장도 동일한 논리로 설득하였다. 특히 국내 및 세계 전동차 시장은 Red Ocean이며, 고속열차 시대가 도래할 것이고, 정부가 도와줄 때 Blue Ocean을 준비할 것을 역설하였다. 건교부도 선선히 동의하였고, 로템의 정학진 사장도 발 빠르게 동의해주었다.

이에 사업단에서 '고속철도기술개발사업'을 성안(成案)하여, 건교부의 승인과 예산지원을 받아 HSR-350x의 시운전 시험을 계속하게 된 것이었다. 이러한 관계를 설명하는 것이 〈표 13〉이다. 건교부는 예산만 지원한 것이 아니라 시운전단에 직접 참여하였고, 철도공사와 건설공단도 참여시켰다.

〈표 13〉 한국형 고속열차 개발사업의 전체적인 개요

목적	한국형 고속열차 개발		
사업명	고속전철기술개발사업		고속철도기술개발사업
사업 성격	선도기술개발사업(G7 사업)		G7 사업의 후속 사업
지원 부처	건교부(주관), 통산부+과기처(협조)		건교부
사업목표	한국형 고속전철시스템 (최고운전속도 350km/h) 개발		한국형 고속열차 기술 안정화, 신뢰성 확보 및 성능 기준, 안전체계 구축
사업 기간	6년(1996. 12.~2002. 10.)		5년(2002. 11.~2007. 10.)
사업 단계	1단계 : 설계기술확보단계 1996. 12.~1999. 10.	2단계 : 제품개발단계 1999. 11.~2002. 10.	3단계 : 기술안정화단계 2002. 11.~2007. 10.
단계 목표	세계수준의 설계 및 시스템 기술 확보	제품기술 확보	상용 시스템 기술 확보

수행 내용	- KTX 이전기술 소화흡수 - 기초 핵심기술 확보 - 해외 공동연구 활용(선진 설계능력 확보)	- 제품 생산기술 향상 - 신제품 개발 - 시제차 제작 및 평가 - 유지보수 기술 확보	- 운영기술 확보 - 열차성능 안정화 기술향상 - 상업 운행용 시스템 개발 - 유지보수용 DB 구축
사업비	2,100억 원 (정부 1,051억 원, 민간 1,049억 원)		457억 원 (정부 353억 원, 민간 104억 원)
참여 기관	129개 기관(기업 82, 연구소 18, 대학 29) (철도공사(철도청 포함), 건설공단은 참여 안 함)		28개 기관(KRRI, (주)로템, 기업 등)(건교부, 철도공사, 건설공단 참여)
참여 인원	4,934명 (기업 3,089, 연구소 1,254, 대학 569, 기타 22)		-
사업 결과	HSR-350x 7량 1편성(시제차 또는 G7 열차) (시운전 시험 열차, P+5T+P)		KTX-산천 (상업 운행 열차, P+8T+P)

다만, 시운전 시험이 예상보다 길어졌는데, 이는 시운전 시험을 준공된 경부 신선에서 수행하다 보니 상업 운전에 우선권에서 밀려 시운전 시험을 할 기회가 잘 주어지지 않았기 때문이다.

〈표 13〉을 보면, 한국형 고속열차의 개발은 'G7 사업(고속전철기술개발사업)'과 '고속철도기술개발사업'에 의하여 이루어졌으며, 전체적인 연구 기간은 11년, 연구비는 합계 2,557억 원이 투입되었다는 것을 알 수 있다.

4) G7 열차 개발과제 평가에서 아쉬운 2등

1992년에 시작된 G7 사업의 2단계가 종료된 1998년에 1995~1996년에 착수한 G7 과제를 포함한 전체 G7 사업의 진행 상황에 대한 평가가 있었다. 과기처가 G7 사업평가위원회를 구성하여 평가하였다. 이 평가에서 건교부의 고속전철 G7 과제는 최하위 평가를 받았다. 추진체계를 둘러싼 다툼과 개발 시방을 둘러싼 혼선 때문이었다.

연구기획에서 열차 형식으로 동력 집중식을 채택하였으나, 생기원은 갑자기 동력 분산식에 대한 검토를 위탁과제로 발주, 동력 분산식을 주장하며 혼선을 초래하였다. 이에 총괄 주관기관인 건설공단은 집중식과 분산식에 대한 검토를 거쳐 집중식으로 방침을 확고히 하고, 공문으로 산하 연구과제에 통보함으로써 논란을 잠재웠다. 불필요한 분산식 검토를 시도함에 따라 시간, 예산만 낭비하고, 연구개발에 지장을 초래한 것이었다.

2003년 8월에는 종료된 전체 18개의 G7 사업들에 대한 종합평가가 있었고, 고속전철 G7 사업이 2등을 차지하였다. 1998년 종합평가에서는 최하위였다는 것을 생각하면 G7 사업 2단계에서는 철도연의 사업단을 중심으로 HSR-350x의 개발에 매진한 결과였다고 하겠다.

2004년 말 HSR-350x가 352.4km/h의 속도로 시운전 시험을 성공적으로 완료한 며칠 후 G7 사업종합평가위원장이었던 손욱 원장(당시 삼성기술원)을 만났다. 손욱 원장과는 평소 잘 아는 사이였다. 손욱 원장은 우선 350km/h 이상에서 시운전 시험을 성공한 것에 대해서 축하해주면서 G7 사업종합평가에서 고속전철 G7 과제가 2등을 하였는데, 본인은 1등을 주고 싶었지만, 평가 당시(2003년 8월)에는 300km/h의 속도로의 주행을 성공하는 데 그쳤고, 아직 350km/h의 속도에 도달하지 못하였기 때문에 1등을 주기가 어려웠다고 술회하였다.

최종 성능이 확인이 안 된 개발품에 1등을 줄 수 없었다는 얘기였다. 당시 1등을 차지한 평판디스플레이의 개발에서는 실제 G7 사업의 기여가 크지 않았으며, G7 사업이 아니라 하더라도 가전 대기업에서 개발하였을 것이라는 얘기였다. 특히 철도연이 총괄주관기관으로서 연구사업에서 리더십을 발휘하여 성공적으로 완수한 출연연의 역할을 정확히 보여주는, 아주 훌륭한 작품이었다고 찬사를 아끼지 않았다.

2005년 1월 중순 한국과학기술단체총연합회(과총) 주관으로 노무현 대통령을 모시고 과학기술인 신년교례회가 과총 대강당에서 있었다. 거기서 전년도 연구성과에 대한 PPT 설명회가 있었고, HSR-350x의 성공적인 시운전 시험이 평판디스플레이 다음으로 소개되었다. 나중에 노 대통령께서도 관심을 표명해주셨다.

4. 동력 분산식 HEMU-430X 개발

1) HEMU-430X의 명명

우리는 많은 시간과 노력을 기울여 '동력 집중식' 한국형 고속열차(HSR-350x)를 개발하였고, 상용화(KTX-산천)까지 성공시켰다. 그러나 당시 고속철도 선진국들은 고속화, 수송용량 증대를 위하여 '동력 분산식' 고속열차 개발을 마무리하고, 해외시장 선점을 위해 총력을 기울이고 있었다. 일본은 개발 초기부터 동력 분산식이었다.

JR 동일본(東日本)은 2002년 4월 신칸센 고속화 프로젝트를 착수하여, 2005년 6월 'FASTECH 360'이라는 시제 시험열차를 개발하였다. 이로써 속도 360km/h급 상업 운행 고속열차 기술을 확보하였음을 발표한 바 있다. 또한 프랑스와 독일에서도 세계 고속철도 시장에서 확보한 경쟁력 우위를 유지하기 위해 기존 동력 집중식 TGV와 ICE 열차의 기술과 경험을 기반으로 동력 분산식 AGV와 ICE-3 열차를 개발하고 있었다.

따라서 철도연은 변화하는 국제환경에 대처하고 선신국과의 해외시장 경쟁력을 강화하기 위해 동력 집중식 고속열차 기술을 바탕으로 분산식 고속열차를 개발하기로 하였다. 2005년 11월 차세대 고속철도 기술개발을 위한 연구기획에 착수하여 총 7회의 관계기관 및 전문가 의견 수렴과 총 3회의 기획위원회(위원장 필자, 당시 우송대 교수) 및 분과회의를 거쳐 2006년 12월에 기획을 완료하였다. 2007년 7월에 동력 분산식 고속열차 개발사업인 차세대고속철도 기술개발 사업에 착수했다.

이 사업에는 국토해양부 주관하에 철도연을 중심으로 현대로템, LG산전, 유진기공, 서울대, 우송대 등 50여 개 산·학·연이 참여하였다. 1단계(2007. 7.~2012. 9.) 사업은 차세대 고속철도기술개발, 2단계(2012. 11.~2015. 12.) 사업은 430km/h급 고속열차(HEMU-430X) 실용화 기술개발로 구분하여 수행되었다.

사업의 목표는 국내 순수기술로 KTX 및 KTX-산천의 최고속도를 능가하는 최고속도 400km/h 이상의 동력 분산식 차세대 고속열차를 개발하는 것이었다. 열차의 앞뒤에만 동력을 장착한 동력 집중식의 KTX나 KTX-산천과는 달리 열차의 여러 차량에 동력을 배치하는 동력 분산식을 채택함으로써 가속과 감속 성능을 크게 향상시킬 수 있도록 하였다.

KTX-산천이 정차상태에서 300km/h까지 가속하는 데 5분 16초가 걸린 데 비해 차세대 고속열차 'HEMU'는 3분 53초에 도달할 수 있다. 제동 성능도 KTX-산천의 23MJ에서 43MJ로 향상되어 감속 시간이 대폭 단축되었다. 그리고 동력 분산식 설계로 앞뒤의 차량에도 승객 탑승이 가능해져 편성당 정원이 KTX-산천의 363명에서 533명으로 40%가량 증가시킬 수 있었다.

개발할 열차의 명칭은 'HEMU-400X'로 명명되었다. HEMU는 High-speed Electric Multiple Unit의 약자로 동력 분산식 고속열차를, 400은 400km/h로 시험한다는 뜻이다. 한글로는 '해무', 한자로는 '상서로운 바다 안개(海霧)'라는 의미와 '빨리 달린다(螯鶩)'는 의미를 담았다. 그리고 시험열차라는 의미로 X(eXperimental)를 뒤에 붙였다.

열차 이름 뒤에 붙는 숫자는 일반적으로 최고운전속도를 의미한다. 사실 시험 최고속도라는 기술용어는 없다. 왜 이런 명명을 했는지 이해할 수 없다. 철도전문가라면 HEMU-400X라고 하면 최고운전속도가 400km/h인 HEMU 열차로 인식할 것이다. 이런 비전문적인 명명을 이해할 수 없었다. HEMU-370x로 명명하여야 했다.

ㄹ) 열차의 시운전 시험은 동장군과의 씨움[29]

최고속도 시험을 위한 연구진의 노력은 실로 눈물겨운 사투였다고 할 수 있다. 증속 시험은 부산 고속철도 차량정비단(차량기지)을 근거지로 하였고 정상적인 KTX 영업시간을 피해 매주 수요일과 금요일 자정 이후 새벽까지 항상 야간에 진행되었다. 증속 시험에는 차량 증속 관련 연구진

---

29) 이 부분은 철도연 '차세대 고속열차기술개발사업단'에서 시운전 시험 팀장으로 시운전 시험을 총괄한 김석원 박사의 회고로써, HEMU 개발팀의 노고를 기리기 위해서 전문을 여기에 싣는다.

(20여 명)은 물론 시설물(궤도, 전차선, 교량 등) 점검팀(5팀), 분기기 쇄정, 팬터그래프 점검, 시험 후 차량 점검/유지보수 등 8개 팀(40여 명)의 연구진과 철도공사 운전·관제·유지보수 인력(100여 명), 현대로템 등 연구과제 참여 기관 기술진, 시설공단, 국토교통부 관계자 등 200여 명이 함께 밤을 지새웠다. 특히 시험 기간 동안 유난히 춥고 눈비가 많이 내려 큰 어려움을 겪어야 했다. 밤을 새우며 시험을 마치고 차량기지에 돌아오면 가장 먼저 그날 시험에 대한 상황과 다음 시험을 위한 준비사항 등에 대한 종합회의를 마쳐야 했다. 그 후 사무실을 나서면 차량기지에 일찍 출근하는 직원들과 마주치곤 했다. 그리고 매주 시험 결과에 대한 데이터 분석을 통하여 다음 시험을 위한 개선사항과 계획 수립을 위한 종합회의가 열렸다. 연구진들은 종합회의에 대비하기 위하여 본인이 담당하고 있는 분야에 대한 시험계측 데이터를 분석하고 또 분석하기를 반복하는, 체력적으로 정신적으로 매우 어려운 시간의 연속이었다.

증속 시험 구간 중간에 위치한 신경주역 부근에는 15개의 선로 분기기가 설치되어 있다. 이 분기기를 통과할 수 있는 제한속도는 170km/h이다. 이 구간의 통과속도를 준수하면 달성할 수 있는 최고 시험속도는 380km/h으로 예측되었다. HEMU 열차를 400km/h 이상으로 시험하기 위해서는 특단의 조치가 필요했다. 철도연과 철도공사, 시설공단 등 관계기관은 난상토론을 통해, 결국 조건부로 분기기 통과속도를 높이기로 했다.

시험 전 HEMU 열차의 고속운행을 위해서 분기기를 강제로 고정하였다가 시험 후에 풀고 나서 분기기 장치 전체의 이상 유무를 면밀히 점검하는 조건이었다. 열차와 열차가 지나가는 사이에 작업 가능 시간을 최대한 맞춰 매 시험마다 작업 계획을 수립했다. 이때는 영하 10도의 살을 에는 한겨울이었고, 선로 분기기는 손으로 직접 조작해야 했다. 선로 밖에서 HEMU 열차가 지나가기를 기다렸다가 조정장치를 풀어 분기기를 조작해야만 했다.

시험을 마치면 HEMU 열차는 차량기지로 복귀하지만, 시험현장에서는 또 다른 업무가 기다리고 있었다. 영업 운행선에서 시운전 시험을 수행함에 있어서 철도운영 관련 기관들의 관심사는 시험 종료 후에 열차의 영업 운행에 지장이 없어야 한다는 점이다. 따라서 HEMU 열차가 상용 열차의 최고운행속도보다 높은 최고속도로 주행한 구간의 전차선 점검은 필수적이며, 영업 열차가 운행하기 이전까지 반드시 완료되어야 했다.

증속 시험은 고속열차(KTX) 영업 운행속도인 300km/h보다 높은 속도에서 수행되므로 영업 운행속도에 맞추어 설치된 전차선의 장력(張力)을 증가시킬 필요가 있었다. 이를 위하여 시험 전 야간에 전차선 장력을 20kN에서 23kN으로 증가시켜야 했다. 시험이 종료되면 전차선 장력을 다시 20kN으로 되돌린 후 전차선을 점검해야 했다. 점검은 70km/h로 달리는 모터카(Motor Car)에서 온몸으로 바람을 맞으며 육안으로 전차선의 이상 여부를 확인해야 했다. 외부 온도는 −10℃였지만, 체감온도는 −20℃ 이하로 뚝 떨어진 느낌이었다. 그렇게 새벽 강추위 속에 증속 시험을 무사히 끝낼 수 있었다.

5. 한국철도기술연구원 설립

1) (주)한국철도산업기술연구원의 출범

(1) 철도기술 연구기관의 필요성 대두

우리나라의 전체적인 산업 및 특히 철도 차량산업의 기술 수준이 향상되고, 고속철도의 도입에 관한 논의가 진전되어 감에 따라 건교부 및 철도청도 고속전철 기술개발의 필요성을 일부 인식하고 있었다.

철도기술도 1980년대 들어와 급격히 발전하고 있었는데 철도청의 기술연구소도 그러한 첨단 철도기술을 확보하여야 한다는 인식을 하고 있었다. 고속전철뿐만 아니라 일반철도에 대한 연구개발의 수요도 제기된 상태였다. 또한 기계연에서 현대정공(주)과 공동으로 수행하고 있던 틸팅열차 개발과제에도 철도청이 관심을 표명하면서 철도기술의 연구에도 관심을 가지게 되었다. 또한 국내 철도 차량산업의 육성 필요성도 일부에서 제기된 상태였다.

고속전철에 관한 논의가 진행되면서 기술이전 문제가 대두되었는데, 당시 기계연에 몸담고 있던 필자는 철도청 고속철도사업기획단에서 외국의 고속전철 기술에 대한 상세한 기술조사와 더불어 국내 기술조사를 병행하고, 국내기업과 외국기업을 서로 연결해주는 기술조사를 할 필요가 있다는 점을 강력히 주장하였다. 1991년 예비 기술조사계획서를 작성하여 당시 고속철도사업기획단 이우현 전기과장과 협의하고 있었다. 당시 기술조사는 기계연이 주관이 되고, 범 과학기술계 정부출연연구기관(政府出捐研)[30] 관련 전문가가 참여하는 방식이었다. 이러한 기술조사는 기획단에서 상당히 긍정적으로 검토되었다. 그러나 이 계획서는 건설공단의 내부 문제로 빛을 보지 못했고, 고속전철 기술이전을 위한 국내외 기술조사사업은 물 건너갔던 것이다.

(2) (주)한국철도산업기술연구원의 설립

이러한 논의과정에서 기획단(나중에는 건설공단) 및 철도청에 정부 출연연의 하나로 철도기술연구원의 설립을 강력하게 꾸준히 건의하였으며, 세부적인 설립계획서를 제출하기도 하였다. 특히 1993년경에 철도청의 기획관리관에 김규성 전 고속전철 기획실장이 부임해 있었다. 김 전 실장과는 1988년부터 고속전철 업무와 관련하여 알고 있었다. 철도기술연구원을 정부 출연연으로 설립하는 계획서를 작성하여 김 기획관리관에게 전달하였다.

그러나 당시 노태우 정부는 연구예산의 삭감, 불필요한 감사 등 정부 출연연에 대해서 부정적인 시각을 가지고 있었다. 정부 출연연이 민간에

---

30) 운영 재원의 일정 부분을 정부 출연금(出捐金)으로 충당하는 연구기관을 말한다. 여기서 출연금은 특정 목적을 위하여 포괄적으로 지원하는 금전 급부라고 정의된다. 정부 출연연은 국립의 공적 기관이지만 소속원은 공무원이 아니다. 1966년 설립된 한국과학기술연구소(KIST)가 정부출연연구기관의 효시이다. 현재(2004년 12월 31일) 한국철도기술연구원을 비롯하여 19개 연구원과 4개 부설기관이 있으며, 모두 국가과학기술연구회 소관으로 과학기술정보통신부 관할이다.

이는 세계적으로 유례가 없으며, 매우 독특한 형태의 연구기관이라고 할 수 있다. 장점은 공무원체계를 벗어나 유연하게 운영할 수 있다는 점이다. 1974년 타이완에서 우리 제도를 도입하여 운영하고 있을 뿐이다. 박정희 정부 시에 시작된 정부 출연연은 정부가 한 산업 분야를 육성하려고 할 때는 먼저 그 분야의 정부 출연연을 설립하여 분야의 전문가를 유치과학자 제도를 이용하여 모으고, 그들의 전문지식과 정책적 소견을 존중하면서 산업을 육성시키는 수순을 밟았다.

비해 연구생산성과 경쟁력이 크게 떨어지고, 기관 운영 및 연구 관리상에 비효율적인 문제점이 많고, 국가 경제 및 산업발전에 대한 기여도가 저조하다는 것이다.[31]

철도청은 철도기술 연구기관을 정부 출연연으로 설립하는 것은 불가능하다고 판단하고, 대신 철도청과 민간기업이 공동으로 출자하는 반관반민의 연구기관을 설립하는 것으로 방향을 선회하였다. 철도청은 13개의 국내 철도차량 제작사, 주요 부품업체와 엔지니어링 업체를 설득하여 1993년 12월 22일 발기인 총회를 개최하며 연구원 설립을 본격화하였다.

발기인 총회에서 당시 최훈 철도청장은 "낙후된 기존 철도기술을 개량하고, 고속철도 건설 및 운영에 따른 제반 철도기술을 수용, 확산하며 철도차량의 공동설계 및 표준화를 통한 한국형 차량의 고유모델을 개발하고, 나아가 이를 해외에 판매하고자 연구원을 설립하기로 하였다."라고 설립 목적을 천명하였다. 그리고 "주식회사 성격의 독특한 기술연구소를 설립하게 된 배경은 모든 참여사가 열심히 노력하면 주주로서 이윤을 배당받을 수 있고, 질 높은 경쟁력을 키워나갈 수 있기 때문"이라고 주식회사로 설립하는 이유를 설명하였다.

이러한 연구원의 설립에 대해서 필자는 다음과 같은 이유로 반대하였다. 주식회사는 사적 법인으로서, 첫째, 국가 인프라 업무의 연구개발사업을 수행함에 있어서 리더십 발휘가 어렵고, 둘째, 관 조직인 철도청의 용역사업 획득에 절차상의 문제로 애로가 많고, 셋째, 주식회사는 영리를

---

31) 박일영, '과학기술계 정부출연연구기관에 대한 합동평가', 경제정책해설, 나라경제 KDI 경제정보센터, 1991년 12월호, pp.137~140

목적으로 하는 기관으로서 연구개발을 수행하여 이윤을 남길 수 있는지 의문이라는 점이었다.

여러 번 철도청에 주식회사 형태의 연구원 설립에 반대 의사를 전달하였고, 건교부에도 반대한다는 의견을 피력하였다. 그러나 철도청은 당시의 상황에서는 정부 출연연으로는 연구원을 설립할 수 없다고 판단하고, 주식회사로 연구원 설립을 추진하면서 협조할 것을 요청하였다. 그러나 필자는 협조를 거절하고 지속적으로 반대하였다.

이후 1994년 5월 20일 주식회사 설립 등기를 마치고, 7월 16일 주식회사 한국철도산업기술연구원(이하 (주)연구원)이 출범하였다.[32)33)] 초대 원장에는 장상현 씨가 부임하였다. 장상현 씨는 경부고속철도 건설을 추진하는 초기에 교통부 차관으로서 고속전철 추진 실무위원회 위원장을 맡은 바 있고, 교통부 차관 이전에는 상공부 차관을 하셨던 분이었다. 장 원장은 상공부 시절에는 수송기계과장과 기계공업국장을 역임하면서 철도차량 업무도 맡았던 경력이 있었고, 이때 국내 철도 차량회사와도 대화가 되는 분이었다는 점에서 초대 원장으로서 적임자였다고 하겠다.

설립 당시의 수권 자본금은 100억 원이었으나, 납입자본금은 25억 원에 불과하였다. 철도청은 건물 및 장비 등을 현물로 출자하였고, 현금은 민간기업이 부담하였다. 철도청의 현물 출자는 철도청 기술연구소의 건물과 장비들이었으며, 건물의 면적은 979평이었고, 시험장비는 총 1,761점이었다. 각 참여회사(철도청 포함) 및 그 지분은 《표 14》에서 보는 바와

....

32) (주)한국철도산업기술연구원의 설립에 관한 부분은 《한국철도기술연구원 10년사》, pp.117~123을 참조하였다.
33) 동일(1994년 7월 16일)부로 철도청의 기술연구소는 폐지되었다.

같다.

〈표 14〉 (주)한국철도산업기술연구원 설립 참여 기관

기관 이름	대표	지분	기관 이름	대표	지분
철도청	최 훈	37.97	강원산업(주)	박병준	1.90
대우중공업(주)	석진철	10.44	대우통신(주)	박성규	1.90
한진중공업(주)	송영수	9.49	대원강업(주)	허영준	1.90
현대정공(주)	유기철	8.54	(주)우진산전	김영창	1.90
금성산전(주)	이희종	5.70	이천전기(주)	장세창	1.90
삼성전자(주)	김광호	5.70	현대산업전자(주)	김주용	1.90
(주)유신설계공단	유정규	3.16	효성중공업(주)	유종열	1.90

　민간기업들은 대부분 자체 연구소나 기술부를 가지고 있었기 때문에 철도청 주도의 (주)연구원에 투자하는 데 매우 소극적이었다. 그러나 기술개발의 성과를 실용화할 경우에 혜택을 제공하겠다는 철도청의 적극적인 설득과 압박(?)으로 투자를 하게 되었다.

　(주)연구원이 출범할 때 인력은 18명이었다. 연구인력 8명, 기획·행정인력 6명, 기술·기능인력 4명이었다. 이 중에서 주주회사에서 (주)연구원 설립을 위해 일했던 신용한, 천선기, 신한순 씨 등이 (주)연구원으로 이적하였다. 철도청 기술연구소 등 철도청 인력은 공무원에서 주식회사 직원으로 신분이 변경되는 데 따른 신분상의 불안과 대우 등의 문제로 합류하는 인력이 많지 않았다. 다만, 홍용기, 최경진, 함영상, 창상훈, 김길창, 권성태 씨 등 6명만이 (주)연구원으로 전직하였다. 이후 신규 인력을 채용하면서 연구조직 체계를 갖추게 된다. 1995년 말에는 68명의 인력으로 급속히 확대되었다.

　필자는 장상현 원장과는 이미 경부고속철도 건설추진 초기부터 잘 알

고 있었기 때문에 취임한 후에 자연스럽게 만나 (주)연구원에 대해서 조언을 아끼지 않았다. 비록 (주)연구원의 설립을 반대하였으나, 이왕 설립된 연구원은 제대로 운영되고 발전되기를 바랐기 때문이었다. 물론 철도청에 제출하였던 연구원 설립계획서도 전해드렸고, 과학기술처의 연구과제 수행규정 등도 설명하였다. 그런 가운데 장 원장이 1994년 여름 이직을 요청하였다. 그러나 (주)연구원의 설립에 반대하였고, (주)연구원의 장래에 대해서 의문을 가지고 있었기 때문에 합류가 곤란하다고 정중히 사양하였다.

(주)연구원은 1994년에는 철도청으로부터 '컨테이너 화차 주행 안전성 시험' 외 5건의 과제를 수탁받았고, 1995년에는 건교부의 '도시철도 차량 표준화 연구개발(1995~2000)'사업을 수주받아 수행하기도 하였다. 그러나 이러한 연구과제들만으로는 급격히 불어난 연구인력의 인건비를 충당할 수 없었고, 1995년에는 납입자본금을 거의 소진하게 되었다.

1994년 9월에는 오랫동안 전기연의 소장으로 계셨고, 고속전철 기술개발에도 큰 관심을 가지고 지원을 아끼지 않으셨던 안우희 박사가 (주)연구원의 부원장으로 부임하셨다. 안 부원장도 (주)연구원으로는 안 되겠다고 생각하셨고, 장 원장도 주식회사 형태의 연구원으로는 한계가 있다는 점에 공감하면서 정부 출연연으로 체제개편을 추진하게 된다.

구체적으로, 주식회사 연구원이 갖는 문제점으로 거론된 것은 다음과 같다. 첫째, 연구 재원이 주주사의 출자에만 의존하는 것만으로는 부족하고, 둘째, 주식회사 형태로는 정부의 투자, 보조금, 출연금 등의 지원을 받을 수 없으며, 셋째, 각종 세제(법인세, 관세 등)의 혜택을 받을 수 없고, 넷째, 우수 연구인력의 확보가 곤란하다는 점이었다. 이러한 문제점은 주식회사 연구원의 설립을 반대하였던 이유와 정확히 일치하는 것이었다.

주식회사 연구원의 설립은 실패한 실험에 지나지 않았고, 단지 시간을 허비한 것이었을 뿐이다. 다만, (주)연구원의 실패로 인하여 나중에 철도기술 정부 출연연의 출범에 큰 반대가 없었다는 점은 공으로 인정할 수 있을 것이다. 왜냐하면, 경부고속철도의 건설이 진행되면서 철도기술 전담 연구소의 필요성은 점점 더 부각되고 있었기 때문이었다.

(3) (주)연구원의 발전계획 구상

비록 주식회사로 출범하였으나, 철도차량 제작업체의 연구소를 제외하고는, (주)연구원은 철도기술을 연구하고 개발하는 국내 유일의 전문연구기관이었음에는 틀림이 없었다. 출범과 더불어 비록 (주)연구원이지만, 연구원으로서의 발전계획이 필요하다는 데 공감대가 형성되었다. 이에 1994년 10월 1일부터 1995년 9월 30일까지 1년에 걸쳐 중기 발전계획을 수립하게 된다.

계획 수립을 위하여 해외 철도기술 연구기관의 현황을 조사하는 3개 팀(미국-캐나다-일본팀, 영국-프랑스-이태리팀, 독일-스위스-스웨덴팀)을 파견하였다. 이들은 각국 철도기술 연구기관의 연구현황은 물론 조직, 시설·장비 등에 대한 자료도 수집하였다. 또한 (주)연구원이 철도대학의 건물 일부를 임대하여 사용하고 있는 현실을 탈피하기 위하여 독자 부지와 건물에 대한 조사도 병행하였다.

중기 연구계획으로는 기존 철도차량에 대한 안전도, 서비스 및 속도 향상방안 연구, 고속전철 기술이전 및 국산화 개발, 경량전철 기술개발 및 철도차량 경량화 추진, 철도 분야 기초기술 연구 및 관련 소프트웨어 개발 등이었다. 이들을 위하여 연구사업을 전략연구사업, 철도 기본연구사업, 수탁 연구사업, 시험평가인증 및 안전진단사업 등으로 구분하는 것으로 하였다. 이러한 사업 구분은 타 정부 출연연의 사업 구분을 참고한 것이었다. 왜냐하면, 전략연구사업을 제외하고는 모두 타 정부 출연연에서 분류하는 형태였고, 사업의 명칭도 유사하기 때문이다.

연구인력에 대한 계획으로는, 1단계(1998년까지)에서는 235명(연구원 165명, 기술·기능원 25명, 기획·행정원 45명), 2단계(2000년까지)에서는 350명(연구원 265명, 기술·기능원 30명, 기획행정원 55명) 정도로 증원하는 것이었다. 이로써 해외 철도기술 연구기관과 견줄 만한 규모를 갖게 계획한 것이었다.

시험장비에 대한 계획으로는 총 2,287억 원을 투입하여 철도 전문 연구시험장비 50여 종을 단계적으로 구입하는 계획을 수립하였다.

연구소 부지를 위해서는 1단계에서 5만 평 규모의 부지를 확보해 연구동 및 대형시험시설을 위한 실험동을 건축하는 계획을 마련하였다. 부지 선정을 위한 기준으로는, 수도권 철도 연변이어야 하며, 교육기관과 철도 관련 사업체와 긴밀한 협조가 가능하여야 한다는 조건을 제시하였다.

이들을 종합하면, (주)연구원을 종합 기술연구원으로 발돋움하겠다는 야심에 찬 계획이었다고 하겠다. 다만, 연구사업, 연구 장비, 연구원 부지 등이 정부의 지원을 받는 내용이었다는 점에서 주식회사 형태의 연구원으로는 달성할 수 없는 계획이었다. 이는 (주)연구원이 출범하고 멀지 않은 시점부터 장상현 원장 등 구성원 대부분이 상법상의 주식회사 형태로는 종합 철도기술연구원으로의 발전은 어렵고, 정부 출연연으로 발전하여야 한다고 생각했다는 증거라고 하겠다.

(4) 정부 출연연으로 체제개편 추진

(주)연구원이 발전계획을 추진하기 위해서는 막대한 재원이 필요하였다. 그러나 주식회사에서 재원을 마련하는 방법은 회사가 이익을 남겨 이익금을 활용하는 방안, 주주들이 증자하여 투자재원을 마련하는 방안, 돈을 빌려 부채로 투자재원을 마련하는 방안 등이 있을 수 있다. 그러나 연구개발을 통하여 막대한 이익을 얻는다는 것은 생각하기 어려운 발상이었고, 이익이 없는 회사에 돈을 줄 채권자도 당연히 없었다.

그리고 철도청을 위시한 철도 차량업체 등 주주의 대부분이 철도에서 적자를 보는 상황에서 주주들이 증자한다는 것 또한 가능한 방법이 아니었다. 오직 한 가지 방법은 정부의 지원을 받는 길뿐인데, 주식회사에 정부가 지원하거나 보조하는 것은 있을 수 없었다. 이에 (주)연구원은 주식회사에서 정부 출연연으로 체제를 개편하여야 하겠다는 공감대가 형성되었다. 이러한 공감대는 (주)연구원 내부뿐만 아니라 철도청, 건교부, 고속철도건설공단에서도 마찬가지였다. 여기에는 필자의 지속적인 반대가 설득력을 얻은 측면도 있었다.

여기에 철도선진국으로 꼽히는 영국, 프랑스, 독일, 일본, 이태리 등 거의 모든 나라에서 철도기술 연구기관이 주식회사로 운영되는 곳이 한 곳도 없다는 점도 정부를 설득하는 데 일조하였다. 즉 일본의 일본철도총합기술연구소(RTRI)는 재단법인이었으며, 프랑스의 비트리(Vitry)연구소 등은 프랑스 철도공사(SNCF) 소속이었고, 독일의 뮌헨(München)연구소 등은 독일 철도청(DB)이 전액 출자한 공사체제였으며, 영국의 영국철도연구소(BRR)는 BR(영국 철도청) 산하의 독립법인이었다.

당시 우리나라 철도는 철도청이 운영하는 국유국영 체제였으며, 매년 막대한 운영적자를 재정으로 충당받는 처지였고, 막대한 예산이 투입되어야 할 연구소를 설치하여야 한다고 할 수도 없었다. 유일한 방안은 정부 출연연으로 체제를 개편하는 방법밖에는 없었다고 할 수 있다.

정부 출연연으로의 체제개편 작업은 1995년 초부터 시작되었다. 마침, 노태우 정부에서 추진했던 철도청의 민영화는 난관에 봉착해 있었다. 정부는 1995년에 들어와 대체 방안과 대체 입법을 서두르게 되었다. 정부는 철도청의 민영화는 하지 않는 대신에 철도청의 자율경영을 보장하고, 역세권 개발 등 부대 사업을 할 수 있게 조직, 인사 및 예산집행 등에 있어서 특례를 마련키로 한 것이었다.

이러한 특례법을 제정하는 차제에 (주)연구원을 해결하는 방법을 강구한 것이었다. 특례법에 철도기술의 진흥에 관한 장(章)을 신설하여 철도청장에게 철도기술 연구와 개발에 대한 의무를 부과하고, 연구 및 개발을 담당할 연구기관을 신설하는 방안이었다. 이 방안은 의외로 쉽게 건교부, 철도청 등의 찬성을 얻었고, 국회의 입법 과정에서도 크게 논란 없이 통과될 수 있었다.

결과적으로 1995년 12월 6일 '국유철도의 운영에 관한 특례법(특례법)'이 제정되었고, 1996년 1월 1일부터 시행하게 된 것이었다. 실제로, '특례법' 제4장에서 '철도기술의 진흥'을 규정하고 있고, 제32조에서 철도청장에게 철도기술 연구 및 개발에 노력하여야 하는 의무를 부과하였고, 제33조에서 한국철도기술연구원의 설립을 규정하고 있다.

이 '특례법'에 따라 1996년 3월 2일 한국철도기술연구원(이하 철도연)

이 철도청의 지원을 받는 특수법인으로 출범하였다. (주)연구원은 철도연에 승계되었다. 철도연의 출범으로 우리나라 철도기술의 발달은 큰 획을 긋게 되었다.

2) 한국철도기술연구원 설립과 성장

(1) 한국철도기술연구원 설립(1996)[34]

철도연이 '특례법'에 의해서 1996년 3월 2일 설립되었다는 것을 앞에서 설명하였다. 여기서는 '특례법'의 내용을 좀 더 살펴보고자 한다.

'특례법' 제4장의 제목은 '철도기술의 진흥'이다. 제4장의 첫 조문인 제32조에서는 철도청장이 철도기술 전반에 대한 연구 및 개발에 노력하여야 하는 의무를 지우고, 이를 위하여 전문연구기관을 지도·육성하여야 하고, 국유철도사업 수입의 일정률 이상을 철도기술의 연구 및 개발에 투자하도록 규정하고 있다. 철도청이 연구개발에 수입의 일정률 이상을 투자하고 철도연을 세워서 육성하라는 법적 요구로써, 획기적인 발상이었다고 평가를 받았다.

당시 일정률로는 1.5~2.0%가 유력하게 검토되다가 법률에는 명시하지 않고, 철도청의 경영개선추진위원회 심의를 거쳐 정하기로 하였다.

이렇게 '특례법'에 의해서 철도연이 설립되지만, 철도연은 철도청의 산하기관으로 보조 기관이 된 것이다. 철도연의 원장이 철도연의 이사회에서 선출되지만, 철도청장의 승인을 받아야 하고, 철도청의 철도연에 대한

---
34) 설립 과정의 구체적인 상황은 《한국철도기술연구원 10년사》의 pp.124~128을 참조

연구개발 투자가 보조금으로 규정되었기 때문이다. 더구나 '특례법'의 시행령에는 철도연의 자율성을 현저하게 침해하는 조항들이 있었다. 시행령 29조에는 철도연의 수익사업을 할 때에는 미리 사업계획서를 철도청에 제출하여 승인을 받도록 하였고, 사업계획서에 추정 대차대조표 및 추정 손익계산서를 제출하도록 규정한 것이다.

'특례법' 및 '시행법'에서 연구기관에 걸맞지 않게 철도연의 예산이 철도청의 통제 안에 있고, 분기별로 예산 사용 승인을 받는다는 것은 연구기관으로서의 자율경영권을 과도하게 제약하고 있다고 여겨진다.

법률이 시행된 직후인 1996년 1월 18일 철도청에서 철도연 설립위원회를 개최하였다. 설립위원회의 위원들은 전원 철도청장이 임명하였다. 〈표 15〉의 위원 명단을 보면, 전원 철도청과 건교부 및 그들 산하기관에서 철도 관련 업무를 담당하는 인사들로서, 철도청의 의견에 이견을 내기가 어려웠을 것으로 보인다. 결국 위원회는 이날 연구원 설립 취지문을 검토하였고, 설립위원회 운영계획 및 철도연 정관(안)을 일사천리도 통과시켰다.

〈표 15〉 한국철도기술연구원 설립위원회 위원 명단

구분	성명	직위	구분	성명	직위
위원장	김경회	철도청 차장	위원	이태열	건설교통부 육상교통국장
위원	김규성	철도청 기획관리관	위원	김석균	건설교통부 수송심의관
위원	김대영	철도청 시설국장	위원	이우현	한국고속철도건설공단 차량본부장
위원	김진성	철도청 차량국장	위원	안우희	(주)한국철도산업기술연구원
위원	김정구	철도청 전기국장	간사	김용범	철도청 기술진흥담당관

약 1개월 후인 2월 23일에 설립위원회 제2차 회의가 개최되어, 철도연

의 선임직 이사 5명을 선임하였다. 그리고 2월 26일 철도청장은 안우희 당시 (주)연구원의 부원장을 철도연의 초대 원장으로 임명하였다.

초대 원장으로 선임된 안우희 박사는 정부 출연연인 전기연에서 7년여를 원장으로 재임하며 정부 출연 연구원 경영에 남다른 경륜을 쌓은 분이자 고속전철 및 자기부상열차에 대한 연구개발을 독려하였던 경력이 있었다. 거기에 (주)연구원의 부원장으로서 정부 출연연으로의 체제전환을 위한 정부 부처를 상대로 한 실무작업을 총괄한 바 있어서, 정부 출연연으로 출범하는 철도연의 초대 원장으로는 적임자였다.

이사회는 선임된 이사 5명과 당연직 이사 7명, 합계 12명으로 〈표 16〉과 같이 구성되었다. 이사회의 구성을 살펴보면, 당연직 중 2인은 철도연의 원장과 감사였고, 당시 감사는 비상근직이었다. 이사회의 초대 이사 12인 중에 정부(철도청 포함) 관련 인사가 8명으로 이사회의 3분의 2에 해당한다. 더구나 감사가 철도청의 직원이었다. 이러한 구성을 볼 때에 철도연의 원장은 정부와 철도청의 통제 하에 있었다고 말할 수밖에 없다.

〈표 16〉 한국철도기술연구원 초대 이사회 이사 명단

구분	성명	직위	구분	성명	직위
선임직			당연직		
이사장	최강희	철도기술협력회 이사장	이사	김정국	재정경제원 예산실장
이사	한송엽	서울대 공과대학 학장	이사	이헌석	건설교통부 수송정책실장
이사	김동건	서울대 행정대학원 교수	이사	김정덕	과학기술처 연구개발조정실장
이사	윤주수	한국고속철도건설공단 부이사장	이사	추준석	통상산업부 차관보
이사	김정태	홍익대 기계공학과 교수	이사	민척기	철도청 차장
			이사	안우희	한국철도기술연구원 원장
			감사	김시원	철도청 안전관리실 국장

이러한 철도청의 통제하에 있는 철도연은 나중에 철도청과 심각한 갈등을 겪게 되고, 갈등의 와중에 철도청의 예산지원이 대폭 삭감되는 등 우려했던 사태가 발생하기도 하였다. 또한 갈등의 이면에 철도청의 퇴직자들이 철도연을 장악하려고 한다는 소문이 돌기도 하였다. 이러한 갈등은 철도연 원장의 사퇴로 마무리되기도 하였다. 결과적으로 철도연이 철도청의 하부기관이라는 점이 증명된 안타까운 사태였다고 생각된다.

이후 설립·운영 실태를 보면, 설립에 필요한 토지와 건물과 (주)연구원의 장비·기구·기자재 및 사무용 비품은 정부의 보조금으로, 그리고 연구비는 철도청의 출연금으로 지원되었다. 실제로 연구원에서 철도연으로 승계된 인원은 67명으로, 그중에서 49명은 연구원이었고, 9명은 기술기능인력 그리고 9명이 기획행정 인력이었다. 승계된 자산은 순자산 25억 25백만 원으로, 내역은 유동자산 25억 86백만 원, 고정자산 3억 24백만 원과 부채(퇴직급여충당금 등) 3억 85백만 원이었다.

이러한 과정을 거쳐 철도연의 설립 등기를 3월 2일에 마침으로써, 한국철도기술연구원이 출범하였다. 다만, 다른 과학기술계 정부 출연연과는 운영 면에서 매우 다른 면을 가지고 있었다는 점은 명백하였다. 위상도 철도청의 산하기관이었고, 출연금도 철도청의 통제를 받았기 때문이다. 특히 문제점은 출연금의 대부분이 철도청에서 나오는데, 철도청은 매우 심한 적자상태였다는 점이었다.

철도청을 공사화하려던 것을 백지화하여 철도청의 자율경영을 추구하고, 부대 사업을 수행하여 흑자를 추구한다고 하였지만, 쉽게 적자가 흑자로 전환될 수는 없었다. 이렇게 철도청이 적자로 운영되는데, 거기에 덧붙여 철도연에 출연금을 지급한다는 것이 철도청으로는 버거운 측면이 있었다. 거기에 철도청에는 이미 기업연구소 운영에 실패한 경험이 있고, 연구개발에 대해서, 특히 정부의 연구개발 체제에 대해서 전문적인 지식을 가지고 있는 인사가 없었다.

이를 외부의 선임직 이사로 보완하여야 했으나, 철도청과 관련 있는 당연직 인사가 3분의 2를 차지하는 상황에서는 철도청과 철도연의 의견조정이 매우 어려운 과제로 떠오른 것은 당연하였다. 여기에 안우희 철도연 원장은 과학기술계 정부 출연 연구원 체제에서 오래 일하셨던 분이기에 더욱 철도청과 철도연의 의견조율은 힘들었을 것으로 사료된다.

철도연이 설립 등기를 마친 3월 2일은 철도연의 창립기념일이다. 철도연의 창립을 기념하는 현판식은 1996년 3월 20일 구 (주)연구원이 있던 부곡(현재 의왕)의 철도대학(현재 교통대학교 철도대학)의 건물 한 귀퉁이에서 열렸다. 현판식에는 안우희 원장과 추경석 건교부 장관, 김경희 철도청장 등이 참석하여 철도연의 출범을 축하해주었다.

(2) 철도연의 성장

철도연은 출범과 함께 (주)연구원에서부터 수행해오던 전략연구사업을 지속적으로 수행하면서, 앞으로 다가올 대형 연구개발사업을 수행하기 위한 내실화 작업을 꾸준히 전개하였다. 철도연은 정부 출연연으로 출범하면서 즉시 1995년 9월 (주)연구원에서 수립한 중기발전계획을 수정하여 정부 출연연에 맞도록 중장기발전계획을 재수립하였다. 이 계획은 1997년을 시작으로 하는 3차례 5개년계획이었다.

1차(1997~2001)는 '기반 조성기'로 하고, 이를 다시 2단계로 구분하였다. 기반구축을 목표로 한 1단계(1997~1999)에서는 △조직의 확대 개

편을 통한 연구기능의 전문화 및 활성화 △연구시설의 확보 및 장비의 현대화 △고속철도기술 도입에 따른 기초기술의 질적 향상 △안전도 평가, 기준화, 품질인증제도 정착 △국책연구 및 수탁업무 수행 등을 추진과제로 정하였다. 2단계(2000~2001)에서는 재정자립 및 선진화를 목표로, △첨단철도시스템 기술개발 △독자적인 철도차량 제작 및 운영기술개발 △고속철도 핵심기술 및 차세대 철도기술연구 △해외기술협력 및 해외영업 활동 추진 등을 추진하기로 하였다. 그리고 2단계 말인 2001년까지 철도연의 인력을 350명까지 확대하도록 하였다.

 2차(2002~2006) 및 3차(2007~2011)는 기본적으로 2011년 이후에는 세계 철도기술을 선도한다는 중장기 발전목표를 설정하였고, 세부적으로는 350km/h의 고속철도기술개발, 기존선 속도향상기술개발, 부상식 철도기술개발, 21C 철도망 구축 및 교통체계개발 및 국제수준의 철도종합시험설비 구축을 목표로 정하였다. 이러한 중장기 발전계획은 (주)연구원의 발전계획에 비해서는 진일보한 것이었으나, 여전히 구체성이 떨어지고, 목표가 현실과 떨어지는 단점이 있었다.

 이러한 중장기 발전계획에서 특기할 것은 목표로 '국제적 수준의 철도종합시험설비를 구축한다.'는 것이었다. 이 목표에 따라 연구시설 및 장비구축으로 2004년까지 3단계로 나누어 2,440억 원을 투입하여 132천 m^2(4만 평)의 부지에 연구동, 실험동, 시험동 등을 짓고, 180종의 시험장비를 도입하는 계획을 수립하였다. 그리고 놀랍게도 철도청과 합의하였다. 이 중장기 발전계획은 일부 발전목표가 달성되지 않거나 수정되었지만, 철도연이 발전하는 데 발전 방향을 제시한 것으로 평가를 받았으며, 실제로도 향후 철도연의 발전에도 큰 영향을 끼쳤다.

1차(1997~2001) 5개년 계획에서 철도연의 인력을 350명까지 확대하겠다는 계획에 따라 우수 연구인력을 확보하는 노력을 적극적으로 추진하였다. 1996년에 출범 당시의 67명에서 66%에 해당하는 총 44명을 충원하였다. 이 중에서 박사학위 소지자는 10명이었고, 연구직은 박사 포함 36명이었다. 1997년에도 70명 정도의 인력을 충원하여 전체적으로 180명에 달했다. 다만, 지적할 것은 전체 철도연 인력 중에서 박사학위 소지자의 비율은 30%를 밑돌았는데, 이는 다른 과학기술계 정부 출연연의 80% 정도에 비해서 매우 낮은 수준이었다. 연구인력의 확충에 너무 매달린 나머지 옥석을 가리는 데 소홀하였다는 비판을 받았다.

　또한 이 과정에서 전기연의 박사급 연구인력들이 다수 철도연으로 이직하였다. 전기연은 창원에 있었고, 철도연은 수도권(의왕)에 있었던 것과 철도기술이 새로운 분야라는 것이 유인의 요인으로 보인다. 그런데 기계연으로부터의 이직은 없었는데, 이것은 기계연의 연구인력은 대부분 철도 전문인력이 아니었고, 기계 분야는 기업의 연구인력에서 쉽게 보충할 수 있었던 것 때문으로 보인다. 이렇게 기업의 인력으로 확충함으로 인하여 차량 3사와 갈등도 있었다.

철도연과 차량 3사의 연구인력 관련 갈등 해소
필자(당시 기계연 신교통기술연구부장)의 회고

1997년 10월 중순경 현대전공의 한규환 연구소장으로부터 전화가 왔다. 철도연에서 현대정공은 물론 차량 3사의 연구인력을 철도연에서 스카우트하는 바람에 애로가 많다며 철도연 안우희 원장께 자제하도록 얘기 좀 해달라는 요청이었다. 필자도 철도연에서 기계 분야 인력을 너무 많이 기업으로부터 보충하는 것에 문제가 있다고 보았기 때문에 문제 제기에는 공감하였다. 이들 기업 연구인력은 대부분 석사학위 소지자들이었다. 그러나 내가 나설 문제는 아닌 것 같았으나, 안 원장님과 차량 3사의 연구소장 모임을 주선해줄 것이니 만나서 직접 얘기하는 것으로 합의하였다.

그래서 철도연으로 안 원장님을 방문하여, 차량 3사의 우려를 간단히 전하고, 차량 3사의 연구소장들과 모임을 갖는 것을 제안드렸다. 그때까지 안 원장께서는 차량 3사의 연구소장과 합동 회동이 없으셨던 것이다.

며칠 후에 필자가 안우희 원장님과 현대정공 한규환 연구소장, 대우중공업 박순혁 소장, 한진중공업 한석룡 소장을 서울 양재역 부근의 일식당으로 초대하였다. 필자는 모임의 취지를 설명만 하고, 자리를 떠났다. 당사자들끼리 허심탄회하게 의견 교환하시라는 의도였다.

다음 날 한규환 상무가 전화를 걸어와 모임이 늦게까지 이어졌고, 차량 3사가 철도연에 절대적으로 협조하기로 하고, 대신 철도연에서 기업인력의 보충은 자제하는 것으로 합의했다고 전해왔다. 이후 철도연의 차량 3사로부터의 인력 수급은 거의 없었다.

필자가 2002년에 철도연 원장이 된 후에 기업에서 넘어온 연구인력에 대해서 순차적으로 박사학위를 받는 길을 열어줘 이제는 그들이 대부분 박사급 연구원이 되었다.

이외에 철도연의 성장 과정에 있었던 중요한 몇 가지에 대해서 간략히 설명한다.

① 한국기계연구원과 연구 협력 협약 체결

철도연은 1996년 9월 한국기계연구원과 연구 협력 협약을 체결하였다. 고속철도, 기존철도, 경량전철 등의 공동연구, 연구시설·장비의 공동활용, 기술정보의 교류, 연구인력의 교류 등을 위함이었다. 한국기계연구원은 당시 경부고속철도 기종선정 시에 국내 연구기관을 대표하여 평가에 참여하였고, G7 사업의 연구기획에서도 중요한 역할을 하였다.

② 안전진단 전문기관 지정

1997년 10월 교량·터널 분야에 대해 '시설물의 안전관리에 관한 특별법' 제9조의 규정에 따라 안전진단 전문기관으로 지정받았다.

③ 중국철도과학연구원과 기술협력 협정 체결

철도연의 안우희 원장은 1998년 5월 중국 베이징에 있는 중국철도과학연구원(CARS, China Academy of Railway Science)과 철도 분야 공동연구 수행, 인력교류 및 정보교류 등의 협력을 위한 기술협력 협약을 체결하였다. 우리나라에서는 해외 철도연구기관과의 첫 기술협력 협정이었다.

④ 도시철도 차량 성능시험기관 지정

철도연은 2000년 6월 29일 건교부로부터 '도시철도법' 제22조의 3 및 동법 '시행령' 25조의 5에 따라 '도시철도 차량 성능시험기관'으로 지정받았다. 이로써 신규 도시철도 차량의 구성품 시험, 완성차 시험, 본선 시운전 시험 등 총 3단계 26개 항목에 걸친 시험과정을 일관성 있게 체계적으로 직접 수행할 수 있게 되었다. 이를 계기로 철도 용품 업체의 기술력을 향상시킬 수 있었고, 우리나라 도시철도도 한 단계 더 발전하는 데 기여하였다.

⑤ 일본 철도총합기술연구소와 연구 협력 협약 체결과 한·중·일 철도기술교류회 개최

철도연의 이헌석 원장은 1999년 8월 일본 철도총합연구소(RTRI, Railway Technical Research Institute)의 소에지마(副島廣海) 이사장과 연구 협력 협약을 체결하였다. 협약에서는 두 기관의 협력체제를 강화하기 위하여 공동연구회를 운영하고, 국제 철도 네트워크 구성을 위한 노력으로 한·중·일 3국 간의 기술교류회를 갖기로 합의하였다.

상기의 합의에 따라 2001년 6월에 철도연에서 일본 RTRI, 중국의 CARS와 공동으로 제1회 한·중·일 철도기술교류회를 개최하였다. 여

기서는 3개국의 연구자들이 철도차량, 전기, 시설 분야별로 모여 연구결과를 발표하고, 협력방안을 논의하였으며, 기술교류회는 매년 각 기관을 돌아가면서 개최하기로 하였다.

⑥ 국내 유일의 철도 분야 국제공인시험기관 인정

철도연은 2000년 8월 16일에 기술표준원 KOLAS[35] 사무국으로부터 철도 분야의 국내 유일 국제공인시험기관으로 지정을 받았다. 철도연은 이를 위해 국제규격 ISO 17025을 만족하는 시험평가 및 인증시스템의 품질시스템 구축작업을 수행해왔다. 이러한 국제공인시험기관으로 인증을 받음으로써 철도청의 철도 용품 품질시험기관 지정, 건교부의 도시철도 차량 성능시험기관 지정과 함께 국내 철도 분야의 국제 시험기관으로서의 체제를 갖추게 되었다.

국제공인시험기관 지정은 다자간 상호 인정협정에 근거하여 협정에 가입한 다른 나라에서 중복적인 시험평가를 받을 필요가 없어졌다. 2014년 현재 APLAC MRA[36]에는 23개국 37개 시험기관인정기구가, ILAC MRA[37]에는 72개국 86개 시험기관인정기구가 가입하여 상대국의 공인

---

35) KOLAS(Korea Laboratory Accreditation Scheme, 한국인정기구)는 국가표준제도의 확립 및 산업표준화제도 운용, 공산품의 안전/품질 및 계량·측정에 관한 사항, 산업기반기술 및 공업기술의 조사/연구개발 및 지원, 교정기관, 시험기관 및 검사기관 인정제도의 운영, 표준화 관련 국가 간 또는 국제기구와의 협력 및 교류에 관한 사항 등의 업무를 관장하는 국가기술표준원 조직이다.

36) APLAC(Asia-Pacific Laboratory Accreditation Cooperation) : 아시아태평양시험기관인정협력체
MRA(Mutual Recognition Arrangement) : 상호인정협정

37) ILAC(International Laboratory Accreditation Cooperation) : 국제시험기관인정협력체

성적서를 상호수용하고 있다. 2001년 말 당시에 국제공인 시험성적서를 발행할 수 있는 항목과 규격은 각각 123개 항목 및 65개 규격이었다.[38]

⑦ **연구인력 전문화를 위한 조직개편 및 해외기관 전문가 제도**

송달호 박사가 2002년 1월에 원장으로 취임한 직후인 2002년 3월에 철도연의 조직을 선임연구부장 산하의 연구본부와 선임사업부장 산하의 사업단 조직으로 이원화하였다. 연구본부에는 팀을 기본 단위로 하고, 기술 수목(Technology Tree)에 따라, 연구원 각자의 전공에 따라 팀을 구성하여, 전문분야 연구에 집중하고 타 분야의 연구를 금지하였다. 철도연 내에 전공자가 없는 기술 수목의 기술 분야에 대해서는 외부에서 아웃소싱(Out-sourcing)하도록 하여, 연구원의 전문화를 도모하는 조직제도를 마련하였다.

이러한 전문화를 이루기 위하여 직무교육을 활성화하였다. 2003년 한 해 동안 연구원 52명이 Parker & Associates, Inc. 등의 외국 철도 전문 엔지니어링 업체로부터 전공지식에 대한 교육을 받았다. 이는 당시 철도연의 많은 인력이 철도연에 입소한 지 일천하고, 아직 박사학위 소지자가 많지 않았던 점(30% 미만)을 보완하기 위한 방편이었다.

또한 연구연가제도와 해외 교육제도를 활성화하였다. 해외 연가제도는 일정 요건이 달성되고 철도연의 예산상의 문제만 없으면, 연구원의 권리로서 행사할 수 있도록 하였다. 연구연가제도는 당시 타 정부 출연연보다 훨씬 진전된 제도로 평가받았다.

2004년 11월부터는 해외기관전문가 제도를 실시하였다. 해외기관 전

---

38) KOLAS(한국인정기구) 홈페이지 : http://www.kolas.go.kr

문가는 담당 해외기관의 정보수집을 통하여 연구 동향을 항시 파악하는 것을 목적으로 하였고, 이를 통하여 연구원 자신도 자기 분야의 전문화를 유도하기 위함이었다. 해외기관 전문가는 23명으로 시작하였으며, 일본 RTRI, 중국 CARS, 유럽의 ERRI 등 선진 철도 전문연구기관을 대상으로 하였다. 같은 기관에 복수의 전문가도 가능하게 하였다.

⑧ 'KRRI VISION 2010'의 수립

2002년 4월에는 전 연구원이 참여하는, '철도연(KRRI) VISION 2010'을 수립하기 위한 워크숍을 1박 2일의 일정으로 설악 일성콘도에서 개최하였다. 철도연의 중장기 발전계획을 대폭적으로 손질하여 2010년까지의 철도연 발전목표와 추진전략을 명백히 하고, 연구원 모두가 비전을 공유하기 위한 목적이었다.

KRRI VISION 2010에서 철도연의 비전을 안전하고, 빠르고, 쾌적한 철도를 위하여 핵심기술 개발에 주력하여 2010년에는 세계화, 전문화, 시스템화된 세계 TOP 5 수준의 철도 전문 연구기관으로 도약하는 것으로 설정하였다. 실행 전략으로 선진 연구체제 구축과 세계 일류지향 기술개발에 주력하기로 하였다.

선진 연구체제 구축 분야에서는 △국제적 수준의 시설 및 시스템 구축 △기관 운영의 선진화 △연구성과의 대외확산과 기술지원확대를 추진하기로 하였다. 세계 일류지향 기술개발 분야에서는 △국가 전략적 철도기술 중점 연구 △첨단철도기술 개척 연구 △삶의 질 향상 관련 연구를 추진하기로 하였고, 실제 실행에서는 철도시스템 선진화 기술, 철도안전기술, 차세대철도 원천기술, 시험인증사업, 기술지원사업 등 5개 연구사업을 중점사업으로 선정하고 추진하기로 하였다. 이 KRRI VISION 2010

은 이후 철도연의 발전 방향을 제시하여 전 연구원이 공유하는 비전으로서 기능하였다.

⑨ 21C 한국철도교통포럼 창설

철도연은 내부 논의를 거쳐 철도의 역할을 재정립하고 우리나라 철도의 발전모형을 정립하여 국가 교통과 철도의 발전에 기여하는 것을 목적으로, '21C 한국철도교통포럼'(이하 철도포럼)'을 창설하였다. 철도포럼은 철도전문가, 교통학자, 철도운영처의 대표, 산업체 대표, 연구기관장, 학계 교수 등 철도와 교통 분야의 비중 있는 인사들로 구성하여 철도 분야의 오피니언 리더들에게 대화의 장을 제공하기 위함이었다.

철도포럼은 송달호 원장, 김수삼 한양대 교수, 김동건 서울대 행정대학원 교수를 공동대표로 하고, 모임 일시와 형식은 격월 셋째 주 목요일에 조찬모임으로 정했다. 포럼의 사회는 주로 김수삼 교수와 김동건 교수가 담당하고, 전문가 초청 등 포럼 사무국의 역할은 철도연이 담당하였다.

제1회 철도포럼은 2002년 7월 18일에 개최되었다. 이날 창립 철도포럼에는 공동대표들은 물론 김세호 건교부 수송정책실장, 박철규 철도청 차장, 정진우 한국철도학회 회장, 정학진 (주)로템 사장, 신종서 철도기술공사 이사장 등 관·산·학·연의 철도 관련 인사 16명이 참석하였다. 이날 송달호 원장의 참석자 소개에 이어 조찬이 진행되면서, 김수삼 교수가 포럼창립의 취지를 설명하였고, 주제발표로 김동건 교수(당시 정부 혁신추진위원장)가 '철도구조개혁의 효율적 방향'이라는 제목으로 강연하였다. 이후 주제강연에 대한 열띤 토론이 있었다.

철도포럼은 철도 분야 전문가와 원로들이 모여서 지난 2개월 사이에 일어난 철도 관련 여러 사건과 문제점에 대한 설명을 청취하고, 전문가로부터 철도 현안에 대한 심층 현황과 분석을 들은 후, 이에 대해 질의응답과 토론으로 진행되었다. 이렇게 함으로써 철도 현안에 대한 경험과 지혜를 수렴할 수 있었고, 사건이나 문제점의 해결이나, 또는 사전예방적 역할을 하는 모임으로 발전하였다. 또한 철도 분야 주요 단체나 기업체의 CEO가 자연스럽게 교류하는 장을 마련하였으며, 철도 분야의 소통의 장(場)으로 기능하였다.

⑩ WCRR 2008의 한국 유치 확정

WCRR(세계철도 학술대회, World Congress on Railway Research)는 일본이 주창[39]하여 미국, 영국, 프랑스, 독일 등 5개국이 합의, 개최되는 철도 분야의 최대 국제학술행사이다. 이후 이태리와 UIC(세계철도연맹, Union Internationale des Chemins de fer)가 초청되어 당시 WCRR의 영구회원은 이렇게 7개국이다.

2003년 9월 28일~10월 1일에 영국 에딘버러(Edinburgh)에서 개최된 The 6th WCRR 2003에서 당시 송달호 원장은 The 8th WCRR 2008을 한국으로 유치하는 것을 조직위(7개국으로 구성)로부터 만장일치 승인을 얻었다. 이는 2001년 독일 쾰른(Köln)에서 개최된 제5차 대회에서 당시 철도연 이헌석 원장이 "2008년 WCRR의 개최를 희망한다."는 의사 표시 후 2년여에 걸쳐 꾸준히 노력한 결과이다.

당시 철도연에서는 오일근 홍보협력실장이 WCRR 조직위 모임에 참관

---

39) 1992년 10월 일본 도쿄에서 RTRI 주최로, RTRI 창립 5주년을 기념하는 국제철도연구 세미나가 개최되었다. 여기서 RTRI는 WCRR을 제안하였고, 참석한 5개국의 철도 관련 고위급 인사들이 만장일치로 찬성하여 성립되었다. 그리고 제1차 WCRR은 프랑스 파리에서 1994년 11월에 개최되었다.

자(Observer)로 여러 차례 열심히 참가하였고, 에딘버러 대회에는 20여 편의 논문을 발표하도록 하였다. 또한 송달호 원장이 단장이 되어 60여 명의 참가단이 단체로 참가하는 등 적극적으로 참가하였다. 동시에 철도청에도 얘기해서 김세호 청장이 동행하였으며, 철도청 차원에서도 한국 유치에 힘을 보탰다.

WCRR 2008의 한국 유치에는 철도연이 열심히 유치 활동을 한 것도 이유가 되겠지만, 다른 큰 이유로는 한국에서 조만간(2004년) 고속열차 KTX를 운행할 예정이며, 현재 독자적으로 HSR-350x를 개발하고 있다는 것을 홍보함으로써 조직위의 마음을 움직인 것으로 생각한다.

(3) 철도종합연구시설 건립계획 수립과 준공(2002) 그리고 철도연 소재지 의왕 확정

건교부가 1996년 8월 철도 핵심기술 연구와 고속철도 성능시험에 필요한 시험시설을 건립하고, 철도연과 건설공단이 공동으로 활용하는 방침을 정했다. 원래 건설공단은 고속철도 차량기지인 강매기지에 고속철도 성능시험에 필요한 시험시설을 건설하려던 계획을 가지고 있었다. 이는 철도연이 창립되면서 중복투자를 방지하고 시험시설의 운영 효율화를 위한 조치였다. 이에 따라 시험시설이 들어갈 부지는 현재 철도연이 있는 자리로 정하였고, 부지는 132천m^2(40천 평)이며, 시설은 총 56천m^2(17천 평)에 연구동, 실험동, 시험동을 짓기로 하였다. 소요되는 예산은 2,263억 원이었다.

이러한 시설계획은 1997년 8월 철도연이 철도청 및 건설공단과 '고속철도 차량 성능시험시설 건설 및 운영에 관한 협약'을 체결하며 확정되었다. 1998년 12월에는 시험시설의 기본설계를 완료하였고, 1999년 4월에 시험시설의 명칭이 '철도안전성능연구시설'로 바뀌면서 기본설계도 변경되었으며, 1999년 10월 협약의 명칭도 따라서 변경되었다.

이에 따르면 2002년까지 사업비 301억 원을 투입하여 차량시스템 시험동 등 5개 시험동과 대치동 특성시험장치 등 대형시험장비 9종을 완공하는 것이었다. 연구시설의 공사는 2000년 6월 7일에 기공식을 거쳐 건물은 2002년 말에 완공되면서 현재 철도연의 초기 모습이 되었다. 시험장비 등의 설치는 2004년 12월에 완료되며 1단계 공사를 완료할 수 있었다. 이로써 철도연의 기초적인 자체 연구원 건물과 연구 장비가 마련된 것이었다.

연구시설을 완공하고 입주를 준비하고 있는 도중에 철도연이 연구시설로 이전 및 입주하는 것이 불가능하다는 건교부로부터의 전언이 있었다. '수도권정비계획법'에 의하면 정부 출연연은 수도권에 입주가 불가능하다는 것이었다. 유일한 방법은 국무총리가 위원장이고 각부 장관이 위원인 수도권 정비심의회를 통과하는 방법이 있었으나, 이 방법도 건교부는 반대하였다. 이 문제는 2003년 1월 송달호 원장이 당시 김석수[40] 국무총리

---

40) 김석수 총리는 김대중 대통령의 마지막 국무총리로 퇴임을 앞두고 있었다. 1993년 1월 16일 김 총리는 정부 출연연의 원장들과 퇴임 인사를 위해 대전시 유성의 한 식당에 오찬 자리를 마련하셨다. 당시 과학기술 분야 정부 출연연은 국무총리 소관 기관이었다. 필자가 철도연의 상황을 국무총리를 수행했던 기획관에게 설명하니, 기획관이 이 기회에 국무총리께 직접 말씀드리라고 조언해주었다. 그래서 필자가 식사 자리에서 큰소리로 말씀을 드렸다. 김석수 총리께서는 삼성전자 기흥공장의 문제를 경험하며 이미 '수도권 정리계획법'의 문제를 알고 계신다고 하셨고, 철도연의 딱한 사정을 퇴임 전에 해결해주시겠다고 공개리에 약속하셨다. 이렇게 철도연의 소재지 문제가 해결된 것이다.

께 읍소하여, 2003년 3월 20일에 수도권 정비심의위원회의 서면결의를 통해서 해결할 수 있었다.

(4) G7 고속철도기술개발사업의 총괄연구기관을 한국철도기술연구원으로 이관

철도연이 기반을 구축해나가는 가운데 G7 사업으로 '고속철도기술개발사업[41](이하 G7 사업)'이 1996년 12월에 출범하였다. 당시 G7 사업은 철도연이 출범하기 전인 1995년 11월 6일 G7 종합평가기획단에서 신규 선도기술개발사업(G7 사업)으로 선정되었고, 총괄주관연구기관으로 한국고속철도건설공단(이하 건설공단)이 선정되어 있었다.[42]

그러나 건설공단은 기본적으로 연구조직이 아닌 철도건설을 관리하는 조직이었다. 그런 관리조직에 연구조직이 얹혀있었으며, 국가적 연구개발사업을 총괄 주관하는 데 조직적으로 적합한 것은 아니었다. 예를 들어 연구개발사업에 있어서 결재가 필요할 경우에도 건설공단의 결재체계를 거쳐야 했는데, 결재의 단계가 너무 많고, 회계제도도 매우 까다로워 많은 문제점을 노출하고 있었다. 거기에 덧붙여 공단에서 G7 사업을 총괄

---

41) '고속철도기술개발사업' 전체에 대한 설명은 아래 참고문헌을 참조하기 바란다.
송달호, 홍용기, '철도산업 4.4.4.라.한국형 고속열차 개발(1996~2007)', 한국산업기술발전사 운송장비, 한국공학한림원, 2019년 4월, pp.414~420 또는 송달호, '5.4.5(4) 한국형 고속전철 개발(1996~2007)', 한국철도기술발달사(30), 〈철도저널〉, 제27권 3호, 2024년 6월, pp.53~70

42) 송달호, '4.4.4. G7 사업 연구기획', 한국철도기술발달사(25), 〈철도저널〉, 제26권 4호, 2023년 8월, pp.75~83 & 송달호, ibid., 한국철도기술발달사(26), 〈철도저널〉, 제26권 5호, 2023년 10월, pp.40~5

관리하는 인력들이 G7 사업 같은 거대한 국가연구개발사업을 관리하거나 수행한 경험을 거의 가지고 있지 않았다.

이런 문제 등이 복합적으로 작용하여 G7 사업의 한 축을 담당하던 생산기술연구원(이하 생기연)은 불만을 제기하였고, 생기연이 건설공단과 공동 총괄기관이 되어야 한다고 주장하였다. 생기연은 1995년 G7 사업 성안 과정에서 통상산업부가 총괄기관을 선정하는 주도권을 가지고 있으면서도 총괄기관으로 건설공단이 선정된 것에 대한 아쉬움도 있어서, G7 사업을 출범시키며 많은 이견을 보였다.

연구기획도 건설공단과 생기연이 공동으로 재기획해야 했으며, 주관부처도 건설교통부 단독이 아닌, 건설교통부와 통상산업부가 공동으로 맡는 구조가 되었던 것이었다. 그런 우여곡절 끝에 G7 사업은 1996년 12월이 되어서야 착수하게 되었던 것이다. 그런데 실제로 G7 사업이 출범시키며 많은 이견을 보였다.

이에 비하여 정부 출연연으로 1996년 3월 출범한 철도연은 기반구축에 나서며 G7 사업의 인수도 대비하고 있었다. 1996년 7월 31일에는 건교부로부터 고속철도 이전기술 공유기관으로 지정받는 등, 안우희 원장의 지휘 아래 착착 G7 사업의 인수를 추진하였다. 더구나 철도연은 G7 사업의 5개 중과제 중에서 전기·신호시스템 개발과제와 선로구축물 개발과제의 주관기관을 맡고 있었다.

이에 건교부는 결단을 내려야 했다. 건교부는 1997년 8월부터 관계부처 장관 회의와 과기처 선도(G7)기술개발협의회의 의결을 거쳐 연구체계 개선을 추진하였다. 모든 협의를 마친 후 건교부는 10월 2일 G7 사업을 원활히 수행하기 위하여 제정하였던 '고속전철기술개발사업운영지침'을 개정하고, 즉시 시행에 들어갔다. 개정한 내용은 G7 사업 연구추진체계를 개선하는 것으로, **〈표 17〉**과 같다.

주관부처를 건교부와 통산부 공동에서 건교부 단독으로 하고, 총괄주관기관을 건설공단에서 철도연으로 변경하였다. 그리고 생기연이 주관기관으로 수행하던 '철도시스템' 과제 중에서 시스템 엔지니어링 기술과 인터페이스가 많은 과제는 철도연으로 이관하였다. 이로써 철도연은 G7 고속전철기술개발사업의 총괄주관기관으로서 확실히 자리매김하였다.

〈표 17〉 G7 고속전철기술개발 사업의 연구체계 개선

구분	개선 전	개선 후	비고
총괄부처	건설교통부/통상산업부	건교부	
협조부처	과학기술처	통상산업부/과학기술처	
총괄주관기관	한국고속철도건설공단	한국철도기술연구원	
차량시스템 과제 주관/협조	생산기술연구원/건설공단	생산기술연구원*	
운영위원회	각 주관기관별 운영	주관별 운영위 폐지, 총괄운영위원회로 기능 흡수	주관기관에서는 전문위원회 운영

주 : *시스템 엔지니어링 기술과 인터페이스가 많은 과제는 총괄기관으로 이관

철도연은 설립된 지가 짧지만, 정부 출연연의 연구체제에 정통한 안우희 원장이 철도연에 버티고 있는 상황에서 생기연이 총괄주관기관에 대해서 더 이상 논란을 만들기는 쉽지 않았을 것으로 생각되며, 실제 그 후로 총괄주관기관에 대한 불만은 사그라들었다.

또한 개정된 운영지침에는 부칙에서 그동안 총괄주관기관의 역할을 수행하던 건설공단의 연구조직, 연구인력, 관련 예산 및 관련 자산 등을 지체 없이 철도연으로 이관하여야 한다고 명시하고 있다. 이에 따라 철도연

과 건설공단은 12월 15일 G7 사업 업무인수인계 협약을 체결하였다.

철도연이 건설공단으로부터 인수한 내역은 연구조직 4개실(연구총괄실, 차량연구실, 전기연구실, 토목궤도연구실), 연구인력으로 37명, 관련 예산으로 연구사업비 39억 9천7백만 원, 관련 자산으로는 차륜 레일 답면 측정기, 동적 신호분석기, 워크스테이션 등이었다. 철도연이 건설공단의 연구조직, 연구인력, 관련 예산을 완벽하게 통째로 이관하였기 때문에 G7 사업의 추진에는 전혀 문제가 없었다.

(5) 철도연이 철도청 산하기관에서 과학기술분야 정부출연연의 하나로 체제 개편

노태우 대통령 시절부터 과학기술계 정부 출연연의 연구생산성과 경쟁력이 떨어진다는 비판이 제기되었고, 김대중 정부가 들어서서도 비판은 지속되었다. 당시는 정부 출연연이 각 정부 부처 소속이었기 때문에 정부 출연연 간의 벽으로 인하여 융합시대의 상호협력에 장애가 된다는 논란도 많았다.

이에 김대중 정부에서는 과학기술계 출연연 전체를 한 곳에서 관리한다는 발상을 하게 되었다. 각 정부 부처는 필요할 경우에 정부 출연연을 활용하자는 취지였다. 그러나 20여 개의 정부 출연연을 하나로 묶어 관리하기에는 정부 출연연의 성격이 너무 다르다는 점을 감안하여 정부 출연연을 세 가지 기술, 즉 기초기술, 산업기술, 공공기술에 따라 분류하였다.

또한 정부 출연연을 관리·감독하는 기관을 연구회(硏究會)라 칭했다. 연구회는 국무총리실 산하로 정했다. 그런 전체의 정책을 담는 법률로써

'정부출연연구기관 등의 설립 운영 및 육성에 관한 법률(법률 제5733호, 1999년 1월 29일 제정 및 시행)'을 제정하였다. 이 법률에 3개 연구회를 구성하는 정부 출연연을 열거하였는데, 철도연은 공공기술연구회의 소속으로 지정되었다. 철도연은 철도청의 보조 기관에서 명실상부하게 과학 기술 분야 정부 출연연이 된 것이었다.

여기서 잠시 출연 기관과 보조 기관의 차이에 대해서 살펴보자. 출연 기관은 정부에서 출연금을, 보조 기관은 보조금을 받는 기관이다. 여기서, (정부) 출연금이란 국가가 해야 할 사업이지만 여건상 정부가 직접 수행하기 어렵거나 민간이 이를 대행하는 것이 효율적이라고 판단될 경우에 민간에게 반대급부 없이 지급하는 자금을 말한다. 여기에 비하여 보조금은 국가 외의 자가 수행하는 사무 또는 사업에 대하여 국가가 이를 조성하거나 재정상의 원조를 하기 위하여 교부하는 자금을 말한다.[43] 일견 출연금이나 보조금에 별 차이가 없어 보인다.

그러나 중요한 차이는 출연금은 반대급부 없이 지급하는 것이고, 보조금은 국가가 할 일을 대신하기 위해서 국가가 보조하는 자금이다. 따라서 보조금은 '보조금 관리에 관한 법률'에 따라 보조금 예산의 편성, 교부 신청, 교부 결정 및 사용에 관하여 엄격하게 관리되고 있다. 그리고 특별히 기획재정부 장관이 불가피하다고 인정하는 것을 제외하고는 출연 기관에는 별도의 보조금 예산을 계상하는 것은 불가하다고 명시되어 있다. 1970년대 정부 출연연이 처음 출범할 때에는 정부 출연연에 대해서는 감사원 감사도 하지 않았다. 그만큼 정부 출연연의 자율성을 보장하고 존중

---

43) 출연금 및 보조금, 금융용어 사전, 금융위원회

하기도 하였다는 것을 의미한다.

정부 출연연은 정부에서 운영비와 연구비 일부를 예산에서 출연금으로 지원하며, 소속 임직원은 모두 공무원이 아니다. 이는 국공립연구소와 대비된다. 국공립연구소는 운영비와 연구비를 전액 정부(지방정부 포함)가 지원하고, 소속원도 모두 공무원이다.

모자라는 운영비와 연구비는 주로 정부의 연구사업을 수주하여 보충한다. 이때 정부의 연구사업을 국책연구사업이라고 말한다. G7 사업이 대표적인 국책연구사업이었다.

(6) 대형 국책연구사업의 수행

철도연은 1996년 출범 이후 아래와 같은 장기 대형 국책연구사업을 총괄주관기관의 역할을 맡아 수행하였다. 이런 대규모 장기 국책연구사업에서 철도연을 제외하고는 총괄주관기관을 담당할 기관이 없었기 때문이다. 철도연이 설립되지 않았더라면 이들 국책연구사업의 추진에 국가적으로 어려움이 있었을 것으로 생각한다.

- 도시철도 표준전동차 개발(1995~2012)
- 한국형 고속열차 개발(1996~2007) : 동력 집중식 고속열차
- 고무 바퀴식 경량전철 개발(1999~2005)
- 한국형 틸팅열차 개발(2001~2011)
- 도시철도 유지보수체계 정보화 시스템 개발(2001~2005)
- 철도 종합안전기술 개발(2004~2011)
- 차세대 고속열차 개발(2007~2015) : 동력 분산식 고속열차

철도연은 이러한 국가가 요구하는 국책 연구개발사업들을 차질 없이 수행하였으며, 대부분 사업의 목표를 달성하였다. 철도연의 출범 후에는 국내 관련 공업의 발전과 정부의 적극적인 지원에 힘입어 철도 르네상스 시대를 활짝 열었다. 특히 고속열차 개발사업은 일반철도, 지하철, 경전철 등 대중교통수단의 종합설계 및 운영능력 향상에도 크게 이바지하였다. 고속철도는 기계, 전기, 전자, 토목 등 각종 첨단기술이 총동원된 종합시스템으로 발전하면서, 철도기술 전반의 고도화 등 철도 과학, 기술, 산업 전반에 큰 파급효과를 유발하였다.[44]

철도연이 출범하면서 철도 분야 국책연구사업이 철도연에 의해서 만들어지고, 철도연이 총괄주관기관으로 수행하였다. 기업은 철도연 국책연구사업의 참여 기관으로 참여하고 있다. 따라서 철도연의 기술개발을 파악하면 우리나라 철도 분야 연구개발 현황을 대충 알 수 있으며, 기업들의 기술 활동도 어느 정도 쉽게 파악할 수 있다. 철도공사나 시설공단은 아직까지 국책연구사업을 적극적으로 발굴하고 있지 않다. 유지보수 부품의 개발을 위해 기업을 지원하는 기술개발에 그치고 있다. 국책연구사업 과제를 발굴하고, 이를 대형 장기 국책연구사업으로 기획하기에는 기술적 역량이 미흡하다고 생각한다.

G7 사업과 HEMU-430x 개발사업을 통하여 철도차량에 들어가는 대부분의 기술에 대해서 관련 기업들이 기본적인 기술을 확보할 수 있었고, 추가적인 기술개발은 철도운영사로부터 요구되지 않았기 때문에 부품 제작사의 기술개발 노력은 오히려 저하되었다고 생각한다. 현대로템도 국

---

44) 한국철도기술연구원, 《한국철도기술연구원 10년사》, 2006.

책연구사업을 주도적으로 기획하기에는 내부의 연구수행시스템을 개선할 필요가 있다. 철도연만 국책연구사업을 수행하는 현재의 세태는 반드시 보완되어야 한다.

6. 고속전철 기술개발 연대기(年代記) : 기술개발 시작(1988년)부터 HEMU-430X 개발(2011년)까지

(1) 1988~1989 : 고속전철 기술조사 수행, 국내 최초, 인생 후반기 소명의 연구과제

한국기계연구소(기계연) 구조해석연구실에서 고속전철 기술조사를 수행할 때에 필자는 연구실장이었다. 기술조사는 구조해석실에 연구위원(전임 소장)으로 재직 중이던 이해(李楷) 박사가 과기처의 요청으로 착수했던 국책연구과제였다.

그런데 연구책임자 이해 박사와 기계연 소장 김훈철(金燻喆) 박사가 해외출장 보고서의 발간을 놓고 갈등을 빚게 되자, 이해 박사는 전임 소장으로서 현 소장과 갈등을 빚는 것은 적절치 않다며 과제를 필자에게 맡겼다. 이에 따라 구조해석연구실장으로서 과제를 마무리할 수밖에 없었다. 이렇게 고속철 연구가 필자의 인생 후반기 소명의 연구테마(Theme)가 된 것이다.

(2) 1990~1991 : 고속전철건설기획단의 기종선정 자문위원

RFP의 개선을 위해 노력하였다.

(3) 1992~1993 : 고속전철 선진 3개국 제의서 평가에 참여

평가과정에서 국내 기술 전문가(출연연 연구원)들을 대표하였다. 또한 국산화와 기술이전 분야를 평가하면서, 차량, 품질 분야의 평가를 담당한 기계연 소속 연구원들을 지휘하였다.

(4) 1993~1994 : 과기처 연구 · 기획 조사사업의 기획총괄팀장

경부고속철도에 운용될 차량형식으로 TGV가 선정되자 설계 기술의 이전이 어려울 것을 예상하고, 과기처로 하여금 고속전철 기술개발에 나서도록 설득하여 수행한 연구 · 기획사업이었다.

(5) 1994~1996 : 과기처 '고속전철설계기술개발사업'(제3부 제3장 제1절, 4. 참조)의 총괄책임자

상기 연구 · 기획 조사사업의 결과로 만들어진 연구 기간 6년의 대형 국책연구개발사업이었다. G7 사업에 시행되며 중단되었다.

(6) 1995 : 향후 개발할 한국형 고속전철의 기본 사양(제3부, 표 3-12 참조)을 결정

상기 설계기술개발사업을 수행하며 개발 목표로 사양을 결정하였고, 한국형 고속전철 개발(G7 사업)의 사양으로 승계 · 채택되었다.

(7) 1995~1996 : 한국고속철도건설공단의 기획총괄팀장

건설공단의 연구기획 기획총괄팀장으로서 전권을 가지고, G7 사업을 위한 연구기획(안)을 작성하였다.

(8) 1996~2001 : G7 사업 제1 대과제(시스템 엔지니어링 기술개발)의 중 과제 기반기술과제의 연구책임자

기반기술과제는 한국형 고속전철을 개발하는 데 필요한 핵심원천기술로 정의되며, 주로 대학교와 정부 출연연에서 수행되는 기초학문 연구과제이다.

(9) 2002~2005 : 2002년 1월 중순에 철도연 원장 취임

G7 사업단을 최대한 지원하였다.

(10) 2002. 7. : G7 열차 시운전을 위한 '고속철도기술개발사업'의 성립

김기환 사업단장을 독려하며, '고속철도기술개발사업' 계획서를 가지고 정부와 로템을 설득하여 G7 열차(HSR-350x)의 시운전 시험에 착수할 수 있었다.

(11) 2002. 10. : G7 과제의 시제차(2P+5T)를 HSR-350x로 명명

(12) 2005. 11. : 철도공사의 고속열차 구매 국제입찰에서 평가위원장

KTX 후속 물량(10편성 100량) 입찰이었고, 로템이 제안한 HSR-350x에 기반한 고속열차(KTX-산천)를 우선협상대상자로 선정하였다.

(13) 2006 : 동력 분산식 고속전철 개발사업(HEMU-430X)의 연구 기획 위원회 위원장

(14) 2007~2011 : HEMU-430x 개발사업에서 제2 핵심과제 '기반기술 개발과제'의 연구책임자

13개 세부과제(전부 대학교에서 수행)가 속해 있었다.

제5장

고속철도에 대한 학계의 지원

제5장 고속철도에 대한 학계의 지원

1. 경부고속철도 개통과 철도 학계((사)한국철도학회, 대학/대학원 및 연구기관)

한국철도 역사 120년, 1899년 경인선 개통을 시작으로 1974년 서울도시철도(Metro) 개통 그리고 2004년 경부고속철도 개통은 철도 역사의 큰 전환점이었고, 그중 경부고속철도의 개통은 한국철도의 위상을 세계적 수준으로 만든 계기가 되었다. 2004년 경부고속철도의 개통을 앞두고 한국철도의 국제적 도약을 위한 시점에 학계도 다양한 움직임이 시작되었다.

우선은, 1997년 학계를 대표하는 (사)한국철도학회의 태동, 1996년 한국철도기술을 선도하는 한국철도기술연구원 창립, 1905년 인천 제물포에 철도이원양성소를 개소한 이래 여러 차례 개명과 학제(철도고등학교, 철도전문대학, 철도대학 등)를 변경하며 한국철도교육의 100년 역사를 이끌었던 한국철도대학이 2012년 충주산업대학교와 통합하여 한국교통대학교로 탄생하였다.

그리고 2000년 철도 고급인력(석·박사) 양성을 위한 서울과학기술대학교 철도전문대학원이 설립되었다. 또한 철도 거점인 대전을 기반으로 우송대학교, 영남권의 동양대학교, 경일대학교, 호남권의 송원대학교 등에 철도 관련 학부 또는 학과들이 경쟁적으로 만들어졌고, 이후 2013년 지자체 도시철도운영사를 기반으로 (사)도시철도학회가 별도로 창립되었다.

고속철도의 개통으로 한국철도기술은 그간 재래기술 수준에서 세계적 수준으로 도약하였고, 이를 계기로 한국철도기술연구원과 대학교, 철도기관 연구소(원) 및 관련 기업들은 한국형 고속철도 차량시스템을 개발하고, 전철 전력, 신호시스템 및 복합교통시스템과 철도시설물의 건설 및 유지관리기술의 연구개발을 통해 세계 최고 수준의 연구역량과 연구성과의 도약을 위해 노력하고 있으며, 제4차 산업혁명 시대를 맞아 철도의 디지털화, 스마트화 등 미래혁신기술에 도전하고 있다.

한국철도의 명성이 세계적으로 높아지면서, 2018년 국토교통부 지원으로 서울과학기술대학교 철도전문대학원에 글로벌(Global) 철도 석사학위과정이 만들어졌고, 전 세계 15~20개 철도 개발도상국에서 연 25명의 철도 관련 공무원들이 경쟁적으로 지원, 입학했으며, 이후 규모가 확대되어 2024년 현재 아프리카와 남아메리카를 포함한 20여 개 철도 개발도상국에서 연 30여 명의 철도 관련 공무원들이 우송대학교에서 Global 철도 석사학위과정을 수행하고 있다.

최근 국가철도공단과 한국철도공사, 서울도시철도(서울교통공사)를 비롯한 지자체 철도운영기관들과 공항철도, SR, 9호선, 분당선, 신분당선 등 수도권 광역철도가 탄생하며 각 철도운영기관별 연구소(원)도 철도 관련 학술연구 및 기술개발에 앞장서고 있다.

2. (사)한국철도학회

1) 철도학회의 창립

1996년 9월, 철도 관련 대학교수들과 연구원들이 철도 분야 전문학회 설립의 필요성을 공감하고 학회 설립을 추진하기로 하여, 1997년 1월부터 한국철도학회 창립을 위한 준비를 시작하였다.

1997년 6월 3일, 서울교육문화회관에서 발기인 40명 중 인하대 박철희 교수(대학원장), 철도대 이종득 교수(토목공학과), 기계연 송달호 박사, 서울대 김동건 교수(행정대학원), 한양대 김수삼 교수(토목공학과), 연세대 변근주 교수(토목공학과), 홍익대 김정태 교수(기계공학과), 철도연 홍용기, 신민호 박사 등이 참석하여 발기인 대회를 가졌다.

'한국철도학회(가칭)'를 설립하기로 하고, 박철희 교수를 위원장으로 하는 준비위원회와 실무위원회를 구성하였다. 이때 철도청에서 학회 설립에 반대하는 의견을 제시하였는데, 당시 정종환 철도청장과 준비위원들의 면담 후 철도 관련 기관들도 학회회의에 참석토록 하여 함께 학회를 이끌어가는 계기가 되었다.

1997년 9월 9일, 한국과학기술회관에서 창립총회를 개최하면서 한국철도학회가 탄생하였다. 총회에서는 안우희 철도연구원장의 축사와 이상희 국회의원의 '철도, 경전철 및 자기부상열차'라는 제목의 특별강연이 있었다. 이날 이상희 국회의원은 "철도학회가 미래비전을 Railway라는 Hardware에 고착시키지 말고 Network라는 사실을 인지하여야 할 것이라는 것"과 "다양한 분야의 전문가들에게 문호를 개방하는 열린 학회가 되어 달라."고 하는 의미있는 화두를 던졌다.

한국철도학회 창립총회를 갖고 정관이 제정됨에 따라 1998년 초 건설교통부로부터 등록인가를 받고, 1998년 2월 법원에 사단법인 등기를 완료할 수 있었으며, 이로써 사단법인 한국철도학회는 '철도에 관한 학문과 기술의 발전, 정책개발 및 정보교류를 통하여 국가발전에 기여함'을 목적으로 탄생하였다.

(사)한국철도학회
- **명칭** : (사)한국철도학회(The Korean Society for Railway(KSR))
- **설립일** : 1997년 9월 9일
- **소재지** : 서울시 중구 중림로 50-1 SKY1004 오피스빌딩 8층
- **설립목적** : 철도에 관한 학문과 기술의 발전, 정책개발 및 정보교류를 통하여 사회와 국가발전에 기여
- **주요사업** : 학회 목적을 달성하기 위하여 비영리법인의 본질에 부합하는 범위 안에서 사업 시행

〈사진 5〉 한국철도학회 창립총회

한국철도학회 발기 취지문

최근 우리 사회는 급속한 산업화, 도시화가 진전되면서 교통 수요의 폭발적인 증가와 함께 교통수단으로서 철도에 대한 관심이 고조되고 있습니다. 이미 선진 각국에서는 빠르고 안전하며 이용하기 편리한 철도를 개발하기 위하여 국가 정책적인 차원에서 기술개발, 서비스향상 등에 집중적인 투자를 하고 있으며, 국내에서도 철도를 주요 사회간접자본으로 인식, 남북통일을 대비하고 21세기 주도산업으로 육성·발전시키고자 노력하고 있습니다. 그러나 우리나라 철도는 100년에 달하는 오랜 역사를 갖고 있음에도 불구하고 학술적으로 아직까지 체계적인 접근과 연구 노력이 부족한 것이 사실입니다.

현재 대용량, 저공해의 그린 교통수단으로서 새로운 도약기를 맞고 있는 철도는 고속철도, 기존철도, 경전철, 지하철, 자기부상열차 등으로 그 종류가 다양화되고, 여객 및 물류수송의 중심수단으로서 그 역할이 더해지고 있습니다. 이러한 현실적인 여건에 부응하고 경쟁력 있는 수송수단으로 발전하기 위하여 철도시스템의 효율적인 운영과 기술향상 등의 분야에 연구

필요성을 절실히 느끼는 본인들은 철도의 여러 학문 분야에서의 연구특성을 살려 체계적이고 심도 있는 연구를 위해 전문가들 사이에 토론의 구심체가 시급히 필요하다는 데 의견을 같이 하였습니다. 이에 1997년 6월 3일 서울교육문화회관에서 한국철도학회(가칭) 발기인 대회를 개최하여 한국철도학회를 창립하기로 합의하였습니다.

새로 창립되는 한국철도학회는 산업계, 학계, 연구계 및 정부 기관 등 철도 관련 전문가들의 긴밀한 협조를 통하여 철도 분야의 이론적 발전, 산업기술발전 및 정책개발에도 기여할 것이며, 철도인과 철도 관련 전문인의 노력과 지혜의 결집이 그 어느 때보다 필요한 이때 본 학회와 관련 있는 유관학회와 협력을 통해 철도에 대한 학술과 연구의 핵심적인 중심체로써 그 역할을 다할 것을 다짐하는 바입니다.

1997년 6월 3일

발기인 대표 **박 철 희**
외 발기인 (총 39명)

2) 철도학회 조직, 기구

철도학회의 조직은 다른 일반적인 학회와 마찬가지로, 회장, 수석부회장, 총무, 기획, 학술, 편집, 사업, 국제 담당 부회장과 감사로 구성되는 운영위원회와 차량기계분과, 전기신호분과, 궤도토목분과, 정책운영분과 등 4개 분과위원장과 이사로 구성되는 이사회, 각 분과의 분과위원으로 구성되는 평의원회, 그리고 전체 회원으로 구성되는 총회로 구성된다.

철도학회는 각 전공 분야별로 차량기계분과, 전기신호분과, 궤도토목분과, 정책운영분과 등 4개 분과를 기반으로, 정책운영분과의 철도 타당성 조사 / 운영물류연구회, 차량기계분과의 철도소음진동연구회, 궤도토목분과의 미래궤도시스템 / 궤도노반 / 해중고속철도연구회, 전기신호분과의 전력설비진단기술연구회 등 40여 개 전문연구회가 있으며, 이들은 각기 또는 공동으로 국내·외 학술행사 등을 개최한다.

또한 2008년 한국철도학회 강원지회, 부산울산경남지회, 광주전남지회, 대구경북지회, 대전세종충청지회가 창립되었고, 2009년 제주지회가 창립됨으로써 지역별로 총 6개의 지회로 구성되는 전국적인 학회기구가 조직되었으며, 1998년 학회 창립 당시 회원 수 268명을 시작으로 2024년 현재 회원 수 7,000여 명에 달하는 국내 10대 학술단체의 면모를 갖추게 되었다.

철도학회는 차량기계, 전기신호, 궤도토목, 정책운영 분과 등 4개 전공 분야가 공존하며, 전체 회원 수 구성비율은 대략 차량기계과 전기신호분과가 각 25%, 궤도토목분과가 약 40%, 정책운영분과가 약 10% 정도이며, 창립 당시부터 6년간 학회장의 선임은 분과별 구분이 없었고, 2004년(송달호 회장) 이후 각 분과별로 순환하며 2년 임기의 회장을 역임해왔다.

하지만 분과별 회원 수와 회원사의 회비 등의 격차로 인해 학회장의 선임횟수 등에 대한 논의가 있었고, 오랜 논란 끝에 2010년(이태식 회장)부터 학회장의 임기가 1년으로 변경되었다. 또한 학회장 선출이 분과별 순환 추천에서, 차량기계과 전기신호분과가 한 그룹으로 묶이고, 궤도토목분과와 정책분과가 다른 그룹으로 묶여, 2개 그룹에서 교번으로 추천하는 것으로 정리되었다.

그리고 매년 2개 분과 내 분과위원회 선거를 통해 추천된 2명의 후보에 대한 선출은 회장선출위원회에 의한 간선제로 바뀌었으며, 회장선출위원회는 분과별 회원 수에 비례하여 차량기계 : 전기신호 : 궤도토목 : 정책

운영 분과별로 3 : 3 : 5 : 2인 등 총 13명으로 구성되었다.

이 과정에서 궤도토목분과와 정책운영분과의 회원 수와 회원사 격차로 인해 회장선출위원회를 통한 학회장 선출과정이 복잡하였고, 분과별 갈등도 발생하였다. 하지만 이제 어느 정도 정리되어 학회조직 구성의 안정을 찾아가고 있고, 향후 학회장 2년 임기의 복원과 직선제의 도입도 논의되고 있다. 현재 회장 선출은 각 분과 회원 수가 동등상태로 재편되어 4개 분과가 순차로 후보를 내고 이들을 대상으로 평의원들이 투표로 수석부회장을 결정하고 차기 회장이 된다.

3) 철도학회 사무실

창립 당시 학회사무실은 한국철도기술연구원(안우희 원장)의 배려로 경기도 평촌사무실을 사용하였고, 그 후 광화문 사학회관 건물 일부를 임대하여 사용해오다, 용산 철도회관으로 옮겨 상당 기간 사용하였다. 그리고 2010년 11월 서울역 인근의 사무실 매입 계약 후, 2011년 3월 현 학회사무실(서울특별시 중구 중림로 50-1 SKY 오피스빌딩 8층) 인수 및 이전 현판식을 하게 되었고, 철도학회 역사에 중요한 시점이 되었다.

학회 운영비용은 회원들의 연회비와 학술대회 참가비로 충당한다. 학회 설립 초기에는 회원 수가 적고, 연회비 납부실적이 저조하고, 학술대회에 참석하는 인원은 적지 않은 편이었으나 참가비 없이 참석하는 비회원들이 많아 논문집 인쇄비도 마련을 못 하는 등 학회운영에 큰 어려움을 겪기도 하였고, 한때는 임원들이 학회 운영비를 일부 부담하기도 하였다.

당시의 회원 수나 회원사의 지원으로는 학회가 자가의 사무실을 갖는 것을 기대키 어려웠지만, 철도 르네상스로 일컬어지는 기간 동안 많은 고속철도 건설과 광역도시철도의 증설로 철도 수요가 급증하며, 이후 주요 건설사 등 회원사의 지원으로 자가 사무실을 갖게 되었으며, 그간 도와주신 분들과 기업에 감사의 마음을 전한다.

4) 철도학술지, 도서 발간(철도학회지, 철도학회논문집, 국제철도저널(IJR), 단행본)

학문의 중요한 결실 중 하나는 논문이고, 이러한 논문은 학회지 또는 학회논문집을 통해 정리, 전달, 기록된다. 학회의 가장 중요한 역할 중 하나는 관련 논문의 평가와 등재, 발간이다. 학회에서 발간되는 저널은 학회지와 논문집으로 구분되며, 학회지는 관련 소식과 정보를 전달하고, 논문집은 새로운 이론／기술／사상에 대한 학술적인 연구의 기록이다.

철도학회 창립과 함께 1998년 10월 〈한국철도학회지〉(이하 학회지) 창간호가 발간되었다. 창간호에는 철도학회의 임원진(회장단, 감사 및 이사)의 사진을 실었고, 송달호 편집위원장의 '창간사'에 이어, 정종환 철도청장, 안경모 교통부 장관 등의 창간 축사를 실었다. 또한 철도학회 창립 경위, 발기 취지문, 박철희 회장의 회장 취임사, 대한교통학회 도철웅 회장의 격려사, 이상희 국회의원의 특별강연이 실렸고, 정관과 이사회 회의록, 학회 원고투고규정이 이어졌다. 마지막으로 그때까지 입회(入會)한 회원 약 268명의 명단이 실렸다.

창간 후 2004년까지는, 〈한국철도학회지〉의 뒷부분에 '한국철도학회 논문집'(이하 논문집)이 같이 발간되었다. 논문집 창간호에는 4편의 논문이 게재되었는데, 첫 번째 논문은 '충돌 안전도'에 관한 논문이었다.

〈사진 6〉〈한국철도학회지〉에 실린 초대 임원진 사진

〈철도학회지〉와 논문집은 1월, 4월, 7월, 10월에 계간으로 1년에 4번 발간되었다. 그 후 학회지는 2009년 1호(2월 발간)부터 제호를 〈철도저널〉로 변경하여 격월간으로 6회 발간해오고 있고, 논문집은 2005년 1호(2월 발간)부터 학회지와 별도로 격월간으로 6회 발간해오다가 2018년부터는 월간으로 12회 발간되고 있다.

1998년 〈철도학회지〉 창간을 기점으로, 2003년 한국학술진흥재단에 학회지 등록신청을 하고, 2005년 〈한국철도학회지〉(제8권 제1호)부터 한국철도학회 학회지와 논문집을 구분 발간하였고, 2006년 철도학회논문집이 한국학술진흥재단에 등재 학술지로 선정, 등록되었다.

이후 2008년에는 〈철도학회 영문저널(International Journal of Railway, IJR)〉 창간호가 발간되면서 명실공히 한국철도학회의 국제적인 위상과 국제학술지로서의 조건을 갖추기 시작하였다. 하지만 한국철도학회 국제학술지(IJR)가 SCI, SCIE, SCOUPS 등 국제적 인증을 받기까지는 학회 차원의 많은 노력과 상당 기간이 필요하였다.

이는 일반대학과 대형 국가출연연구원에서 철도 분야의 국제수준 연구와 개발이 활성화되지 못하였고, 따라서 철도 관련 논문 투고가 한국철도기술연구원과 몇몇 철도 관련 학과나 학부 또는 대학원이 설치되어있는 대학교로 그 수가 제한되었기 때문이다.

이로부터 5년여 학회구성원들의 많은 노력 끝에, 2013년 인하대 이우식 교수를 중심으로 SCOPUS 등재지로 등록신청을 하였고, 2017년 드디어 〈철도영문저널(IJR)〉이 국제학술지로서 SCOUPS에 등록되면서 철도 학계 모두가 염원하던 국제학술지로서의 높은 위상을 갖게 되었다.

2023년 현재 연간 500여 편의 철도 관련 논문이 철도학회논문집과 〈철도저널(IJR)〉을 통해 발표되고, 1998년 창간 이래 지금까지 10,000여 편의 논문이 발표되었으며, 이 논문들은 철도 분야의 학문과 기술발전에 원동력이 되었고, 한국철도의 국제적인 위상을 제고하였다.

또한 철도학회에서는 학회지나 논문집 외에 《알기 쉬운 철도용어해설집》, 《철도과학기술》, 《철도표준용어 사전》 등의 단행본과 《온라인용 철도표준용어집》 등을 발간하여 철도기술 발전에 기여하였다.

5) 주요 국내 및 국제학술행사

철도학회의 정기적인 학술행사는 연 2회 개최되는 춘계 및 추계학술대회이며, 철도학회의 춘·추계학술대회는 1,000여 명의 회원들이 참가하여, 연간 500여 편의 논문발표와 연구결과나 정책, 기술을 전하고 토론하는 10여 건의 특별 세션, 철도 관련 기관과 기업들의 홍보전시회 등이 열리는 대규모 행사가 진행된다.

철도학회의 차량기계, 전기신호, 궤도토목, 정책운영분과 등 분과별 특별세미나, 그리고 각 전문연구회별 특별세미나와 철도학회 각 지부가 개최하는 특별세미나 등 많은 학술행사가 매년 수시로 개최된다.

정기적인 학술 활동 외에 철도학회가 주관하는 철도 관련 기념행사, 국내·외 학술행사 등 다양한 철도행사를 개최하고, 철도 관련 대학(원), 연구기관, 국회, 국토부, 철도공단, 철도공사, 서울교통공사 등 철도기관, 기업들과 공동으로 특별세미나, 워크숍, 간담회 등 다양한 학술행사를 주관하고 있다.

그리고 2005년 이후 철도학회 정책운영 / 궤도토목 / 차량기계 / 전기신호분과 등 분과별 특별세미나와 각 분과를 기반으로 한 40여 개 전문연구회와 전문위원회별로 각기 또는 공동으로 다양한 국내·외 학술행사 등을 개최하고, 2008년 이후 철도학회 강원 / 경남 / 호남 / 경북 / 제주 지회 등 각 지회도 별도의 학술행사 등을 개최하고 있다.

철도학회의 국제학술행사는 2001년 시베리아횡단철도 국제워크숍과 2002년 일본 강철도교의 건설 및 유지관리 초청강연회 등을 시작으로, 2004년 고속철도 개통 기념 국제심포지엄, 2006년 '한·일 철도정책 국제심포지엄'과 2007년 철도학회 창립 10주년 기념 국제심포지엄 등 본격적인 국제학술 활동을 시작하였다.

2008년에는 한국철도학회 주관으로 WCRR(Special Session)이 COEX에서 개최되어 철도학회의 국제적인 위상을 갖게 되면서, 2008년 궤도토목분과의 한·독 국제세미나(InnoTrans, 베를린공대)를 시작으로, 2009년 전기신호분과의 한·베트남 국제세미나, MOU(VIRETA, 베트남교통협회), 2009년 정책운영분과의 한·일 국제세미나(JR화물연구센터), 2011년 차량기계/전기신호분과의 한·태국 국제세미나, 2012년 정책운영분과의 Korea-Japan Rail Freight Research Forum과 2013년 전기신호분과의 Korea-Indonesia Railway Technical Workshop 등 각 분과가 주관하는 국제학술행사가 매년 개최됨으로써 철도학회의 국제활동이 활발해졌다.

특히 2016년 (사)한국철도학회(회장 박용걸)가 제1회 국제 철도 학술대회('1st International Conference on Advanced Railway and Transportation ART 2016')를 창립, 개최하여 200여 명의 세계적인 철도학자들이 다양한 학술 활동을 하였고, 이후 매 2년마다 정기적으로 국제 철도 학술대회를 주관 개최하여, 2023년 제4회 국제 철도 학술대회('4th ART 2023')를 성공적으로 치름으로써, 한국철도학회는 세계로, 미래로, 한국철도의 르네상스를 이어 나아가며 명실공히 세계적인 위상을 갖게 되었다.

이러한 철도학회 위상을 바탕으로 2011년 한국철도학회상, 학생 창의설계작품전 시상식을 시작으로 2015년 철도 10대 기술상, 저술상, 2017년 스마트 철도안전기술 아이디어 공모전 시상식이 추가되어 철도 분야 공로인에 대한 포상과 인재의 저변 확대를 위한 봉사활동도 활발히 전개되고 있다.

6) 주요 연혁

(사)한국철도학회는 한국철도 역사 100년이 되는 시점에 경부고속철도의 개통 준비와 함께 1997년 철도학회 설립 추진 발기인 대회와 창립총회를 시작으로 탄생하였고, 1998년 철도학회 제1회 춘계 / 추계학술대회와 정기총회를 개최하고, 1998년 〈한국철도학회지〉 창간호를 발간함으로써 본격적인 학회 활동을 시작하였다.

철도학회 창립과 함께 발간된 〈철도학회지〉는 2003년 한국학술진흥재단에 철도학회지 등록을 신청하고, 2006년 한국철도학회 논문집이 한국학술진흥재단의 등재 학술지로 선정됨으로써 철도학회는 대외적으로 학술단체로 인정을 받게 되었다.

또한 2008년 철도학회의 영문 〈국제철도저널(IJR)〉이 창간되었고, 국제학술지로 인정받기 위한 오랜 노력으로 2017년 드디어 〈철도저널〉이 국제학술지로서 SCOUPS에 등록되면서 한국철도학회는 학계 모두가 염원하던 국제학술단체로서의 높은 위상을 갖게 되었다.

(사)한국철도학회의 정기적인 연차별 학회행사와 국내 및 국제적 학술활동 그리고 철도학회상, 철도 10대 기술상, 학생 창의 작품전 등 봉사 및 홍보 활동 등으로부터 철도학회의 발전과 변화를 짐작할 수 있으며, 창립 당시와 이후 27년간의 주요 대표 연혁은 아래와 같다.

[대표 연혁]

1997년   철도학회 설립 추진 발기인 대회, 창립총회

1997년	초대 박철희 회장(인하대학교 교수, 대학원장)
1998년	철도학회-경부고속철도공단 MOU 체결
1998년	〈한국철도학회지〉(창간호 제1~4호) 발간
2000년	이종득 회장(한국철도대학 교수)
2001년	철도학회 국제워크숍 '시베리아 횡단철도'
2002년	정진우 회장(대한컨설탄트 사장)
2002년	철도학회 초청강연회 '일본 강철도교의 건설 및 유지관리'
2003년	한국학술진흥재단 〈철도학회지〉 등록신청
2004년	송달호 회장(한국철도기술연구원 원장)
2004년	'고속철도 개통' 기념 국제심포지엄
2005년	궤도토목 / 차량기계 / 전기신호 분과별 특별세미나
2006년	김동건 회장(서울대학교, 행정대학원 교수)
2006년	한국철도학회 논문집 등재 학술지 선정
2006년	철도학회 국제심포지엄 '한 · 일 철도정책'(일본 오사카시립대학)
2006~07년	KTX 개통 2, 3주년 기념 특별세미나
2007년	철도학회 창립 10주년 기념 국제심포지엄 '복합소재 미래 철도기술'
2008년	김윤호 회장(중앙대학교 교수)
2008년	〈국제철도저널(International Journal of Railway, IJR)〉 창간

2008년	한국철도학회-WCRR 'Special Session'(COEX)
2008년	한·독 국제세미나(InnoTrans, 베를린공대) - 궤도토목분과
2008년	철도학회 강원/경남/호남/경북 지회 창립
2010년	이태식 회장(한양대학교 교수)
2010년	철도학회 사무실 매입 계약(서울시 중구 중림로 50-1 SKY 오피스 빌딩 8층)
2010년	철도학회-건설교통기술평가원 MOU 체결
2010년	철도학회 특별세미나 '저탄소 녹색 교통', '철도 분야 산업표준(IEC/TC9)'
2010년	철도학회 제주지회 창립
2011년	김정태 회장(홍익대학교 교수)
2011년	철도학회 서울역 사옥 이전
2011년	철도학회 한·일 국제심포지엄 '철도방재기술'
2011년	철도학회 특별세미나 '철도정책 혁신방안'
2011년	철도학회상, 대학생 창의 설계작품전 시상식
2012년	이용상 회장(우송대학교 교수)
2012년	철도학회 창립 15주년 기념세미나 '철도정책 혁신방안'
2012년	철도학회 특별세미나 '철도산업경쟁체계 도입'
2012년	Korea-Japan Rail Freight Research Forum - 정책운영분과 (일본)

2013년	이기서 회장(광운대학교 교수)
2013년	Korea-Indonesia Railway Technical Workshop - 전기신호분과(인도네시아)
2013년	〈철도영문저널(IJR)〉 SCOPUS 등재지로 등록신청 (이우식 교수 중심으로)
2013년	차량기계 / 정책운영 / 궤도토목 / 정책운영 분과별 특별세미나
2014년	신민호 회장(한국철도기술연구원 수석연구원)
2014년	KTX 개통 10주년 기념행사
2014년	서울메트로 개통 40주년 기념세미나
2015년	홍용기 회장(한국철도기술연구원 수석연구원)
2015년	연구개발 협업 기능 강화를 위한 MOU 체결 및 철도학회 부설 연구소 개설(서울과기대 / 우송대 / 교통대 / 충남대 / 계명대), (서울 / 대구 / 대전 / 광주도시철도)
2015년	철도학회 · 국토부 항공철도사고조사위원회 공동세미나 '철도안전'
2016년	박용걸 회장(서울과학기술대학교 교수, 철도대학원장)
2016년	제1회 국제 철도 학술대회 '1st ART 2016' 창립 개최 (1st International Conference on Advanced Railway and Transportation)
2016년	철도학회 · 국회 철도정책세미나(국회도서관)
2016년	철도학회 특별세미나 '시설안전손상평가기술 및 철도 교량설계기준

개정'

2017년	김백 회장(한국교통대학교 교수)
2017년	철도학회 창립 20주년 기념 특별세미나
2017년	교통 SOC 4大 학회 연합심포지엄
2017년	스마트 철도안전기술 아이디어 공모전
2017년	〈철도영문저널(IJR)〉 SCOPUS 등재지로 등록

2018년	문대섭 회장(한국철도기술연구원 수석연구원)
2018년	제2회 국제 철도 학술대회 '2nd ART 2018' 개최
2018년	철도학회상, 철도 10대 기술상, 학생 창의 작품전

2019년	이우식 회장(인하대학교 교수)
2019년	한·중 국제심포지엄 '철도차량 기계기술 및 산악철도'(중국 청도)
2019년	한·독 국제세미나 'Railroad Bridge & Track Interaction' – 궤도 토목분과
2019년	〈국제학술지(IJR)〉/ 국제 철도 학술대회(ART) 발전기획(발전기획위원회)

2020년	황선근 회장(한국철도기술연구원 책임연구원)
2020년	철도학회·대전광역시 업무협약, 심포지엄 '트램의 건설과 운영'
2020년	온라인 춘계/추계학술대회(e-Conference.railway.or.kr)

2021년   창상훈 회장(우송대학교 교수)

2021년   제3회 국제 철도 학술대회 '3rd ART 2021' 개최

2021년   GTX 지하 대심도 철도안전 아이디어 공모전

2022년   최진석 회장(한국교통연구원 수석연구원)

2022년   철도학회 - 국회 특별세미나 '철도차량 수급 제도개선'
          (국회의원회관)

2022년   철도학회상, 철도 10대 기술상, 학생 창의 작품전

2023년   구정서 회장(서울과학기술대학교 교수, 철도대학원장)

2023년   제4회 국제 철도 학술대회 '4th ART 2023' 개최

2023년   철도학회상, 철도 10대 기술상, 학생 창의 작품전

2024년   사공명 회장(한국과학기술연구원)

2024년   신조 철도차량 품질향상 산·학·연 기술토론회(수원 앰배서더호텔)

2024년   한국형 고속철도 해외수출 기념세미나(FKI타워)

2024년   KTX 20주년 성과공유 북콘서트(백범김구기념관)

3. 한국교통대학교

1) 개요

현 한국교통대학교의 단과대학인 철도대학은 1905년 인천 제물포에 철도이원양성소라는 명칭으로 개교한 이래 100년의 한국철도를 이끌어 온 수많은 철도인을 양성해온 철도교육의 본산이다. 이후 1919년 경성철도학교, 1946년 운수학교(6년제), 1949년 교통학교, 1967년 철도고등학교, 1977년 철도전문학교(2년제)가 창립되었고, 1986년 철도고등학교는 폐교되었다. 경부고속철도가 건설되는 기간인 1999년 '한국철도대학'으로 개명, 이후 2012년 충주대학교와 한국철도대학이 통합하여 '한국교통대학교'로 개교함으로써 현재에 이른다.

통합 전 '한국철도대학'은 국립전문대학으로서 전원 국비생으로 선출하여 졸업과 동시에 8급 공무원으로 특채되었으나 도시철도의 확충에 따른 운용 인력을 공급하기 위하여 1996년부터는 정원의 절반을 사비생으로 모집하였고, 2005년 철도청의 폐지와 동시에 한국철도공사가 출범함에 따라 국비생 제도는 폐지되고 특채제도도 사라졌다.

현재의 '한국교통대학교 철도대학'은 철도경영·물류학과, 철도공학부(철도운전시스템 전공, 철도차량시스템 전공, 철도인프라시스템공학 전공, 철도전기전자 전공), AI데이터공학부(데이터사이언스 전공, AI교통응용 전공)로 구성되어있으며, 철도시스템을 이루는 각 분야를 연구하는 학문 간 융합 교육을 통해 국제 철도 시대의 경쟁력 및 산업현장에서 필요로 하는 실력과 인성을 겸비한 철도 전문인재를 양성하고 있다.

아울러 철도대학은 남북철도, 대륙철도 시대를 맞이하여 우리 철도의 초일류화를 주도할 수 있는 글로벌 인재 양성을 통해 젊은이들이 글로벌 철도 시대의 주역이 되는 꿈을 이룰 수 있도록 철도산업 분야에 특화된 세계 최고의 대학으로 새로운 100년의 역사를 만들어가고 있다.

2) 설치학과, 학부, 대학원(철도 관련)

철도대학(학부)
① 철도공학부(철도운전시스템 전공, 철도차량시스템 전공, 철도인프라시스템공학 전공, 철도전기전자 전공)
② AI데이터공학부(데이터사이언스 전공, AI교통응용 전공)
③ 철도경영·물류학과

대학원
① 일반대학원
(석사과정) 철도경영물류학과, 철도차량.운전시스템공학과, 철도시설공학과, 철도전기전자공학과
(박사과정) 철도융합시스템학과(협동과정), AI교통융합학과(교원확보충족형)
② 교통(전문)대학원 – 교통정책학과, 교통시스템공학과
③ 글로벌융합(특수)대학원 – 철도 관련 학과 없음.

3) 연혁(요약)

1905년	철도이원양성소 인천 제물포에 개소, 2007년 용산으로 교사 이전
1919년	경성철도학교로 개칭
1921년	전문학교 입학자격 인정
1941년	중앙철도원양성소로 개칭
1946년	운수학교(6년제)로 개칭
1949년	교통학교로 개칭
1967년	철도고등학교로 개칭(용산에서)
1977년	철도전문학교(2년제)로 개편
1985년	경기도 의왕시 부곡교육단지로 이전
1999년	'한국철도대학'으로 교명 변경
2012년	충주대학교와 한국철도대학 통합 '한국교통대학교' 개교
2012년	한국철도공사와 협약 체결
2013년	교통(전문)대학원 신설(석사 21명, 박사 9명)
2013년	교통대학원 글로벌철도학과(계약학과) 설치 운영 협약 체결(국토교통부)
2014년	한국철도기술연구원 업무교류 협약 체결
2018년	유라시아 철도망 구축 모색을 위한 유라시아교통연구소 개소
2020년	교통대학원 SMART철도시스템학과(계약학과) 설치 운영 계약 체결
2022년	KOICA 국제개발 협력 이해증진사업 선정

4. 서울과학기술대학교 철도전문대학원

1) 개요

경부고속철도 개통은 한국철도 역사의 큰 전환점이었다. 고속철도의 개통을 앞두고 학계에도 큰 움직임이 시작되었다. 가장 큰 변화는 (사)한국철도학회와 국가 출연연인 한국철도기술연구원의 탄생이고, 많은 대학교에서 철도 관련 학과, 학부 또는 특수/전문대학원을 신설한 것이다.

그중 가장 먼저 탄생한 것은 국립서울과학기술대학교 철도특수대학원과 철도전문대학원으로 이어지는 철도 분야 석·박사과정을 교육하는 대학원의 설립이다. 수도권에 국립대학교의 정원 증원은 관련법의 수정과 국회 동의 등 쉽지 않은 과정이다. 그럼에도 국립대학교 정원을 증원한 것은 국민들의 공감대가 만들어졌기 때문이고 국가적으로 정책의 변화가 필요했기 때문이다. 그의 단초가 된 것이 고속철도의 탄생이었고 이를 위해 철도 분야의 고도의 전문가가 절실했기 때문이다.

석·박사과정의 철도전문가 교육을 위하여 1999년 국립서울과학기술대학교 철도기술대학원이 5개 학과 입학정원 50명으로 설립인가를 받았으며, 이는 특수대학원으로 석사과정만을 둘 수 있었다.

석·박사과정 교육이 시작되고, 가장 중요한 문제는 철도 분야 강의를 담당할 각 분야 교수요원의 부족이었다. 실제로 국내 모든 대학에서 철도 분야의 토목, 궤도, 건축, 기계, 전기, 전자, 신호, 통신, 교통, 정책 어떤 분야도 대학교 학부에서 철도의 이론이나 기술을 가르치지 않는다. 철도대학원 설립 당시 석·박사과정을 교육할 전문가가 절대적으로 부족했고, 외국에서 공부한 박사들도 그런 여건은 마찬가지였다.

석·박사과정의 강의와 논문지도는 단시간에 해결할 수 있는 문제가 아니었고, 따라서 이에 대한 대안으로 정리된 것이 1998년 철도청과 산학협력 협정을 통한 위탁 교육 계약체결과 1999년 한국철도기술연구원과 철도기술대학원의 설립과 상호협력에 관한 협약 체결이다. 이로부터 철도기술/전문대학원 창설 이래 지금까지 각 전공 분야의 강의와 논문지도의 상당 부분에 대한 철도기술연구원의 협력은 절대적인 역할을 해왔다.

설립 당시 철도전문대학원은 전공 분야별로 철도건설공학과, 철도차량시스템학과, 전기신호공학과, 철도정책학과 등 4개 학과가 있었고, 국내 철도 분야 석·박사과정을 개설한 대학원의 부족으로 철도기관이나 운영사 직원들도 입학이 매우 제한적이었고, 입학경쟁이 치열했다. 이를 해결하기 위해 2009년 관련 철도기관에서 의뢰한 정원 외 석·박사과정의 입학을 위하여 계약학과(철도시스템학과)가 개설되었고, 이후 철도안전이 이슈화되면서 2015년 철도안전학과가 개설되었다.

한국철도가 국제적인 위상을 갖게 되고, 국립서울과학기술대학교 철도전문대학원이 2015년 KOICA 교통인프라(철도운영) 중기과정 연수기관으로 선정되면서 국외 철도전문가 교육이 시작되었다. 그리고 2018년 국토부의 글로벌 철도연수 과정 지원사업 참여대학으로 선정되면서 15여 개 철도 개발도상국 철도공무원을 대상으로 연 25명의 석사과정 교육을 시작하여 현재까지 이어오고 있고, 이는 국제적인 철도선진국으로서의 위상을 갖는 중요한 계기가 되고 있다.

국립서울과학기술대학교 철도전문대학원이 올해로 25주년을 맞는다.

2000년 철도전문대학원의 설립을 시작으로, 2024년 현재 여러 대학교에서 철도 분야의 대학원을 개설하여 석·박사과정의 교육여건이 다양화되고 고도화되었으며, 그간 철도전문대학원의 석·박사 교육과정 개발과 국외 철도전문가 교육을 위한 글로벌 교육프로그램 수행 등으로 한국철도의 국제적인 위상 정립에 중요한 역할을 해온 것에 자긍심을 갖는다.

현재, 서울과학기술대학교 홈페이지에 다음과 같이 철도전문대학원을 소개하고 있다.

"21세기 일류 철도산업 및 문화의 창달에 필요한 세계수준의 원천·기반·핵심기술의 연구개발 능력을 키우기 위하여 학·연·산·관의 유기적인 협력체제를 바탕으로 철도 분야에 특화·전문화된 고급 전문인력을 양성하며, 공동 연구개발, 문화·서비스·경영 및 직무능력의 효율적인 교육을 통하여 철도산업 및 문화의 세계적 일류화를 창출한다."

ㄹ) 설치학과, 학부, 대학원(철도 관련)

대학(학부) : 해당 학과, 학부 없음
일반대학원 : 해당 학과 없음
전문대학원(석·박사과정)
① 정규학과 : 철도경영정책학과, 철도건설공학과, 철도전기·신호공학과, 철도차량 시스템공학과, 철도안전공학과
② 계약학과 : 글로벌철도시스템학과

3) 연혁(요약)

1998년	철도청과 산학협력 합의 협정식, 위탁 교육 계약체결
1999년	한국철도기술연구원과 철도기술대학원의 설립과 상호협력에 관한 협약 체결
	2000학년도 철도기술대학원(특수대학원) 5개 학과 입학정원 50명 설립인가
2000년	철도기술대학원 개원(입학 인원 52명, 정원외 1명, 연구 과정 1명 포함)
2001년	교육부 철도전문대학원 5개 학과 입학정원 55명(석사 45명, 박사 10명) 설립인가
2002년	철도전문대학원 개원 입학 인원 56명(석사 45명, 연구 과정 1명, 박사 10명)
2009년	철도시스템학과(계약학과) 신설
2014년	국토교통부 철도 특성화대학원 선정, 철도 소재·부품 융합연구 센터 선정
2015년	KOICA 교통인프라(철도운영) 중기과정 연수기관 선정
2015년	철도안전공학과 신설
2018년	글로벌 철도연수 과정 지원사업 참여대학 선정

5. 우송대학교

1) 개요

경부고속철도가 건설, 개통되면서 대전은 교통 중심의 도시이자 국가철도공단, 코레일 등 철도의 중요기관들의 거점이 되었다. 가까운 오송지역에는 각종 연구시험동과 철도종합시험선이 위치하고 있어 철도와 관련한 신기술의 연구·개발 또는 철도기술 도입 시 안전 및 성능 검증을 위한 국제적 시설들이 배치되어 있다.

철도의 중요기관들이 위치하고 있는 대전을 기반으로 우송대학교는 철도 관련 학과, 학부 및 대학원을 신설하고, 2004년 철도청, 한국철도시설공단, 한국철도기술연구원과의 산학협력 협정 체결을 시작으로, 2005년 철도자율전공 신설, 2007년 철도대학원(설치학과 : 철도건설환경공학과, 철도전기정보통신공학과, 철도테크노경영학과)을 신설하였으며, 2009년 국토해양부의 철도기관사 교육기관 인증 그리고 2010년 일반대학원 철도시스템학과 석·박사과정을 신설함으로써 교육체계를 완성하였다.

또한 국가철도공단과 공동으로 운영하는 녹색철도대학원을 개설하고, 국토교통부 주관의 철도특성화대학 및 철도특성화대학원(석·박사) 지원사업 선정에 힘입어 철도의 고급철도 전문인력을 양성하는 명문 교육기관으로 자리매김하고 있다.

현재 철도물류대학 내에 8개 학과(철도경영학과, 철도건설시스템학부(철도건설시스템 전공), 글로벌철도시스템, 철도(전기신호)시스템, 철도차량시스템, 철도소프트웨이, 물류시스템학과)를 설치하고, 2015년 교육부 지방대학 특성화사업(CK-1) 선정, 2020년과 2023년 연속 교육부의 LINC+4차산업혁명 혁신선도대학과 LINC3.0사업 4차산업혁명 혁신 선도 육성대학에 선정되는 등 다양한 철도 분야 국책사업을 수행하고 있다.

또한 2023년 국토교통부의 지원사업인 '글로벌 철도연수 과정 지원사업' 2차 연수기관(10개국, 32명)으로 선정됨으로써 국제적인 철도 명문대학으로 성장, 발전해오고 있다.

2) 설치학과, 학부, 대학원(철도 관련)

철도물류대학(학부) : 철도건설시스템학부(글로벌철도학과, 철도건설시스템전공)

철도시스템학부(철도전기시스템전공, 철도소프트웨어전공)

철도경영학과, 물류시스템학과, 철도차량시스템학과, (철도)건축공학과, 우송디젯철도아카데미

일반대학원(석·박사과정) : 철도시스템학과
철도융합(특수)대학원 : 철도전기시스템학과, 철도건설시스템학과

3) 연혁(요약)

1995년   개교 및 입학식
2004년   철도청, 한국철도시설공단, 한국철도기술연구원과의 산학협력 협정 체결

2005년   철도자율전공 신설
2006년   공학·디자인대학원 철도건설환경공학과
2007년   철도대학원 신설(설치학과 : 철도건설환경공학과, 철도전기정보
         통신공학과, 철도테크노경영학과)
2008년   일반종합대학교 승격(학부 2,197명, 대학원 110명(특수대학원))
2009년   국토해양부 '철도 운전면허 교육 훈련기관(제2종 전기차량)' 지정
2010년   일반대학원 철도시스템학과 석·박사과정 신설
         (석사 3명, 박사 7명)
2010년   도시철도 관제사 교육 훈련기관 지정
2013년   국토교통부 철도특성화대학원 선정
         철도대학원 내 철도시스템학과(계약학과) 설치 및 운영
2015년   국토교통부 '철도특성화대학' 선정(2015. 09.~2019. 12.)
2018년   철도융합대학원 철도건설시스템학과 철도차량시스템공학 전공 신설
2023년   한국철도협회 '글로벌 철도연수 과정 지원사업' 2차 연수기관 선정

6. 동양대학교

1) 개요

동양대학교는 1994년에 경상북도 영주에 동양공과대학교로 개교하여 1996년 동양대학교로 교명을 변경하였고, 2004년 철도단과대학(철도경영학과, 철도운전제어학과, 철도토목학과)을 신설하였다. 2024년 현재

동두천캠퍼스와 영주캠퍼스에 6개의 철도관련학과와 철도자율전공학부를 운영함으로써 4년제 철도대학 교육체계를 완성하였다. 동두천캠퍼스의 일반대학원에는 국가철도공단, 한국철도공사, 서울교통공사, 공항철도(주) 등 다수의 철도 유관기관 종사자들이 석·박사과정에 진학하여 철도발전에 기여할 연구를 수행하고 있다.

동양대학교 철도대학은 총 6개 학과와 1개 학부로 운영 중이며, 철도건설안전공학과는 철도 설계, 시공, 운영 및 유지관리 업무를 중심으로 교육하고 있으며, 철도운전제어학과는 철도운영기관 및 유관기관에 총 422명이 취업하고 있다. 그 외에 철도운전관제학과, 철도운전·전기신호학과, 철도차량학과 및 도시철도시스템학과가 있으며, 철도사관학교 운영을 통해 학생들에게 전기 차량 운전면허 취득기회를 제공하고 있다. 철도자율전공학부는 입학 시 학생들이 특정 전공을 선택하지 않고 교양 및 기초 소양 교육을 이수한 후 본인의 적성에 맞는 철도시스템 분야의 전공(전기, 운전, 신호, 관제, 차량, 건설)을 자율적으로 선택하여 졸업할 수 있는 학부이다.

동양대학교 철도대학은 지방대학 활성화 사업을 통해 철도 특성화 교육과정 개발, 학사제도 개편 및 첨단 융복합 실험·실습실 등을 구축하였다. 또한 2024년 10월 철도통합교육실습센터(철도종합시험선로)를 설립하였으며, 국내 유일의 철도 6대 분야 첨단실습교육센터(철도 운전제어실습교육센터, 철도 차량정비실습교육센터, 철도 통합관제실습교육센터, 철도 신호제어실습교육센터, 철도 건설안전실습교육센터)를 구축하였다. 철도는 차량, 궤도, 신호, 운전 등 다양한 분야가 결합된 종합학문으로서 동양대학교의 철도 통합교육실습센터는 이론을 기반으로 다양한 실험,

실습의 기회를 제공하여 철도 전문 고급인력을 양성할 뿐만 아니라 우리나라 철도기술의 발전에 크게 기여할 것으로 확신한다.

그 외 주요업적으로는 베트남 철도안전관리 역량 강화 프로그램(궤도 분야), 지역선도대학 육성사업, 대학혁신지원사업, 지자체 – 대학협력 기반 지역혁신지원사업 및 해외 철도 유관기관과의 활발한 상호 협약 교류(34건, 미국, 중국, 영국, 일본, 베트남 등) 등을 수행하고 있다. 또한 동양대학교는 김천시와 한국교통안전공단과 함께 지역과 대학의 동반성장을 위해 철도 관련 RISE 사업을 준비하고 있으며, 교육부에서 주관하는 국책사업을 통해 동양대학교 철도대학의 성장 및 발판을 마련하고 있다.

라) 설치학과, 학부, 대학원(철도 관련)

철도대학(학부)
① 철도자율전공학부(철도건설안전 전공, 철도운전·전기신호 전공, 철도운전관제 전공, 철도차량 전공, 철도운전제어 전공, 도시철도시스템 전공)
② 철도건설안전공학과, 철도운전제어학과, 철도운전관제학과, 철도운전·전기신호학과, 철도차량학과, 도시철도시스템학과

대학원(동두천캠퍼스)
① 일반대학원
　　(석사과정) 시설안전공학과, 철도전기융합학과
　　(박사과정) 건설공학과, 철도전기융합학과
② 정보대학원

(석사과정) 철도전기통신공학과, 철도시스템공학과

3) 연혁(요약)

1994년	동양공과대학교 개교
1996년	동양대학교 교명 변경
1999년	일반대학원, 교육대학원 설립인가
2004년	철도 단과대학 신설
2014년	대구도시철도공사와 업무협약 체결(MOU)
2015년	부산교통공사와 업무협약 체결(MOU)
2016년	동두천캠퍼스 개교(학부, 대학원)
2017년	한국철도공사 경북본부와 업무협약 체결(MOU)
2021년	공항철도(주)와 업무협약 체결(MOU)
2021년	지역산업연계형 특성화학과 혁신지원 사업대상자 선정(경상북도)
2021년	영주시와 철도산업 발전을 위한 상생 협력 협약
2022년	대학기관평가 인증(한국대학평가원), 대학혁신지원사업 선정 (교육부)
2023년	인천교통공사와 업무협약 체결(MOU)
2023년	지방대학 활성화 사업(철도 특성화 분야) 선정(2023~2024, 교육부)
2024년	경기교통공사와 업무협약 체결(MOU)

7. 송원대학교

1) 개요

우리나라 철도교통의 비약적인 발전과 더불어 철도인력 양성은 정부 주도로 국립대학에서 이루어져 왔지만, 세계에서 5번째 경부고속철도의 건설과 서울특별시를 비롯한 5대 광역시의 지하철 건설 등 지속적인 철도발전을 대비한 우수 철도인력 양성을 위하여 1996년 사립대학 최초로 광주광역시에 위치한 송원대학교에서 철도운수경영학과를 신설하였고, 2017년 철도기관사를 전문으로 양성하는 철도운전시스템학과 신설, 2022년에는 철도운전·관제시스템학과 및 철도차량·전기시스템학과 신설, 2023년에는 철도경영학과를 철도운전경영학과로 변경하여 현재 4개 학과가 철도대학을 이루고 있다.

송원대학교 철도대학은 총 4개 학과 중 철도운전경영과, 철도운전시스템학과, 철도운전관제시스템학과는 철도전문자격인 철도기관사, 철도관제사를 필수적으로 취득할 수 있도록 교육하고 있으며, 학생과 일반인에게 철도기관사 면허와 철도관제사 자격의 원활한 취득을 위하여 전국 대학 2번째, 사립대학 최초로 국토교통부로부터 철도차량 운전면허교육 훈련 및 철도관제사 자격교육훈련기관으로 지정을 받아 '송원철도아카데미'를 운영하고 있다. 또한 철도차량·전기시스템학과는 4차산업혁명으로 스마트하게 진화하고 있는 철도 차량시스템의 개발을 위한 철도 인재를 양성하고 있다.

사립대학 최초의 철도 역사를 가진 만큼 500여 명의 졸업생이 코레일,

서울교통공사, SR(수서고속철도) 등의 철도운영기관과 철도연구소 등에 취업하여 활동하고 있다.

또한 송원대학교는 '대한민국의 대표 싱크탱크' 산업정책연구원(IPS)이 산업별로 소비자들에게 가장 사랑받은 브랜드를 공모·선정하는 대한민국 브랜드 명예의 전당(8th Korea Brand Hall of Fame)에 '2022~24년 3년 연속 선정(철도 특성화)되었으며, 지역사회와 동반성장을 위해 광주광역시와 광주교통공사 등과 함께 지역과 대학의 동반성장을 위해 철도관련 RISE 사업을 준비하고 있으며, 정부에서 주관하는 국책사업을 통해 송원대학교 철도대학의 성장과 한국철도 발전의 주역인 스마트 철도 인재 양성에 앞장서고 있다

2) 설치학과, 학부, 대학원(철도 관련)

철도대학(학부)
① 철도운전경영학과
② 철도운전시스템학과
③ 철도운전·관제시스템학과
④ 철도차량·전기시스템학과

3) 연혁(철도 관련)

1973년   송원대학교 개교
1996년   철도운수경영학과 신설

2016년	철도차량 운전면허교육 훈련기관 지정
2017년	철도운전시스템학과 신설
2022년	철도운전·관제시스템학과, 철도차량·전기시스템학과 신설
2022년	대한민국 브랜드 명예의 전당(철도 특성화) 선정
2022년	철도 관제 자격교육 훈련기관 지정
2023년	철도경영학과 철도운전경영학과로 변경
2023년	대한민국 브랜드 명예의 전당(철도 특성화) 선정
2024년	대한민국 브랜드 명예의전당(철도특성화) 선정

8. 경일대학교

1) 개요

경일대학교는 2004년 경부고속철도 개통과 함께 철도 인재양성을 목표로 철도학부와 '철도경영학과'를 신설하였고, 2017년 철도기관사 양성을 목표로 '철도학과'로 학과명을 변경하였으며, 2018년 국토교통부 지정 철도차량 운전면허교육 기관인 'KIU철도아카데미'를 신설하였다.

또한 매년 증가하는 철도기관사 수요를 충족시키기 위해 2020년 '철도차량운전 전공'과 '철도운전시스템 전공'으로 구분된 '철도학부'로 확대 개편하였으며, 2022년 철도기관사 및 철도엔지니어 양성을 목표로 '철도운전시스템 전공'과 '철도인프라 전공'으로 철도학부 내 전공을 개편하였다.

경일대학교 철도학부는 매년 40~50명의 철도 전문인력을 양성하고 있으며, 국가철도공단, 한국철도공사, 대구교통공사, 부산교통공사 등과 산학협력 협정을 체결하였고, 2022년 일반대학원 내 '철도학과(석사, 박사 과정)'를 신설하여 철도 고급인력 양성에 앞장서고 있다.

2) 설치학과, 학부, 대학원(철도 관련)

철도학부 : 철도차량운전 전공, 철도인프라 전공
　　　　　 KIU철도아카데미
일반대학원(석·박사과정) : 철도학과

3) 연혁(요약)

1963년	청구대학 병설 공업고등전문학교 설립
1973년	영남공업고등전문학교로 교명 개칭
1975년	경북공업전문학교로 교명 개칭
1986년	경북산업대학으로 교명 개칭
2004년	철도경영학과 신설
2017년	철도학과 학과명 변경
2018년	KIU철도아카데미 신설(국토교통부 선정 철도차량 운전면허교육기관 지정)
	대구교통공사 산학협력 협정 체결
2020년	철도학부 확대 개편(철도차량운전 전공, 철도운전시스템 전공)
2022년	철도학부 전공 개편(철도운전시스템 전공, 철도인프라 전공)

일반대학원 내 철도학과 신설(석·박사과정)
2024년   한국철도공사 대구본부 산학협력 협정 체결

9. 소고

 한국철도 역사 100년이 되는 시점에, 고속철도의 건설과 함께 (사)한국철도학회와 한국철도기술연구원이 탄생하였다. 또한 국내 유일의 철도교육기관이었던 한국철도대학에 이어 서울과학기술대학교 철도전문대학원이 발족하면서 철도학회와 철도기술연구원 그리고 철도 관련 대학들이 함께 철도 학계를 만드는 중요한 계기가 되었다.
 학계의 여러 기관과 단체들이 탄생하면서 초기의 많은 문제들로 한때 많은 어려움이 있었지만, 이제는 어느 정도 안정, 정리가 되어가고 있다. 특히 철도학회는 회장 선임문제 등으로 분야별, 출신별 갈등이 복잡하였고 법적 문제로까지 비화하였지만 잘 정리되었고, 그중에 철도학회 주관의 국제학술대회(ART)를 창립하고 현재도 격년으로 개최하고 있으며, SCIE, SCOUPS 등 국제저널의 자격을 인정받고, 철도인들의 적극적인 성원으로 학회 소유의 철도회관을 보유하는 등 철도 학계의 중심역할을 하게 되었다. 지난 2024년 추계학술대회에서 늦었지만 그간 많은 도움을 준 분들에게 공로를 인정하여 감사패를 전달하였다.
 한편 대한민국 철도 역사를 함께한 한국철도대학은 고속철도 개통과 철도산업의 급성장으로 당시 전문대학에서 4년제 대학으로 도약하는 과정에서 고려대, 한양대, KAIST 등 국내 여러 대학에서 철도대학과 통합

하고자 많은 제안을 하였다. 그중 본인이 속한 서울과학기술대학교에서도 적극적인 제안을 하였지만, 2012년 충주대학교와 합병하면서 한국교통대학교가 탄생하였고 최근 다시 충북대학교와 합병하였다. 저자는 개인적인 의견으로 한국철도대학이 대한민국 철도교육의 메카로서 서울과학기술대학교와 합병하는 것이 최선이지 않았나 생각하며, 당시 합병이 성취되지 않았던 부분에 대한 아쉬움이 남았다.

아울러 이 시점에 (사)한국철도협회도 발족하였는데, 기존철도 관련 10여 개의 협회들과의 역할이 일부 중첩되면서 다소 복잡하였지만, 서로의 역할에 대한 정리가 되어가고 있다.

10. 철도의 미래 혁신 방향

전체 국가철도정책 중 철도기술정책과 관련하여 향후 관심을 가져야 할 분야는, 제4차 산업혁명 미래 혁신기술 기반의 스마트 또는 디지털전환(DX)을 통한 미래 철도혁신기술 개발 및 신개념의 교통환경 구축이다.

참고로, 국외 선진 철도기관(ERRAC, ERA, ERRI, UIC 등)의 철도정책 분석결과, 신개념의 교통서비스, 디지털, 자동화, 새로운 Mobility, 스마트시티, 스마트유지관리, IT 솔루션, 신소재, 빅데이터 기반 자산관리 등 제4차 산업혁명 혁신기술이 키워드로 부각되었다.

스마트 / DX 기술은 IoT센서, 통신 Network, BD, Cloud, AI 등 모든 미래기술을 이용하여 방대한 양의 데이터(정보)를 실시간 수집, 전송, 저장, 분석 및 결정 / 실행, 예측하는 등 모든 분야의 임무를 수행 가능하게 한다. 또한 스마트/DX 기술은 과학기술의 모든 분야가 포함된 융합기술이며, AI가 등장하면서 자연과학뿐 아니라 인문과학, 사회과학, 예술 등 모든 분야의 융합이 필요하게 되었다.

현재 국가적 기술정책의 핵심기술은 단연 스마트/디지털기술이다. 국토교통부와 과학기술정보통신부, 행정안전부 등 모든 정부 부처, 관련 기관 및 지자체에서 스마트/디지털기술의 전환(DX)과 정책들을 구체화하고 있으며, 기업도 다양한 스마트/DX 기술개발에 많은 투자를 해왔고 일부 특정기술 개발에 성공하여 현장에 적용하고 있으며, 특히 건설 분야의 경우 건축설계 및 시공현장에서 스마트/DX 기술의 가시적인 효과를 실감할 수 있다.

국토교통부는 스마트건설을 목표로 철도 분야의 경우 미래 철도혁신기술 개발을 추진하고 있으며, 건설단계별 추진내용으로 설계단계는, BiM 기반의 철도시설정보관리표준체계, 관련 법령정보체계 등 정보체계를 구축하고, 시공단계는, ICT 기반의 스마트센서/장비 등을 이용한 건설 자동화와 실시간 현장 모니터링, BD 처리와 AI 분석을 통한 예방형 안전관리 등을 추진하며, 유지관리단계는 IoT센서 기반 시설물 모니터링, 대규모 정보수집/처리를 위한 대용량 통신 Network, 다양한 객체가 상호작용하는 초연결 IoT 등을 추진한다.

과학기술정보통신부는 국가 디지털 혁신 전면화를 목표로 국가표준 시행계획, DNA(Data/Network/AI), IoT, 차세대 핵심기술 융합/표준화/활성화 등을 추진하고, 행정안전부는 BD/ICT 기술을 활용한 과학적 재난대응기반 구축을 목표로 차세대 재난안전통신망 기본계획 및 도입 등을 추진하고 있다.

또한 주요 철도기관인 철도기술연구원과 국가철도공단, 철도공사, 서울교통공사 등에서 스마트/디지털 혁신기술을 활용하여 철도차량/시스템/인프라/서비스 등 일부 분야의 개발이 추진되어왔다.

철도기술연구원은 그간의 다양한 철도차량시스템의 개발 실적을 기반으로 하이퍼튜브와 액화수소 차량 개발 등을 추진하고 있고, 인프라의 경우 국가철도공단과 철도기술연구원이 주축으로 철도시설물의 설계, 시공, 유지관리 단계의 스마트기술 적용을 위한 BiM(Building Information Modeling), RAFiS(철도시설물종합정보시스템) 개발 등을 수행하고 있다. 특히 국가철도공단이 2021년부터 시행한 '철도시설물의 스마트 모니터링 시범 구축사업'을 수행하였고, 수행결과와 철도시설물종합정보시스템(RAFiS)의 연동을 추진 중이며, 추가적인 보완을 진행하고 있다.

하지만 스마트/DX를 활용한 미래 철도혁신기술 추진사업은 아직 시도단계이고, 방대한 정보(데이터)의 수집체계, 대규모 데이터(BD)를 전송/처리할 대용량 통신 Network, 데이터와 시스템의 표준화, 각 시스템 간의 연동, 호환 등 많은 숙제가 남아있고, 다양한 기술과 정보를 융·통합한 스마트/DX화는 시간이 필요하다.

향후, 철도 학계와 관련 기관 및 기업에서 추진해야 할 과제는 각 기관 및 부처별로 추진하는 스마트/DX 계획의 국가 전체적인 역할 분담 및 체계 정리와 국내외 관련 기관/기업들의 융합 연구/개발 협력체계를 구축, 철도종합정보와 시스템의 표준화 및 상호연계와 스마트 IoT 기반의 인프라/통신 Network 구축 및 유지관리/운영/서비스의 디지털화, 스마트 철도안전시스템 구축 등의 연구개발의 확대 등이며, 무엇보다 관련

기관이나 기업들이 스마트/DX의 세부적인 내용과 필요 요소에 대해 충분한 이해와 준비가 필요하다.

제6장
남기고 싶은 이야기

제6장 남기고 싶은 이야기

앞으로 가야 할 길

　인생의 청춘을 철도를 위해 몸 받쳤다 해도 과언이 아닐 정도로 철도에 몰입하였다. 철도의 발전을 위해 하늘을 향해 무릎 꿇고 기도하였고, 두 손 벌려 온몸으로 저항하기도 하였다. 이것이 내 나라와 우리의 후손을 위해 할 수 있는 최선이라 생각하였다.
　어떤 이는 학교에서 후배를 양성하느라 치열하게 고민하였고, 어떤 이는 우리의 기술발전을 위해 밤새워 연구하였고 또 어떤 이들은 현장에서 가장 경제적인 설계와 안전한 철도를 건설하기 위해 고민하였다. 이제는 동료들과 밤새워 치열하게 토론했던 젊음은 사라졌고 가끔은 회환과 함께 지혜로움이 스며드는 나이가 되었다.
　한국철도를 오늘날 세계수준으로 올라서게 하는 데는 오랜 시간과 수많은 사람들의 기여와 희생이 있었기 때문이라는 데 누구나 동의할 것이다. 그리고 그 수많은 사람들은 여러 가지 경험을 치르면서 한국철도의 흔적을 색인(索引)한 사람들이다. 그동안 이루어졌던 철도에 대한 기록이 많지 않아 철도인들의 기여가 잘 알려지지 못했던 점에 항상 허기졌던 필자들은 각자가 참여해온 흔적을 남겨 제한적이나마 이 시대 '철도의 진실'을 이해하는 데 도움을 주고자 했다.

한국철도에 관한 생각을 전개할 때 맨 먼저 떠오르는 의문은 '한국철도는 언제, 누구에 의해 어떻게 시작되었을까?' 하는 점이다. 이러한 의문이 시계열에 의한 철도 역사 돌아보기를 정리하게 했으며, 여기서 얻어진 소중한 사실은 조선 말기에 해외를 여행하거나 얻어진 정보를 통해 철도라는 존재를 알고 있었으며, 국왕(고종)께 도입을 권고했었던 사실이다.

물론 그 이후에 미국, 일본 등에 의해 사업이 추진되고, 일본에 의한 치욕적인 강제 점령이 이루어져 일본에 의한 건설만이 강조되어 온 철도 역사를 유감스럽게 생각하는 것이다. 생각과 정보가 있다 하더라도 기술과 자본이 없으면 그리고 지도자의 결단이 같이해야 새로운 산업을 탄생시키는 것은 그때나 지금이나 같음을 역사에서 배우고 있는 것이다.

기존의 철도기술, 특히 일본철도의 굴레에서 벗어나지 못하던 한국철도가 KTX라는 고속철도를 일거에 도입함으로써 세계수준의 철도운영과 서비스를 실현하게 되었고, 그 효과는 운영개시 20년이 지난 지금 국민 어느 누구도 부인하지 않으며, 심지어 선진국 손님들도 감탄하고 있는 것이 현실이다.

그러나 경부고속철도 건설 초기에 불어 닥친 부실공사 논란은 이 사업을 의욕적으로 추진하고 있던 관계 당국과 기술진에게 참으로 감내하기 힘든 시련이었다. 단군 이래 최대의 국책사업이며 첨단 고속철도를 완벽하게 건설해야 한다는 사명감으로 어려움을 극복하였다. 미국 안전진단 전문업체인 WJE사를 통하여 부실공사의 실체를 규명하고, 그 대책을 강구하여 실행함으로써 대국민 우려를 해소하고 고품질의 고속철도 건설을 성공적으로 이루어 낼 수 있었다. 향후 대규모의 토목공사를 수반하는 SOC사업의 건설추진 시 기획 단계에서부터 설계, 시공, 유지관리 등 사업 전반에 걸쳐 담당하는 기술자들에게 고속철도의 품질에 대한 중요성을 인식시킬 수 있는 계기가 되었으면 하는 바람이다.

첨단기술을 하루아침에 도입함에는 앞에서 언급한 바와 같은 시행착오도 있었다. 철도는 겉보기와 다르게 매우 작고 섬세한 기술들이 모여 거대한 힘을 발휘한다. 대구~부산 간 궤도공사 중에 콘크리트 침목에 균열이 발생하여 그 원인 규명과 대책을 성공적으로 제시함으로써 안전한 철도건설에 참여한 영광을 남기는 마음도 서술하였다.

철도는 연중 쉼 없이 달려야 하는 첨단기술의 총합이다. 아울러 항상 사고 없이 운행하여 승객의 안전을 책임지는 고도의 운영시스템으로 구성되어있어, KORAIL은 매우 광범위하고 섬세한 안전점검 체계를 갖추고 있다. 또 이를 운영함에는 자체점검과 외부전문가들에 의한 제3의 시각을 통해 안전을 점검하는 체계를 채택하고 있었으므로 필자들이 참여할 수 있는 기회가 있어 이때의 경험들과 시사점을 글로 남기고자 했다.

아무리 안전점검을 잘한다 해도 첨단부품들의 조합으로 움직이는 열차와 궤도, 운영시스템에는 빈틈이 생기기 마련이다. 필자들이 실시한 점검에서도 차량, 궤도, 신호, 운영 각 부분에서 수정, 보완, 제도개선 사항들이 나타나 이를 요약정리함으로써 뒷날 참고하게 하고 싶어 아프지만 글로 현시대의 노력을 남기고 싶었다.

이 책은 앞에서 밝힌 바와 같이 각자의 위치에서 경험한 사항에 대하여 공과를 이야기하였고 이를 바탕으로 철도발전을 위해 몇 가지 제안을 하고자 한다.

첫째, 그간 우리의 철도건설은 300~400km 범위의 한정된 구간에서 노선 계획과 선형설계를 시행하였다. 그러나 앞으로는 남북한을 아우르는 한반도 철도망을 구상하고 나아가 대륙철도와의 연계를 감안한 새로운 철도 노선 계획이 추진되어야 한다. 따라서 한반도 전 구역을 대상으로 600~1,000km 범위의 철도 노선을 계획하여야 하며 한반도 내에서 남북한의 주요 거점도시가 2~3시간의 이동시간으로 연결하는 것을 목표로 하는 새로운 고속철도망을 건설해야 할 것이다.

따라서 현재의 설계속도와 열차 운행방식은 새로운 개념으로 정의되어 적용하여야 한다. 또한 남북철도를 하나의 선로규격과 시스템으로 통합하는 것을 전제로 해야 하기 때문에 건설규칙, 설계기준, 운전 및 신호방식 등에 대해서 새로운 규정을 제정해야 한다. 우리의 기술과 역량을 모으고 새로운 상상력을 발휘하여 21세기에 우수한 철도를 건설해야 할 것이다.

고속철도는 건설 후 날로 증가되는 막대한 유지관리비용과 고속운행에 따른 안전 확보의 부담 때문에 이들을 경감하기 위한 부단한 기술개발과 혁신을 요구받고 있다. 이에 대응하는 향후 과제로서 보수 노력 절감의 기술개발, 주요 재료의 수명연장, 보수작업의 효율화, 신소재 재료개발 등 이들에 대한 혁신적인 기술발전이 기대된다.

철도건설 계획을 수립함에 있어 건설보다는 운영을 우선적으로 고려한 계획이어야 한다. 물론 관계자들은 향후 수송수요나 노선 주위의 발전상황, 운영자의 재무적 수익성 등을 섬세하게 고려하여 계획하고 있기는 하나, 간혹 이러한 계획에 오류가 있는 경우가 있을 수 있다. 건설계획을 수립하는 경우 운영자의 의견을 충분히 반영하여 향후 운영 시 적자에 시달리지 않도록 배려해야 할 것이다. 철도 르네상스를 맞이하여 할 수 있는 데까지 건설하자는 통상적인 개념보다는 야무지게 건설 노선을 결정하여 향후 철도발전의 100년을 도모하고, 건설자와 운영자의 소모적인 논쟁과 비난 대신에 상생의 방안을 강구해야 할 것이다.

둘째, 철도산업은 종합 엔지니어링 성격을 띠고 있으며 전기 / 전자, 기계, 토목 / 건축 등 다양한 분야의 기술이 협업하여 안전과 속도를 확보한다. 이는 설계에서부터 시공·제작, 시험 및 시운전, 영업 운영 등의 각 단계별로 조화를 이루면 철도의 기능을 확보해 가는 과정이며 어느 특정 분야의 기술이 미흡할 경우 관계된 주변 기술의 하향 평준화를 강요하는 특성을 갖고 있다. 따라서 분야별 기술 수준이 상호 보완적이며 각 분야별 기술향상의 특별한 노력이 요구된다. 이는 개인적인 노력으로 해결할 수 있는 것이 아니므로 이를 극복하기 위해 전문인력의 체계적인 교육체계 구축과 연구인력을 확보하기 위한 지속적인 노력이 전제되어야 한다. 현재 일부 대학을 중심으로 철도학과를 개설하여 인재양성에 이바지하고 있으나 좀 더 질적 수준의 향상이 필요하고, 연구인력이 집중되어 있는 연구소는 지속적인 연구를 수행할 수 있도록 각계 철도관계자들은 관심을 기울여야 한다.

셋째, 글로벌한 철도망에 대한 장기적인 계획을 갖고 있을 필요가 있다. 이는 북한을 고려하여 한반도 전체의 철도망 구성과 아울러 중국과 러시아를 연결하는 구체적인 방안과 주도권을 확보할 수 있는 방안을 마련해야 한다. 가까운 미래에 중국의 '일대일로' 정책이나 러시아의 '신동방 정책'과 치열하게 경쟁해야 하는 날이 올 것이다. 이를 대비하기 위해 물론 철도정책 담당 분야에서 상당한 고민을 하고 있을 것이나 아무리 정치적 상황이 어렵더라도 꾸준한 공론화를 통해 우리의 미래철도 노선에 대한 구체적인 방안을 마련함으로써 우리 대한민국이 소외되지 않도록 지속적인 노력을 경주해야 한다. 즉 철도망의 국제화를 도모하여 한국의 산업발전과 원활한 물류를 저렴하게 제공할 수 있도록 사전에 준비하여야 한다.

넷째, 사회간접자본으로서 철도건설은 지속되어야 하겠지만 이러한 과정에서 철도 정거장이 도심으로부터 고립되지 않도록 설계단계에서부터 세심한 주의를 기울일 필요가 있다. 도시가 발전한 후 철도를 검은 산맥으로 부르며 도심으로부터 격리시키고자 하는 압력에 직면하게 된다. 따라서 정거장 입지 선정 단계에서부터 이를 고려할 필요가 있다. 즉 정거장은 미래 도시의 랜드마크로서 기능을 수행할 수 있도록 설계함과 동시에 정거장 주변 지역의 역세권 개발을 철도 건설자에게 부여하여 철도운영과 도시환경이 조화를 이룰 수 있도록 제도적, 법적 수단이 필요하다고 본다.

다섯째, 특히 연구개발을 통하여 꾸준히 철도의 고속화 기술을 개발할 수 있도록 지속적인 R&D 투자가 이루어져야 한다. 선로에 부상하여 주행하는 자기부상열차, 진공터널을 공기저항 없이 주행하는 하이퍼루프 열차 등 차세대 고속차량에 대한 연구개발이 추진되어야 한다. 이러한 차량들의 시스템 개발뿐만 아니라 운영기술과 핵심부품의 개발을 선행적으로 추진하여 철도의 경쟁력을 확보하고 해외 진출에 대비하여야 한다.

여섯째는 인공지능(Artificial Intelligence)의 철도 접목이다. AI의 발전에 따라 무인운전도 보다 빨리 이루어질 것으로 예상된다. 무인운전이 보편화된다면 신호시스템도 뿌리로부터의 혁신이 뒤따를 것이다. 그러나 AI가 철도 분야에 도입되면, 자율운전이나 신호에 그치지 않고, 철도건설·운영·자산관리 및 재난 안전 등 모든 분야에서 획기적인 변화를 가져올 것이다. AI의 철도 접목에 앞장서는 나라가 철도 분야를 선도할 것으로 예상한다.

　마지막으로 친환경적 철도기술의 발전을 도모할 필요가 있다. 철도교통의 장점은 정시성과 안전성 그리고 친환경성을 들 수 있다. 환경보호를 위해 모든 분야의 지속적인 노력이 필요하겠지만 철도산업의 최대 장점은 친환경성이라는 점이다. 세계 각국은 탄소배출의 최소화를 도모하기 위해 에너지 효율화 등 각종 제도적 장치를 마련하고 탄소 수집기술의 개발 등의 노력을 경주하고 있다. 대한민국은 탄소배출에 있어 세계 상위랭킹을 차지하고 있어 철도교통의 대중화를 통해 탄소 중립에 한 걸음 다가갈 수 있을 것이다. 즉 환경적인 측면에서 타 교통수단에 비하여 상당한 강점을 보유하고 있으므로 이를 지속적으로 유지, 발전시킬 수 있도록 노력해야 한다.